AF635469

Frank | Bruens – Die Libellen Deutschlands

Michael Frank
Angela Bruens

Die **Libellen** Deutschlands

Entdecken • Beobachten • Bestimmen

Quelle & Meyer Verlag Wiebelsheim

Die Angaben in diesem Buch sind von den Autoren und dem Verlag sorgfältig erwogen und geprüft, dennoch kann keine Garantie übernommen werden. Eine Haftung der Autoren bzw. des Verlags und seiner Beauftragten für Personen-, Sach- und Vermögensschäden ist ausgeschlossen.

Bibliografische Information der Deutschen Nationalbibliothek
Die Deutsche Nationalbibliothek verzeichnet diese Publikation in der Deutschen Nationalbibliografie; detaillierte bibliografische Daten sind im Internet über http://dnb.d-nb.de abrufbar.

© 2023 by Quelle & Meyer Verlag GmbH & Co., Wiebelsheim
www.quelle-meyer.de

Das Werk einschließlich aller seiner Teile ist urheberrechtlich geschützt. Jede Verwertung außerhalb der engen Grenzen des Urheberrechtsgesetzes ist ohne Zustimmung des Verlages unzulässig und strafbar. Kein Teil dieses Buches darf deshalb ohne ausdrückliche schriftliche Genehmigung des Verlages digital oder analog vervielfältigt werden.

Umschlagabbildungen: Michael Frank
Druck und Verarbeitung: Print Consult GmbH
Printed in Europe/Imprimé en Europe
ISBN 978-3-494-01845-4

Inhaltsverzeichnis

Vorwort der Autoren

Mit diesem Buch möchten wir uns in erster Linie an die interessierten Naturfreunde wenden, die bei der Beobachtung und Bestimmung von Libellen bisher weniger Erfahrungen besitzen und denen es daher noch nicht so leicht fällt, die einzelnen Arten, Gattungen oder Familien sicher anzusprechen, sei es in der freien Natur oder aber auch nachträglich auf Fotos. Dennoch denken wir auch, dass es ebenso dem ein oder anderen erfahreneren Libellenkundler helfen wird, bereits vorhandene Kenntnisse zu erweitern und zukünftig vielleicht auch auf Merkmale zu achten, die bisher nicht im Fokus standen, vor allem nicht in ihrer Gesamtheit und Kombination.

Initiiert durch die ersten Begegnungen mit den Libellen bereits in der Jugend wurde unser Interesse an dieser Insektenordnung schon früh geweckt. Verschiedene, in dieser Anfangsphase erhältliche Bücher, u.a. auch das zu diesem Zeitpunkt bereits schon länger bekannte Werk „Die Libellen unserer Heimat" von Hans Schiemenz (1953) haben dazu beigetragen, den Libellen treu zu bleiben. Bei jeder Beobachtung oder dem Versuch einer fotografischen Aufnahme stand stets die Frage, um welche Art es sich dabei handelt, im Vordergrund. Dies war gerade in der Anfangsphase nicht immer leicht und sofort zu beantworten. Aber auch mit einiger Erfahrung und zunehmender Zeit der Beschäftigung mit den Libellen blieben immer wieder einige ungelöste Fälle übrig. Es lag zum einen an der Verwendung von vielen Fachbegriffen, Ausdrücken und Abkürzungen im Bestimmungsteil, die dem Einsteiger in der Regel nicht bekannt oder nicht präsent sind. Zum anderen wurden erklärende Zeichnungen der Bestimmungsmerkmale oft sehr abstrakt dargestellt und auf ein Minimum beschränkt. Daher bestand die größte Schwierigkeit oft darin, das beschriebene Merkmal des Bestimmungsschlüssels beim Tier in der Natur oder aber auf einem Foto wiederzufinden. Eine weitere Herausforderung für Einsteiger liegt aber auch in der Variationsmöglichkeit der Farben und Farbformen bei ein und derselben Art. Diese Variationen sind entweder altersbedingte Farbänderungen oder auch genetisch bedingt auftretende unterschiedliche Farbformen der weiblichen Tiere. Obwohl rein strukturelle Merkmale zur Bestimmung immer zu bevorzugen sind, wird man bei den Libellen nicht auf die Farben verzichten können. Andererseits sich allein auf Färbungen bei der Bestimmung der Libellen zu verlassen, ist erst recht nicht zielführend und führt oft zu Fehlbestimmungen. Die Kombination von strukturellen und farblichen Merkmalen wird in der Regel zum Bestimmungserfolg führen.

Wir glauben, dass durch die Darstellungen der Libellen in Form von fotografischen Abbildungen die Tiere am besten in ihrer Originalität, einschließlich der Farben zum Zeitpunkt der Aufnahme, wiedergegeben werden. Wir haben uns auch aus diesem Grund für die hauptsächliche Verwendung von Fotos entschieden, dies sowohl in den einzelnen Artkapiteln, als auch im Bestimmungsteil. Dort wo es sinnvoll erschien, d.h. deutliche Änderungen der Farben mit zunehmendem Alter auftreten, haben wir Jugend-, Übergangs- oder auch sehr alte Farbformen mit abgebildet. Zeichnungen von Libellen oder Körperteilen können sehr hilfreich sein, sich zu fokussieren und auf bestimmte wesentliche Merkmale zu beschränken, sind in gewisser Weise aber immer auch eine Kopie eines vorhandenen Originals. Wir haben die Verwendung von Zeichnungen daher auf ein Minimum beschränkt. In den Artkapiteln werden zur Unterstützung der beschriebenen wichtigsten Merkmale diese auf dem Foto nochmals als Vergrößerung herausgestellt und mit Pfeilen und kleinen Hinweisen versehen, damit möglichst eindeutig ist, was gemeint ist.

Dieses fotografische Bestimmungsbuch soll es ermöglichen, auf leichte und verständliche Art und Weise die wichtigen und wesentlichen Bestimmungsmerkmale der bisher 82 natürlich vorkommenden und in der freien Natur in Deutschland nachgewiesenen Libellenarten schnell zu erfassen und nachzuvollziehen sowie die jeweilige Art zu bestimmen. Mit den Profilen der in Deutschland vorkommenden Arten lassen sich ebenso alle bodenständigen Arten in Großbritannien, Belgien, Luxemburg, Niederlande und Polen bestimmen. Für die Länder Tschechien, Slowakei, Ungarn, Österreich, Schweiz, Dänemark, Norwegen, Schweden und Finnland kommen einige weitere Arten hinzu.

Die gezeigten Fotos sind zum überwiegenden Teil eigene Aufnahmen und entstanden im Zeitraum der vergangenen 10 Jahre. Die Abbildungen zeigen ausschließlich lebende Tiere, die in ihrem natürlichen Umfeld in der freien Natur aufgenommen wurden. Dabei stand die Einhaltung der naturschutzrechtlichen und naturschutzfachlichen Vorgaben für die Tiere und deren Lebensräume an erster Stelle.

Danksagung

Ein Buchprojekt wie dieses ist heutzutage nicht mehr allein ohne die Hilfe und Unterstützung von zahlreichen Personen durchführbar. Daher ist es uns eine Herzensangelegenheit, uns bei allen zu bedanken, die zum Gelingen dieses Werkes beigetragen haben.

Herrn Malte Seehausen möchten wir an erster Stelle danken. Er hat das Projekt initiiert, war in der Anfangsphase Teil des Autoren-Teams und hat das Konzept des Buches mit erarbeitet. Er hat uns – nachdem er sich aus persönlichen Gründen aus der aktiven Rolle zurückgezogen hat – weiterhin mit Texten und Fotos unterstützt.

Weiterhin bedanken wir uns bei Hansruedi Wildermuth für die fachlichen Diskussionen, Hinweise und Ratschläge zu speziellen Fragestellungen, die uns so manche zu treffende Entscheidung erleichtert hat, bei Angelika Borkenstein für die Diskussion und Hilfe rund um das Thema der Farbmorphen der Coenagrionidae und bei Jochen Tamm für die kritische Durchsicht und fachliche, sowie textliche Verbesserung der Kapitel zu den *Cordulegaster*-Arten.

Obwohl die Libellen im Vergleich zu anderen Insekten-Ordnungen in Deutschland mit bisher überschaubaren 82 Arten nachgewiesen wurden, ist es fast unmöglich, mit vertretbarem Aufwand alle diese Arten in beiden Geschlechtern und mit allen genetisch bzw. altersbedingt auftretenden Farbformen in entsprechender Qualität selbst aufzunehmen. Daher sind wir den folgenden Personen, die uns großzügig ihre Fotos zur Verfügung gestellt haben, zu großem Dank verpflichtet:

Jörg Adelmann, Magnus Billqvist, Thomas Birkhahn, Angelika Borkenstein, Jean-Yves Baugnée, Fabrizio Daminelli, Christian Dreifert, Lothar Feisel, Rui Miguel Felix, Christian Fischer, Tobias Frömel, Andreas Hein, Rüdiger Heins, Jost Holtzmann, Reinhard Jödicke, Stefan Kohl, Marion Kraschl, Bernd Kunz, Mathias Lohr, Sandra Malz, Basile Morin, Heidi Nothegger, Andreas Pix, Paul Ritchi, Beat Schneider, Malte Seehausen, Carsten Siegel, Jochen Tamm, Antoine van der Heijden, Hansruedi Wildermuth.

Viele der Libellenarten sind spezialisiert und daher in bestimmten, oft nur noch selten vorkommenden Lebensräumen zu finden. Diese Habitate sind nicht immer frei zugänglich, oft auch Bestandteil von ausgewiesenen Naturschutzgebieten und unterliegen einem besonderen Schutz, ebenso die Libellen selbst. Generell sind alle Libellenarten in Deutschland nach Bundesnaturschutzgesetz (BNatSchG) und Bundesartenschutzverordnung (BArtSchV) besonders bzw. streng geschützt, einige sogar europaweit gemäß den Anhängen II und IV der Fauna-Flora-Habitat-Richtlinie (FFH-Richtlinie). Für die erteilten Ausnahme- und Sondergenehmigungen durch die verschiedenen Naturschutzbehörden möchten wir uns ausdrücklich bedanken.

Dem Verlag Quelle & Meyer, insbesondere Herrn Gerhard Stahl und Michael Klink, sei für die Geduld mit uns als Autoren sehr herzlich gedankt. Besonders den gewährten zeitlichen Rahmen, das sehr gewissenhafte Lektorat und das aufwendige Layout, sowie die großzügige Gestaltungsmöglichkeit bei der Auswahl und Anzahl der Fotos wissen wir sehr zu schätzen.

Unseren Familien (Juliane & Angela Frank, Jürgen Kunert) möchten wir an dieser Stelle besonders danken. Ohne das gezeigte tiefe Verständnis und die dadurch gewährten Freiräume, dem Interesse und der Leidenschaft für die Libellen nachgehen zu können und die ein oder andere Entbehrung an den vielen Wochenenden oder im Urlaub zu akzeptieren, wäre das Buch in dieser Form nicht möglich gewesen.

Biologie der Libellen

Die Libellen bilden eine eigene Ordnung innerhalb der Insekten. Sie existieren seit über 300 Millionen Jahren und es entwickelten sich vor allem im Erdzeitalter des Karbons große Exemplare mit über 70 cm Spannweite. Die größte Artenvielfalt erreichte die Insektengruppe in der Jurazeit vor etwa 150 Millionen Jahren. Heute ist die Artenzahl deutlich geringer und es werden nur noch maximal knapp 20 cm Flügelspannweite gemessen. Es handelt sich um in der Regel gute Flieger, die sich räuberisch ernähren und deren Larven sich im Süß- oder Brackwasser entwickeln. Man unterscheidet drei Untergruppen.

Die Kleinlibellen (Zygoptera) haben einen schlanken Körper und die Augen liegen halbkugelförmig an den Seiten des verbreiterten Kopfes. Vorder- und Hinterflügel haben fast die gleiche Form, sie werden in Ruhstellung leicht abgespreizt oder senkrecht über bzw. seitlich neben dem Hinterleib zusammengelegt.

Die Großlibellen (Anisoptera) weisen einen kräftigen Körperbau und einen runden oder abgeplatteten Hinterleib auf. Die fast kugelförmigen Augen berühren sich oder liegen mindestens sehr nah zusammen. Die Hinterflügel sind an der Basis breiter als die Vorderflügel. Sie werden in Ruhestellung seitlich vom Körper abgespreizt.

Die wenigen in Asien vorkommenden Vertreter des Taxons Epiophlebia können nicht eindeutig den Großlibellen oder den Kleinlibellen zugeordnet werden. Sie vermitteln vom Körperbau her einen Eindruck, der zwischen Groß- und Kleinlibellen liegt und wurden früher den auch fossil vorkommenden Urlibellen (Anisozygoptera) zugeordnet. Nach neueren Auffassungen kann man sie in einer eigenen Schwestergruppe der Großlibellen, den Epiprocta, zusammenfassen (Büsse 2016).

Körperbau

Der Libellenkörper ist hochspezialisiert und bestens angepasst an das Leben als Jäger, der seine Nahrung, fliegende Insekten, optisch wahrnimmt und im Flug erbeutet. Der Körper ist aus Segmenten aufgebaut und besteht aus Kopf, Brust und Hinterleib.

Der **Kopf** ist über ein schmales Gelenk mit der Vorderbrust verbunden. Damit ist er sehr beweglich und kann bis zu 90 Grad gedreht werden. Bei erhöhter Belastung, wie zum Beispiel bei der Nahrungsaufnahme, kann diese flexible Verbindung durch ineinandergreifende Strukturen am Kopf und der Vorderbrust fixiert werden.

Auffällig sind die großen Komplexaugen, die bei Kleinlibellen aus bis zu 7.000 und bei Großlibellen aus bis zu 30.000 Einzelaugen bestehen. Die obere und untere Hälfte unterscheiden sich sowohl strukturell als auch teilweise farblich. Die obere besteht aus größeren Einzelaugen und ist besonders gut dazu geeignet, weiter entfernte Beutetiere gegen den blauen Himmel wahrzunehmen. Die untere Hälfte mit kleineren Einzelaugen ist auf das Sehen nahe und unterhalb des Horizontes spezialisiert und wird eingesetzt, wenn sich die Libelle dem zu ergreifenden Insekt genähert hat. Die drei auf der Stirn liegenden Einzelaugen können Helligkeitsunterschiede feststellen und dienen wahrscheinlich der Stabilität während des Fluges.

Die relativ kurzen Antennen biegen sich beim Flug durch den Luftwiderstand und messen so die Geschwindigkeit. Die Mundwerkzeuge sind mit kräftigen Zähnen versehen und werden zur Zerkleinerung der Nahrung eingesetzt.

Abb: Porträt einer Braunen Mosaikjungfer (Aeshna grandis) – die Komplexaugen dominieren das Gesicht.

Die **Brust** besteht aus drei Segmenten, der Vorder-, Mittel- und Hinterbrust, wobei die Vorderbrust eher klein und die kräftige Mittel- und Hinterbrust zu einem Doppelsegment (Synthorax) verschmolzen ist.

Jeder der drei Abschnitte trägt ein stark bedorntes Beinpaar, die letzten beiden auch je ein Flügelpaar. Die Beine sind nicht zum Laufen geeignet. Sie dienen dem Festklammern im Ruhen und unterstützen die Ergreifung der Beute durch Bildung eines Fangkorbs. Im Flug werden sie bei vielen Arten an den Körper angelegt, um die Aerodynamik zu verbessern.

Die **Flügel** werden aus zwei dünnen durchsichtigen, bei einigen Arten auch gefärbten Membranen gebildet, die zwischen einem Netz von kräftigen Längs- und feineren Queradern aufgespannt sind. Das Flügelgeäder ist von Gattung zu Gattung verschieden und spielt in der Systematik der Libellen eine wichtige Rolle. Etwa in der Mitte des Vorderrandes befindet sich eine besonders starke Querader, der Nodus oder Knoten. Hier kann der Libellenflügel bei starker Beanspruchung nachgeben, ohne in die falsche Richtung abzuknicken. In der Nähe der Flügelspitze befindet sich das auffällige Flügelmal (Pterostigma), das aus einer Zelle mit verdickten Membranen und Randadern gebildet wird. Es stabilisiert die stark beanspruchte Flügelspitze und hat außerdem als Unwucht eine aerodynamische Funktion. Möglicherweise hilft es auch dem Tier, beim Manövrieren zwischen engen Hindernissen die Flügelspannweite abzuschätzen. Außerdem ist der Flügel wellpappenartig gefaltet. Dadurch wird verhindert, dass er durch die starken Kräfte, die beim Flug auf ihn wirken, beschädigt wird. Bei den meisten anderen Insektenordnungen werden die Flügel durch Schwingungen der Rückenplatte, an der sie ansetzen, indirekt bewegt. Die Flügel der Libellen lassen sich jedoch durch die zahlreichen Muskeln, die direkt an jeder Flügelbasis ansetzen, unabhängig voneinander bewegen, sodass schnelle Richtungswechsel während des Flugs, Kurven- und Schwirrbewegungen und sogar Rückwärtsfliegen möglich sind. Die Flugmuskeln werden durch Luftsäcke, die der Flugmuskulatur seitlich und oben anliegen, vor zu starker Erwärmung geschützt. Gleichzeitig verringern sie das spezifische Gewicht des Tieres und erleichtern so das Fliegen.

Der lange **Hinterleib** besteht aus zehn Gliedern und fungiert als Gegengewicht zum relativ schweren Vorderkörper. Er enthält neben den Luftschläuchen (Tracheen) zur Sauerstoffversorgung den Verdauungsapparat und die Fortpflanzungsorgane. Dies sind beim Männchen die Hoden, die in der Geschlechtsöffnung am neunten Segment münden. Der eigentliche Kopulationsapparat, eine Besonderheit bei den Libellen, befindet sich an der Unterseite des zweiten und dritten Hinterleibsabschnittes. Die Anhänge am Körperende (ein Paar obere und ein Paar untere Anhänge bei den Kleinlibellen, ein Paar obere und ein unpaarer Anhang bei den Großlibellen) dienen dem Festhalten des Weibchens während der Paarung. Die Weibchen verfügen über paarige Eierstöcke, die auf der Unterseite des achten Segmentes in den Eiablageapparat oder die Legescheide übergehen. Auch sie weisen zwei Hinterleibsanhänge auf.

Farbgebung

Libellen gehören zu den farbenprächtigsten Insekten unserer Fauna. Die verschiedenen Farbeffekte werden auf unterschiedliche Weise erzeugt: durch Struktur- oder durch Pigmentfarben.

Bei den Strukturfarben unterscheidet man zwei Gruppen. Metallischer Glanz in blau, grün oder Bronze wird durch Schillerfarben hervorgerufen. Diese entstehen durch ultrafeine Lamellen im obersten Hautpanzer, die das Licht brechen. Die jeweilige Farbe wird dabei durch den unterschiedlichen Abstand und die Dicke der Lamellen bestimmt. Das leuchtende Azurblau vieler Schlanklibellen und Mosaikjungfern wird in den darunterliegenden Zellen erzeugt. Dort befindet sich eine Lösung mit sehr feinen Partikeln vor einer schwarzen Pigmentschicht. Der Farbeindruck entsteht dadurch, dass der blaue Anteil des einfallenden Lichts an den kleinen Partikeln stärker gestreut wird als das rote Licht und so vor dem dunklen Hintergrund als Blau sichtbar wird. Dieser Effekt wird auch als Tyndall-Blau bezeichnet.

Farbpigmente dagegen absorbieren bestimmte Wellenlängenbereiche des einfallenden Lichts. Der Betrachter nimmt dann den Lichtanteil wahr, der reflektiert wird.

Die Männchen (und manchmal auch sehr alte Weibchen) einiger Libellenarten weisen im geschlechtsreifen Stadium eine sogenannte Wachsbereifung auf. Diese dünne Schicht wird aus Ausscheidungen über Hautporen gebildet und kann wie bei einer reifen Pflaume weggewischt werden.

Die metallisch-blaue Färbung der Prachtlibellenmännchen wird durch Schillerfarben hervorgerufen.

Entwicklungszyklus

Eine Libelle durchläuft in ihrem Lebenszyklus zwei so unterschiedlichen Formen, dass sie lange für zwei verschiedene Gruppen gehalten wurden: die im Wasser lebende Larve und das flugfähige erwachsene Tier.

Aus dem Ei, das im oder nahe am Wasser abgelegt wird, schlüpft die Vorlarve. Sie ist wurstförmig und kann ihre Gliedmaßen noch nicht bewegen. Kurz danach häutet sie sich zur eigentlichen Larve. Diese lebt im Wasser, wo sie sich je nach Größe von Wasserflöhen, Würmern oder Insektenlarven ernährt. Dabei wächst sie heran und häutet sich in unregelmäßigen Abständen. Nach dem letzten Larvenstadium, das je nach Art nach wenigen Wochen oder mehreren Jahren erreicht wird, erfolgt die Verwandlung zum fliegenden Insekt. Diese Metamorphose erfolgt direkt, ohne ein zwischengeschaltetes Puppenstadium wie bei Schmetterlingen oder Käfern. Dazu klettert die Larve aus dem Wasser und verankert sich senkrecht an Wasser- oder Uferpflanzen, Wurzelwerk, Steine, Felsen, Büsche und Bäume oder bleibt waagerecht auf dem nackten Boden. Dann öffnet sich die Larvenhülle oben am Kopf und zwischen den Flügelscheiden und das Tier zieht sich aus der Larvenhülle. Durch Einpumpen der Körperflüssigkeit dehnt sich die Libelle nach und nach auf ihre Endgröße aus und entfaltet die Flügel. In diesem Zu-

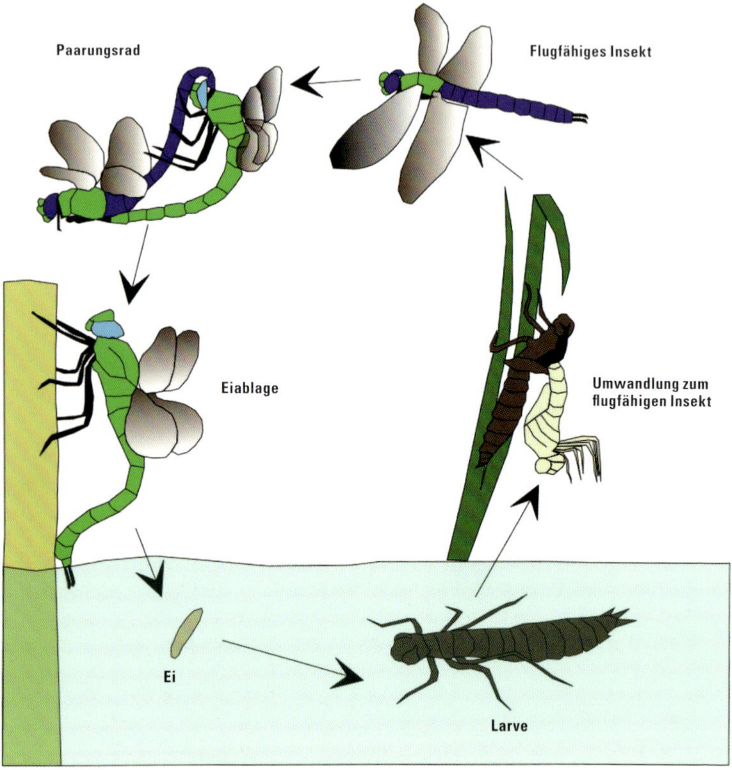

Entwicklungszyklus einer Libelle

stand ist die Haut noch weich und farblos, das Insekt daher noch nicht flugfähig. Es verbleibt so lange sitzend oder hängend an oder in der Nähe der leeren Larvenhaut, der sogenannten Exuvie, bis es ausgehärtet ist und fliegt davon, sobald die Flügel ausreichend Festigkeit besitzen. Die Reifungszeit, die mehrere Tage bis einige Wochen dauern kann, verbringen die Tiere meist in einiger Entfernung vom Schlupfort. Die geschlechtsreifen und dann auch typisch gefärbten Tiere kehren erst zur Partnerwahl, Paarung und Eiablage zum Fortpflanzungsgewässer zurück.

Die meisten erwachsenen Libellen erreichen nur ein Alter von wenigen Wochen. Wenn sie nicht von Vögeln erbeutet werden oder in Spinnennetzen landen, sterben sie, weil ihre Flügel nach einer gewissen Zeit durch Luftkämpfe, Kontakt mit der Vegetation oder einfach durch die ständige Belastung so beschädigt sind, dass das Tier nicht mehr flugfähig ist und ins Wasser fällt oder verhungert.

Eine deutlich längere Lebensdauer von mehreren Monaten weist in Mitteleuropa nur die Winterlibelle auf, die im Spätsommer schlüpft, überwintert und sich erst im nächsten Frühjahr fortpflanzt.

Fortpflanzung

Zur **Partnerfindung** warten die Männchen am Gewässerrand, um die Weibchen abzufangen, die meist nur zur Paarung und Eiablage ans Wasser kommen. Teilweise besetzen sie auch Reviere, die sie gegen andere Männchen verteidigen. Die Prachtlibellen vollführen sogar einen auffälligen Balzflug, um die Weibchen von der Qualität des von ihnen besetzten Gewässerabschnitts als Eiablageort zu überzeugen.

Bei der **Paarung** ergreifen die Männchen mit ihren Hinterleibsanhängen die Weibchen am Hinterkopf oder am Hinterrand der Vorderbrust. Die daraus entstandene Paarungskette nennt man auch Tandem. Um zu verhindern, dass sich Tiere verschiedener Arten paaren, passen die Hinterleibsanhänge und der Griffort am Weibchen nach dem Schlüssel-Schloss-Prinzip zueinander. Danach krümmt das Männchen seinen Hinterleib nach vorne und führt die eigene Geschlechtsöffnung zum Kopulationsapparat an der Hinterleibsbasis. Dabei füllt es die dort befindliche Samenblase mit Sperma auf. Anschließend biegt das Weibchen seinen Hinterleib nach vorne und verankert seine Geschlechtsöffnung am Begattungsorgan des Männchens. So entsteht das in der Tierwelt einmalige Paarungsrad. Damit sind die Tiere auch während der Paarung mobil und können bei Gefahr abfliegen. Einige Arten vollziehen sogar die gesamte Kopulation im Flug.

Viele Arten nutzen zur **Eiablage** Pflanzen oder Pflanzenreste. Die Eier werden dann einzeln mit Hilfe eines komplexen Legeapparats in das Gewebe eingestochen. Viele Arten sind dabei auf spezielle Ablagesubstrate oder besondere Pflanzen angewiesen. Das Weibchen der Grünen Mosaikjungfer legt ihre Eier nur in die Blätter der Krebsschere und die Hochmoor-Mosaikjungfer ist an das Vorkommen von Torfmoosen gebunden.

Andere Arten werfen die Eier in kleinen Klumpen ins Wasser. Sie verfügen dann nur über Legescheiden, in denen sich Eier sammeln, um dann im Flug mit wippenden Bewegungen des Körpers ins Wasser abgeworfen oder abgestreift zu werden. Die Eiablage erfolgt entweder allein oder unter Bewachung des Männchens. Im letzteren Fall bleiben die Männchen entweder in der Tandemstellung angekoppelt oder fliegen über dem eierlegenden Weibchen, um andere paarungsbereite Männchen abzuwehren.

Paarungsrad einer Blutroten Heidelibelle (Sympetrum sanguineum)

Eiablage der Blaugrünen Mosaikjungfer (Aeshna cyanea)

Eiablage der Frühen Heidelibelle (Sympetrum fonscolombii) im Flug und mit angekoppeltem Männchen

Lebensräume

Libellen halten sich vor allem in der Nähe von Gewässern auf, da sie sich als Larven im Wasser entwickeln. Einige Arten jagen jedoch auch abseits der Gewässer auf Waldlichtungen und über Wiesen.

Nur verhältnismäßig wenige Libellen sind ausgesprochene Fließgewässerarten. Im Quellbereich und im schnell fließenden Oberlauf von Bächen entwickeln sich die Quelljungfern (Gattung *Cordulegaster*). Typische Arten langsam fließender Bäche und kleiner bis mittelgroßer Flüsse sind die Prachtlibellen (Gattung *Calopteryx*), Flussjungfern wie Grüne Flussjungfer (*Ophiogomphus cecilia*) und Gemeine Keiljungfer (*Gomphus vulgatissimus*). Helm- und Vogel-Azurjungfer (*Coenagrion mercuriale*, *C. ornatum*) besiedeln fließende Gräben und schmale Wiesenbäche. Die Eurasische Keulenjungfer (*Stylurus flavipes*) ist ein Bewohner der Mittel- und Unterläufe großer Flüsse und Ströme.

Die meisten Libellenarten findet man in stehenden Gewässern wie Tümpeln, Weihern, Teichen und Seen. Angepasst an periodisch austrocknende Gewässer wie Tümpel oder Weiher mit breiter Wasserwechselzone sind Arten wie die Gefleckte Heidelibelle (*Sympetrum flaveolum*) und die Glänzende Binsenjungfer (*Lestes dryas*). Einige Arten treten nur in bestimmten Sukzessionsstadien auf und verschwinden dann wieder. Die erste Libelle an neu angelegten Teichen ist der Plattbauch (*Libellula depressa*). Mit aufkommendem Bewuchs erscheinen weitere Arten wie die Kleine Pechlibelle (*Ischnura pumilio*). Größere freie Wasserflächen benötigen beispielsweise der Große Blaupfeil (*Orthetrum cancellatum*) und die

Zonierung eines Fließgewässers und die jeweils typischen Libellenarten

Glänzende Smaragdlibelle (*Somatochlora metallica*). Gewässer mit gut ausgebildeter, standortgerechter Vegetation bevorzugen unter anderem die Fledermaus-Azurjungfer (*Coenagrion pulchellum*), die Frühe Adonislibelle (*Pyrrhosoma nymphula*) und die Gemeine Heidelibelle (*Sympetrum vulgatum*). In stark beschatteten, vegetationslosen Waldgewässern entwickelt sich in der Regel nur die Blaugrüne Mosaikjungfer (*Aeshna cyanea*). Die Weidenjungfer, die ihre Eier immer in die Rinde von am Wasser stehenden Bäumen legt, ist auf Ufergehölze angewiesen. Größere Seen mit gut ausgebildeter Röhrichtzone sind der Lebensraum der Kleinen Königslibelle (*Anax parthenope*) und des Frühen Schilfjägers (*Brachytron pratense*).

Auch Moore weisen eine teilweise spezialisierte Libellenfauna auf. Hierzu gehören Hauben-, Speer- und Mond-Azurjungfer, Moosjungfern wie Kleine Moosjungfer (*Leucorrhinia dubia*) und Nordische Moosjungfer (*Leucorrhinia rubicunda*) sowie Arktische Smaragdlibelle (*Somatochlora arctica*), Torf- und Hochmoor-Mosaikjungfer (*Aeshna juncea, A. subarctica*).

Literatur: Büsse, S. (2016): Morphological re-examination of *Epiophlebia laidlawi* (Insecta: Odonata) including remarks on taxonomy. International Journal of Odonatology 19 (4): 221–238.

Libellenfotografie

Warum Libellen fotografieren?

Das Fotografieren von Insekten ist in mehrfacher Hinsicht für Entomologen, die Libellenfotografie speziell für Odonatologen, hilfreich und nützlich. Es kann zum einen der Dokumentation und damit als Beleg für eine Art an einem bestimmten Ort zu einem bestimmten Zeitpunkt dienen. Ein allgemeines Sammeln und Präparieren von Libellen, das heutzutage aus Artenschutzgründen spezielle behördliche Ausnahmegenehmigungen erfordert, entfällt und ist auch nicht nur nicht mehr zeitgemäß, sondern auch unnötig. Es sollte nur in Ausnahmefällen erfolgen und bestimmten wissenschaftlichen Zwecken vorbehalten sein. Das Fangen und anschließende Freilassen von Libellen erfordert ebenfalls eine entsprechende Genehmigung, denn auch dieser einfache und für die Tiere scheinbar ungefährliche Vorgang beinhaltet ein gewisses Risiko, da die Libellen unter Umständen verletzt werden können, sowohl beim Fang als auch beim Betrachten in der Hand. Somit ist die fotografische, berührungslose Dokumentation eine gute und sinnvolle Alternative und dient gleichzeitig dem Schutz einzelner Individuen und Arten. Zum anderen können die direkte Umgebung und Details des Habitats mit erfasst werden. Ein weiterer Aspekt ist, dass die Farben der Libellen auf den Fotos tagesaktuell und somit in Abhängigkeit von der Phänologie fixiert werden. Weitere Vorteile sind die Geschwindigkeit und damit Anzahl von Daten und Datensätzen, die durch Fotos in einer bestimmten Zeit erfasst werden können. Darüber hinaus bietet die digitale Technik die Möglichkeit, die Funddaten, d.h. sowohl das Datum, den Fundort (GPS Koordinaten), als auch den Beobachter (Fotograf) in dem Belegfoto direkt mit abzuspeichern.

Alle diese Möglichkeiten setzen aber eines voraus, nämlich dass die Tiere auf den Fotos auch eindeutig bestimmt werden können. Denn im Unterschied zu einem gefangenen Tier oder einem Belegexemplar ist ein erneutes Betrachten von allen Seiten und nochmaliges Untersuchen nicht möglich. Manche Bestimmungsdetails sind nur bei Ansicht von der Seite, andere nur von oben erkennbar, bei anderen Merkmalen wiederum muss man sich das Gesicht oder die Brustoberseite genauer anschauen. Als Konsequenz sollten daher – sofern es möglich ist – immer mehrere Fotos aus verschiedenen Perspektiven aufgenommen werden, gerade dann, wenn man sich bei der Bestimmung von Libellen noch nicht so sicher ist. Es gibt nicht die eine ideale Perspektive, aus der alle Arten aufgenommen werden können und dann bestimmbar sind. Eine Aufnahme schräg von vorne und leicht oberhalb der Körperebene ist allerdings eine gute universelle Perspektive, reicht aber unter Umständen nicht aus und birgt zudem das Risiko, dass nicht die gesamte Libelle in der Schärfeebene liegt. Für das hier gezeigte Beispiel – das einer Libelle im Flug – ist es aber ausreichend. Man erkennt deutlich den komplett braun-orangebraun gefärbten Körper (Brust und Hinterleib) (a), die Augen sind leuchtend grün (b), auf der Brustseite sind zwei helle, blassgelbe Seitenstreifen erkennbar (c), auf der Oberseite des Hinterleibs auf dem zweiten Segment ist ein kleiner gelber keilförmiger Fleck (d) sichtbar und die Flügel sind farblos (nicht braun-rotbraun getönt). Es handelt sich daher um die Keilfleck-Mosaikjungfer (Aeshna isoceles). Die Merkmale a) und b) kombiniert sind bereits eindeutig für diese Art. Bei sehr jungen Tieren sind die Farben noch nicht ausgeprägt und typisch. Das leuchtende Grün der Augen ist unmittelbar bzw. einige Stunden nach dem Schlupf noch nicht erkennbar, auch das Gelb des Keilflecks ist noch nicht kräftig. Daher ist es dann nicht möglich, die Merkmale a) und b) so anzuwenden. Die helle Zeichnung auf S2 ist ist aber bereits vorhanden. Daher sind die Merkmale c), d) und e) ebenso wichtig und mit zu berücksichtigen.

Keilfleck-Mosaikjungfer (Aeshna isoceles)

Ausschnittsvergrößerung

Worauf es ankommt – ein paar Hinweise

Heutzutage ist die Digitalfotografie die fotografische Methode der Wahl und etablierter Standard. Belegaufnahmen von Libellen sind in der Regel schnell und einfach durchzuführen. Sie erfordern zwar ein wenig Übung und Geschick, kombiniert mit einer entsprechenden fotografischen Ausrüstung sind sie dennoch keine große Herausforderung. Befolgt man ein paar Regeln, werden die meisten Aufnahmen auch gelingen und hinterher auswertbar sein. Nicht ganz unerwähnt bleiben soll, dass die Libellen eine natürliche Fluchtdistanz besitzen, auf Helligkeits- und Temperaturunterschiede durch Beschattung reagieren und nicht immer einfach ruhig sitzen bleiben. Geduld, Ausdauer und langsame Bewegungen sind generell ratsam.

Ob spontaner Schnappschuss oder längerfristig geplante Aufnahme einer Libellenart, die gezielt in einem Gebiet aufgesucht wird: Die Motivwahl, die richtige Belichtung und eine ausreichende Schärfe sollten – auch wenn dies etwas Zeit für die Einstellungen in Anspruch nimmt – immer im Fokus stehen. Gegenlichtaufnahmen sind – abgesehen von bewusst gemachten Aufnahmen zu ästhetischen Gestaltungszwecken – in der Naturfotografie – zu vermeiden und bedeutet, dass auch mal ein Standortwechsel vorgenommen werden muss. Das Licht am Morgen und am Abend ist nicht so hart wie am Mittag, wo die Sonne am höchsten steht, und wirkt weicher.

Die manuelle Fokussierung ist gegenüber dem Autofokus auf keinen Fall nachteilig, bei Flugaufnahmen sowie bei Makroaufnahmen jedoch nach eigener Erfahrung zu bevorzugen und liefert oft die besseren Bilder. Eine möglichst parallele Ausrichtung der Kamera zur Libelle ermöglicht, dass diese komplett in der Schärfeebene liegt und durchgängig scharf eingestellt werden kann. Das richtige Motiv inklusive Freistellung und die richtige Perspektivwahl helfen später bei der Bestimmung durch die Abbildung der wichtigen Merkmale.

Eine generelle Empfehlung ist, dass die Aufnahmen möglichst eine Abbildung von der Seite, eine von oben und eine von vorne, leicht oberhalb des Körpers zeigen. Mit diesen drei Perspektiven eines Tieres sollten nahezu alle in Deutschland vorkommenden Arten bestimmbar sein. Generell gilt dabei: Je mehr Details erkennbar sind, umso eindeutiger und sicherer ist eine Bestimmung möglich.

Das nachfolgende Beispiel soll dies veranschaulichen. Zunächst wurden aus drei verschiedenen Perspektiven Aufnahmen gemacht. Die Aufnahmen A, B und C zeigen dabei ein und dieselbe Großlibelle, A und B lassen einen dunklen Körper mit einer rötlich-braunen Fleckung des Hinterleibs erkennen. In diesem konkreten Fall wäre anhand der Aufnahme A oder B eine eindeutige Bestimmung bis zur Art möglich, nicht jedoch mit der Aufnahme C. Diese unterstützt die anderen beiden. Die Aufnahme B ist in diesem Beispiel die aussagekräftigste, da hier die Bestimmungsmerkmale am besten erkennbar sind.

In der Aufnahme B sieht man an den Hinterflügeln, jeweils an der Basis, einen schwarzen Fleck (Basalfleck). Diesen erkennt man nicht mehr in der Aufnahme A und C. Das Flügelmal sieht man gut in der Aufnahme B, in A kann man es noch erahnen und in C ist es gar nicht zu sehen.

Um die Bestimmungsmerkmale nun gut erkennen und bewerten zu können, wurden aus den einzelnen Aufnahmen Ausschnitte durch Vergrößerung erstellt. Dies wurde nachträglich am Computer durchgeführt. Nahezu alle digitalen Kameras bieten auch die Möglichkeit, das Bild direkt an der Kamera zu vergrößern und sich dann durch die Vergrößerung zu navigieren, so dass man eine Detailbetrachtung auch vor Ort im Gelände machen kann.

Die Merkmale 1) und 2) (siehe folgende Seite) sind charakteristisch für alle Moosjungfern (Gattung *Leucorrhinia*). Um zur Art zu gelangen, sind weitere Bestimmungsmerkmale notwendig. Auf Grund der rein rötlich-braunen Hinterleibsfleckung – ohne einen gelben Fleck auf einem Segment – kann man bereits drei von den fünf bei uns vorkommenden *Leucorrhinia*-Arten ausschließen, nämlich die Zierliche (*L. caudalis*), die Östliche (*L. albifrons*) und die Große Moosjungfer (*L. pectoralis*). Das deutlich rötliche Flügelmal 3) gibt einen weiteren Hinweis. Die Größe der Flecken im Verhältnis zur jeweiligen Länge des Segmentes auf S6 und S7 (Merkmal 4) führt dann zur Art, der Nordischen Moosjungfer (*L. rubicunda*).

1) Basis der Hinterflügel weist einen schwarzen Fleck auf → Basalfleck

2) Stirn (Gesicht) ist weiß

3) Flügelmal ist rötlich

4) Größe der Flecken auf den Segmenten S6/S7 des Hinterleibs sind > 60% bezogen zur jeweiligen Segmentlänge

Was die Farben anbetrifft, sind gerade auch bei den Moosjungfern altersbedingte Umfärbungen zu beobachten. Während bei den ausgefärbten Tieren das hier beschriebene Ausschlusskriterium angewendet werden kann, gilt dies für gerade geschlüpfte oder auch junge Tiere nicht. Hier zeigen alle fünf Moosjungfern-Arten eine zunächst gelblich-ockergelbe Fleckenfarbe. Um auch hier eine sichere Bestimmung durchführen zu können, muss man sich auf die Größe der Flecken und andere Details, die dann besser erkennbar sind (S2/S3), fokussieren. Weiterführende Angaben hierzu finden sich im Bestimmungsteil bzw. in den jeweiligen Artkapiteln.

Ausrüstung

Für die Libellenfotografie ist nicht automatisch eine teure Ausrüstung notwendig. Vielmehr kommt es darauf an, was man zu welchem Zweck fotografieren möchte. Sollen es Belegaufnahmen sein, die allein zur reinen Dokumentation und als Nachweis dienen, kann man sicherlich kleinere Abstriche bei der Gesamtqualität akzeptieren. Solche Aufnahmen sind auch schon mit Kompaktkameras mit fest eingebauten Objektiven und Zoomfunktion zu realisieren. Sollen es Flugaufnahmen von z.B. Mosaikjungfern sein, benötigt man eher eine Kamera, die eine schnelle Bildfolge (> 5 Bilder/sec) und eine möglichst kurze, variabel einstellbare Belichtungszeit (< 1/1000 sec) ermöglicht, sowie eine Brennweite von > 200 mm aufweist. Für echte Makroaufnahmen ist die Geschwindigkeit wiederum kein wichtiges Kriterium, sondern eher die Abbildungsleistung, die Auflösung bei niedrigem Rauschen, Möglichkeiten zur Verbesserung der Bildschärfe wie z.B. durch Antiverwacklungstechniken mittels Bildstabilisatoren in der Kamera oder in den Objektiven oder Möglichkeiten des Fokus-Stackings (integriert oder nachträglich). Aber sowohl für Flugaufnahmen als auch für hochwertige Makroaufnahmen wird man nicht umhin kommen, sich mit Spiegelreflexkameras (DSLR = Digital Single-Lens Reflex) oder spiegellosen Systemkameras (DSLM = Digital Single Lens

Mirrorless) und den dazu passenden Wechselobjektiven zu beschäftigen. Die Qualität und Eigenschaften der Objektive sind dabei genauso wichtig wie die der Kamera selber, unabhängig davon, ob es sich um Zoom-Objektive, Objektive mit Festbrennweiten oder auch echte Makroobjektive handelt.

Aufnahmetechniken

Makroaufnahmen – sind Fotos, bei denen im erweiterten Sinne Objekte groß und möglichst detailliert dargestellt werden, im engeren Sinne das Bild des zu fotografierendes Objektes auf dem Sensor der Kamera genauso groß dargestellt wird wie das Objekt selbst, der Abbildungsmaßstab also mindestens 1:1 ist oder auch größer. Besonders für Aufnahmen von Kleinlibellen, aber auch den Segellibellen (Libellulidae), sind Makroaufnahmen sehr zu empfehlen, da bestimmte wichtige Bestimmungsdetails dann auch gut zu erkennen sind. Um zu Makroaufnahmen zu gelangen, gibt es verschiedene Möglichkeiten. Es können z.B. normale Objektive mit Nahlinsen, Umkehrringen, Zwischenringen, Telekonvertern oder Balgengeräten kombiniert werden, echte Makroobjektive mit Festbrennweiten, Zoom-Objektive mit Makrofunktion oder auch Lupenobjektive verwendet werden. Am Ende ist es Geschmackssache, eine Frage des Geldes, das man in die Ausrüstung investieren möchte, und auch eine Frage des Ziels der Aufnahme und des Anspruchs. Wir persönlich bevorzugen den Einsatz von Makroobjektiven mit Festbrennweiten, da hier die Abbildungsleistung aus qualitativer Sicht am höchsten ist. Dies soll aber nicht heißen, dass man nicht auch mit anderen Techniken zu gleichwertigen und tollen Aufnahmen kommen kann.
Fokus-Stacking – ist eine Technologie zur Verbesserung der Gesamtschärfe. Hierbei werden mehrere einzelne Bilder eines Objektes mit unterschiedlichen Schärfebereichen bzw. Schärfeebenen zusammengeführt – gestapelt (stacking) – so dass am Ende das gesamte Bild komplett scharf erscheint oder aber über eine größere Schärfentiefe verfügt, wohingegen das einzelne Bild dies nicht auf-

Fokus im Bereich der Fangmaske

Fokus im Bereich der Analpyramide

Fokus-Stack aus 25 Einzelbildern

weist. Dieses Zusammenführen der Einzelbilder kann als Routine in der Kamera erfolgen – sofern diese das unterstützt – oder aber auch mittels spezieller Software nachträglich am Computer. Die Aufnahme einer entsprechenden Bildfolge mit unterschiedlichen Fokusbereichen (Fokus-Bracketing) kann ebenso automatisiert mittels Routine in einer Kamera oder mittels spezieller Hardware oder einfach auch manuell erfolgen. Wichtig dabei ist, dass die Bilder nicht verwackeln und am Ende übereinander gelegt werden können. Daher sind statische Objekte besonders geeignet. Aber auch bei ruhig sitzenden Libellen und relativer Windstille funktioniert dies durchaus. Bereits ein Stack aus wenigen Einzelbildern kann hier zu einer deutlichen Verbesserung des Gesamtbildes führen. Die Verwendung eines Stativs ist hierfür nahezu essentiell. Das Beispiel einer Studioaufnahme einer Exuvie des Zweiflecks (*Epitheca bimaculata*) zeigt dieses Prinzip einmal.

Abschattung – ist eine Möglichkeit, um Lichtverhältnisse anzupassen bzw. zu korrigieren. Libellen sind Sonnentiere, d.h. sie sind vor allem bei sonnigem Wetter aktiv. Dies hat zur Folge, dass auf den Flügeln, den Augen und dem Libellenkörper helle Lichtreflexionen, helle Glanzpunkte oder starke Licht-Schatten-Kontraste auftreten können. Durch die Erzeugung eines mehr oder weniger starken, künstlichen Schattens (Abschatten des Bereiches, der fotografiert werden soll) werden diese Lichtreflexionen und Glanzpunkte reduziert, hartes Licht „weicher" gemacht und extreme Licht-Schatten-Kontraste eliminiert. Nachteilig ist dabei, dass das Licht, was zur Belichtung der Aufnahme benötigt wird, dadurch ebenfalls reduziert wird. Dies muss dann auf andere Weise kompensiert werden, z.B. durch eine weitere Öffnung der Blende, was zu einer Reduzierung der Schärfe führt oder durch eine Verlängerung der Belichtungszeit, was wiederum das Verwacklungsrisiko erhöht oder durch eine höhere ISO-Zahl, was zu einer Zunahme

Diffusor am Stativ

des Rauschens führt. In der Praxis ist es oft eine Kombination aus allen drei Möglichkeiten. Bei Kleinlibellen funktioniert das Prinzip der Abschattung durchaus gut, bei Großlibellen ist die Erfolgsquote deutlich geringer. Zur Abschattung ha-

ohne Abschattung 1/400 sec; f8; ISO 400

mit Abschattung (Diffusor am Stativ) 1/200 sec; f8; ISO 400

Sibirische Winterlibelle (♀) – Sympecma paedisca

ben sich verschiedene Varianten bewährt, von einer einfachen Klarsichtfolie mit nur leichtem Schatten, die man in einer Hand hält, bis hin zu einem Diffusor, der auch noch etwas Licht hindurchlässt und der separat auf einem Stativ montiert ist. Diffuses Licht sorgt für eine gewisse Weichheit, generiert aber auch noch leichten Schatten, so dass das Objekt nach wie vor plastisch erscheint. Eine leichte Wolkendecke bewirkt übrigens einen vergleichbaren Effekt. Das nachfolgende Beispiel eines Weibchens der Sibirischen Winterlibelle (*Sympecma paedisca*) zeigt einmal eine solche Aufnahme mit und ohne Abschattung mittels Diffusor.

Digitale Nachbearbeitung

Im Rahmen der Nachbearbeitung können verschiedene Korrekturen und Anpassungen nachträglich an dem Bild vorgenommen werden. Dies reicht z.B. von der Freistellung des Motives, der Anpassung der Belichtung und Helligkeit, der Farbsättigung, der Farbtemperatur, des Kontrastes, einzelner Farbkanäle bis hin zur Schärfekorrektur und Rauschreduzierung. Generell gilt aber auch hier: Alles, was bereits bei der Aufnahme gut gemacht wird, muss hinterher nicht korrigiert werden. Motiv, Belichtung und Schärfe sind dabei die wichtigsten Parameter.

Die Nachbearbeitung der digitalen Aufnahmen erfolgt überwiegend am Computer mittels spezieller Bildbearbeitungs-Software. Manche Kamerahersteller haben zwar auch Bearbeitungsroutinen bereits in die Kamera integriert, diese sind aber oft umständlich und auch in ihren Funktionen limitiert. Das Aufnahmeformat entscheidet bereits darüber, welche und wie viele Informationen gespeichert werden und ob das Bild bereits in einem komprimierten Zustand vorliegt. Für final qualitativ höherwertige Bilder sollten die Aufnahmen zunächst immer im Rohdaten-Format (RAW) – dem digitalen Negativ – ohne „Interpretation“ der Bildinformationen durch die Kamera, nämlich so, wie der Bildsensor sie aufgenommen hat, gespeichert werden. Eine nachträgliche Bearbeitung – die digitale „Entwicklung“ – ist dann notwendig und eine weitere Komprimierung zur Datenreduzierung immer noch möglich. Speicherplatz ist heutzutage deutlich günstiger als noch vor einigen Jahren und daher kein Argument mehr für bereits komprimierte Bilder direkt bei der Aufnahme, z.B. das Fotografieren im JPEG-Format.

Es gibt für die Bearbeitung verschiedene Routinen und Techniken und unterschiedliche Software. Die Korrekturen und Anpassungen haben auch ihre Grenzen. Bei einer Gegenlichtaufnahme mit direkter Sonne wird man trotz Fotonachbearbeitung Schwierigkeiten bei der richtigen Farbdarstellung haben.

Bei der Fotonachbearbeitung gilt die Empfehlung „weniger ist mehr“. Gerade beim Nachschärfen und nachträglichem Sättigen der Farben sollte man sehr behutsam vorgehen, damit die Aufnahmen nicht unnatürlich oder sogar verfälscht wirken.

Im nachfolgenden Beispiel ist die Originalaufnahme eines männlichen Tieres der Speer-Azurjungfer (*Coenagrion hastulatum*) vor und nach Bearbeitung einschließlich Freistellen und Ausschnittsvergrößerung dargestellt. Obwohl die Libelle nicht optimal und formatfüllend fotografiert wurde, konnte aufgrund der hohen Auflösung noch eine entsprechende Vergrößerung erzeugt werden. Aus der jeweiligen Ausschnittsvergrößerung bei normalerweise geforderten 300 DPI für Drucksachen (dots per inch = pixel per inch – ppi) kann die tatsächliche Druckgröße (ohne Qualitätsverluste) berechnet werden.

Originalaufnahme
9504 x 6336 (60.2 Mio Pixel)
unbearbeitet

max. Druckgröße (bei 300 DPI) = 80,47 x 53,64 cm

Ausschnittsvergrößerung 1
3235 x 2157 (7 Mio Pixel)
nachbearbeitet:

- Freistellung mit Korrektur der horizontalen Ausrichtung
- Leichte Erhöhung der Farbsättigung
- Anpassung der Schärfe (LAB Verfahren)
- Anpassung der Helligkeit
- Rauschreduzierung (Luminanz)

max. Druckgröße (bei 300 DPI) = 27,39 x 18,26 cm

Ausschnittsvergrößerung 2
1404 x 936 (1.3 Mio Pixel)

max. Druckgröße (bei 300 DPI) = 11,89 x 7,92 cm

Speer-Azurjungfer (♂) – Coenagrion hastulatum

Literatur: GRADIAS, M. (2017): Makrofotografie. Perfekte Makroaufnahmen leicht gemacht. Markt + Technik. Burgthann. Fotografie kompakt.

GROSS, S. & O. CRAASMANN (2019): Fokus-Stacking. Makrofotografie für Profis & Einsteiger. Traumflieger. Hamburg. Ein Traumflieger Buch.

HAFKE, E., M. HUSZAR & S. MALZ (2016): Die Fotoschule in Bildern - Makrofotografie. Rheinwerk Verlag. Bonn. Rheinwerk Fotografie.

SÄNGER, K. & C. SÄNGER (2014): Makrofotografie. Der grosse Fotokurs. Vierfarben. Bonn.

BESTIMMUNGS-SCHLÜSSEL

Bestimmungsschlüssel

Die Bestimmung der Libellen erfolgt anhand charakteristischer Merkmale mithilfe eines Bestimmungsschlüssels. Der Bestimmungsschlüssel ist so aufgebaut, dass unter jedem Punkt zwei unterschiedliche Merkmale und Merkmalskombinationen (a und b) einander gegenübergestellt werden. Diese werden durch entsprechende Abbildungen veranschaulicht. Wenn man sich für eine der beiden Möglichkeiten entscheidet, geht man bei der entsprechenden Nummer weiter und muss sich hier wiederum zwischen zwei Möglichkeiten entscheiden u.s.w. Am Ende eines jeden Bestimmungspfads gelangt man zum Namen der gesuchten Libelle. Zur Sicherheit sollte man in jedem Fall die entsprechende Artbeschreibung mit hinzuziehen und das Ergebnis anhand weiterer Merkmale, die nicht im Schlüssel genannt wurden, absichern. Stellt man fest, dass das Ergebnis keinesfalls der beobachteten Libelle entspricht, so geht man Schritt für Schritt zurück und prüft, wo eventuell der Fehler entstanden sein könnte.
Mit zunehmender Erfahrung ist es durchaus sinnvoll, den Schlüssel nicht von Anfang an durchzugehen, sondern erst bei der entsprechenden Familie oder Gattung einzusteigen oder gleich die Merkmale und Fotos in den Artbeschreibungen abzugleichen.
Es werden sowohl im Bestimmungsschlüssel als auch in den Artkapiteln astronomische Symbole verwendet. Dabei steht das Marszeichen ♂ für das männliche und das Venuszeichen ♀ für das weibliche Geschlecht. Abbildungen und Merkmale mit der Symbolkombination ♂♀ gelten für beide Geschlechter.
Die im Folgenden aufgeführten Bezeichnungen von Körperteilen und Merkmalen sollen allen denjenigen, die wenig Erfahrung mit der Beobachtung und Bestimmung von Libellen haben, als Hilfestellung für die Benutzung des Schlüssels und die Beschreibungen in den Artkapiteln dienen. Im Wesentlichen werden die deutschen Bezeichnungen verwendet, z.B. Flügelmal statt Pterostigma oder Halsschild statt Pronotum. In einigen Fällen wird jedoch die wissenschaftliche Terminologie herangezogen (wie „Antehumeralstreifen“ oder „Metapleuralstreifen“), da sich keine eindeutigen deutschen Begriffe durchgesetzt haben. Dies gilt besonders für die Benennung der Flügeladern, die zudem unterschiedlichen Systemen folgen und somit in verschiedenen Veröffentlichungen voneinander abweichen können.

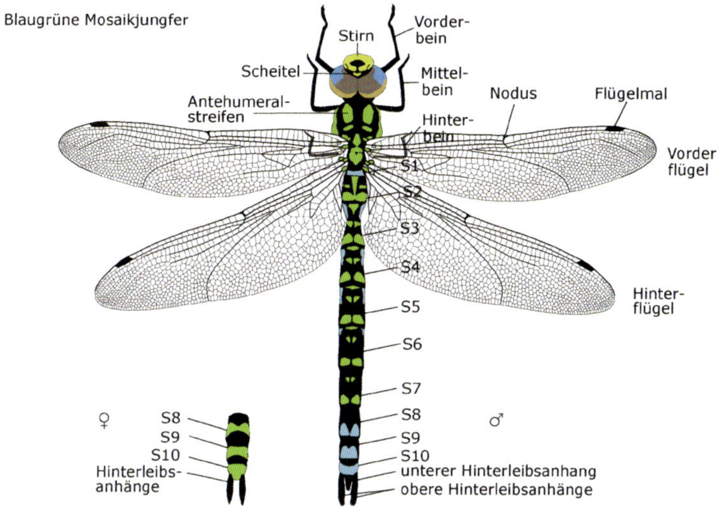

Blaugrüne Mosaikjungfer, als Beispiel einer Großlibelle, von oben

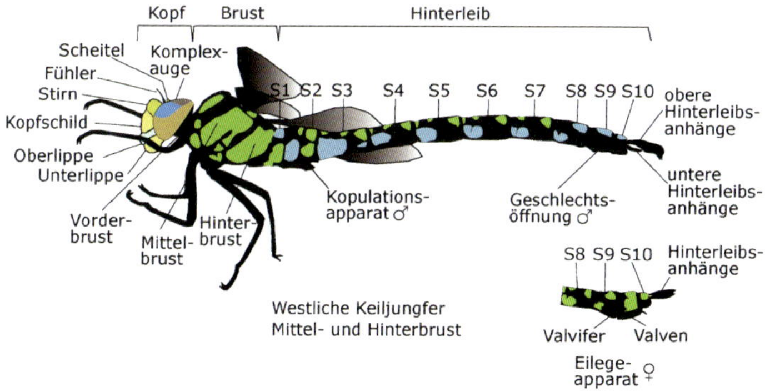

Blaugrüne Mosaikjungfer, als Beispiel einer Großlibelle, von der Seite

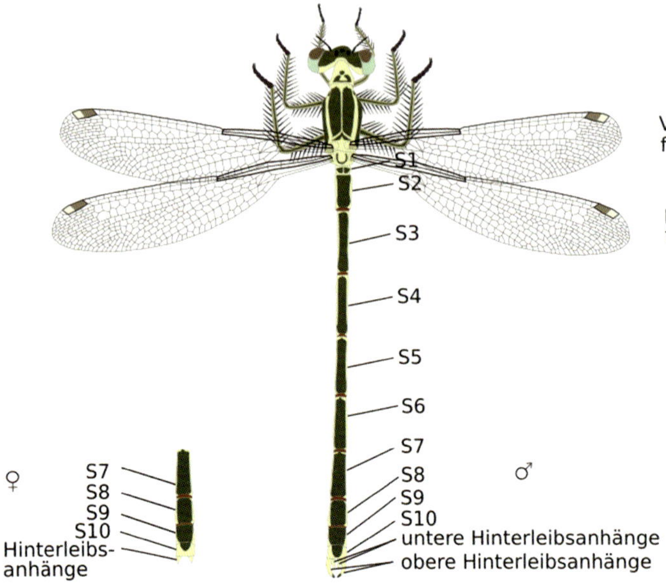

Südliche Binsenjungfer, als Beispiel einer Kleinlibelle, von oben

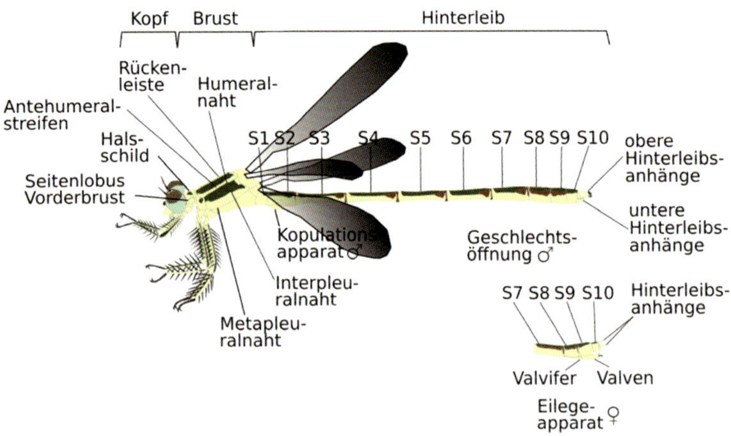

Südliche Binsenjungfer, als Beispiel einer Kleinlibelle, von der Seite

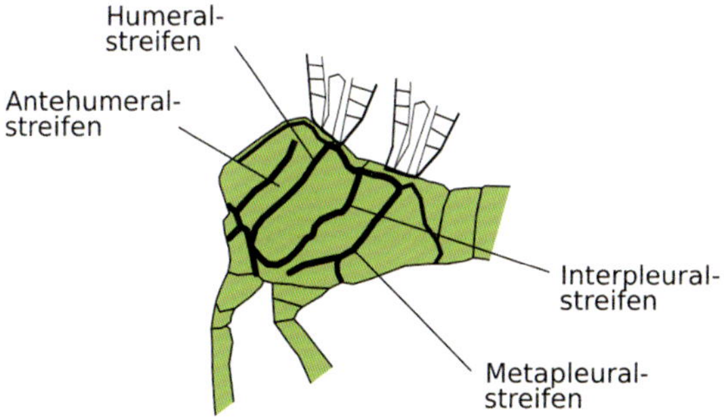

Mittel- und Hinterbrust, Seitenansicht am Beispiel der Westlichen Keiljungfer

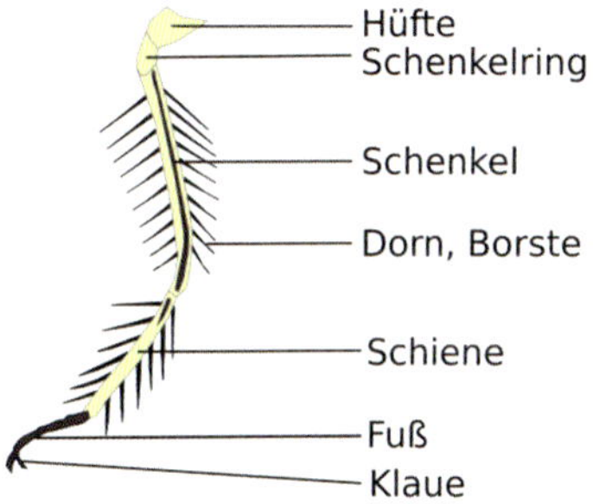

Gliederung des Libellenbeins (Südliche Binsenjungfer)

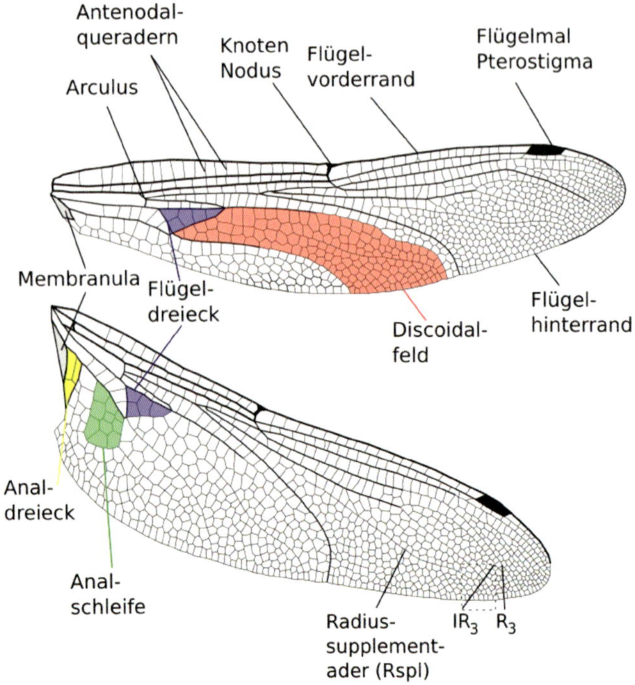

Vorder- und Hinterflügel der Blaugrünen Mosaikjungfer

Gerade bei Libellen ist die Versuchung groß, sich überwiegend anhand farblicher Merkmale zu orientieren. Dabei ist jedoch zu berücksichtigen, dass die Farben der Libellen einem Alterungsprozess unterliegen, der aus chemischen und physikalischen Vorgängen besteht und bereits mit der Geburt der Libelle beginnt. Vor allem der in der Luft enthaltene reaktionsfähige Sauerstoff und die energiereiche UV-Strahlung des Sonnenlichts spielen dabei eine entscheidende Rolle. Eine Libelle direkt nach dem Schlupf weist zumeist noch nicht die typischen art- und geschlechtsspezifischen Färbungen auf. Diese entwickeln sich erst mit fortschreitender Reifung und verändern sich dann weiter mit zunehmendem Alter in oft dunklere und düstere Farbtöne. Das heißt, ein Tier ein und derselben Art kann direkt nach der Geburt komplett beige-ockerfarben aussehen, dann später überwiegend leuchtend rot erscheinen und im sehr alten Zustand vor allem dunkelrote bis bräunliche Farbtöne aufweisen. Daher sind Farben nicht immer ein gutes Bestimmungsmerkmal und sollten durch unveränderliche Merkmale, wie z.B. die Form des Halsschild-Hinterrandes bei den Weibchen der Azurjungfern oder die Länge und Form der Hinterleibsanhänge bei den Männchen der Smaragdlibellen, abgesichert werden.

1 a Körper schlank. Flügel werden typischerweise im Sitzen auf oder neben dem Rücken zusammengelegt (1a-1) oder leicht gespreizt (1a-3). Vorder- und Hinterflügel gleich geformt (1a-2). Augen weiter voneinander entfernt (Augenabstand ist größer als Fühlerabstand) (1a-4).
. . . . **2** (**Kleinlibellen**, Zygoptera, S. 38)

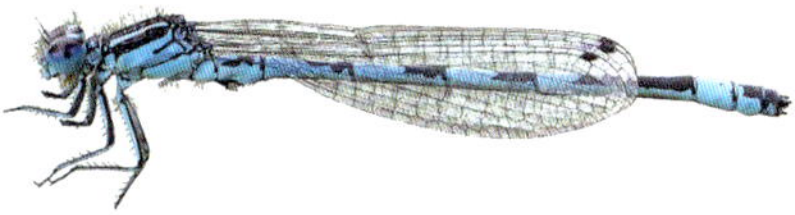

1a-1

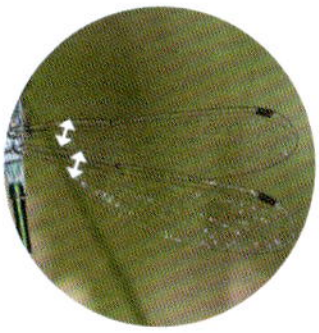

1a-2

1a-3

1a-4

1 b Körper kräftig. Flügel werden in der Ruhe waagerecht ausgebreitet (1b-1). Vorder- und Hinterflügel verschieden geformt, Hinterflügel zwischen Basis und Nodus (Knoten) breiter als Vorderflügel (1b-1). Augen stoßen in der Kopfmitte (1b-2, 1b-3) zusammen oder, wenn nicht, dann ist der Augenabstand geringer als der Abstand der Fühlerabstand (1b-4).
. . . . **37** (**Großlibellen**, Anisoptera, S. 69)

1b-1

1b-2

1b-3

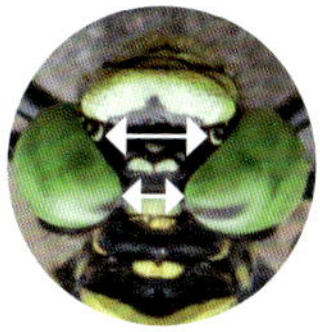

1b-4

Kleinlibellen

2 a Flügel farbig, bei den ♀♀ (transparent) grünlich oder bräunlich (2a-1), bei den ♂♂ teilweise oder vollständig blau (2a-2). Flügelvorderrand von der Basis bis zum Knoten mit vielen Queradern (2a-3).
.... 5 (**Prachtlibellen**, Calopterygidae)

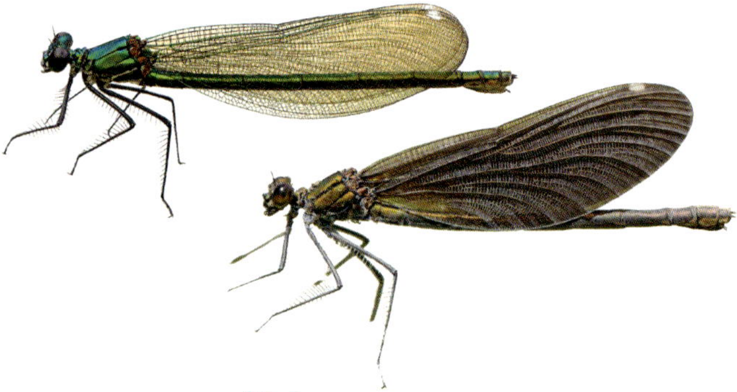

♀ 2a-1

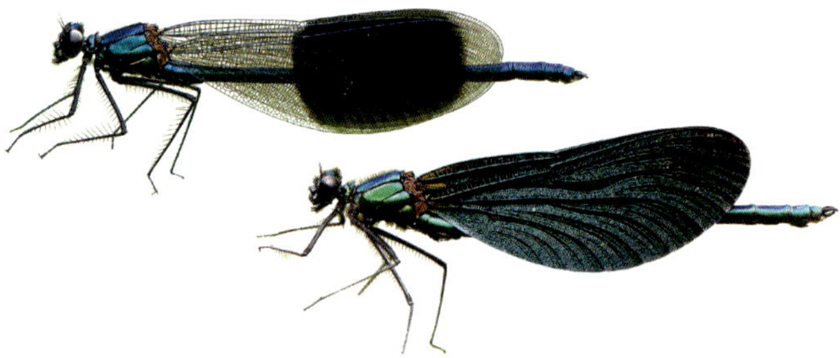

♂ 2a-2

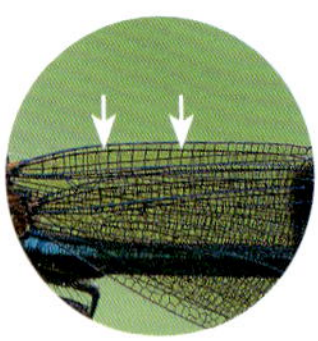

2a-3

2 b Flügel nicht farbig und komplett durchsichtig (2b-1). Flügelvorderrand von der Basis bis zum Knoten mit zwei Queradern (2b-2). **3**

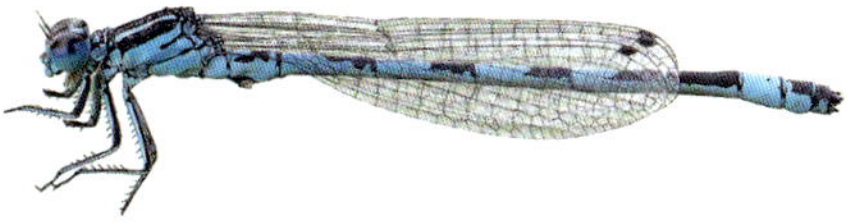

2b-1

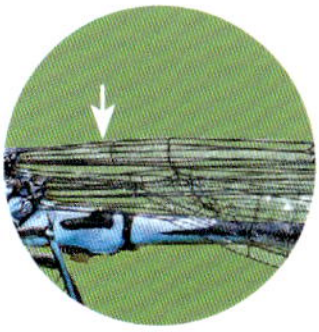

2b-2

3 a Flügelmal länglich-rechteckig und steht über zwei bis vier Flügelzellen (3a-1). Arten mit beige-brauner, metallisch grüner oder dunkler, teilweise blau bereifter Körperfärbung (wie z.B. 3a-2). . . . . **8** (**Teichjungfern**, Lestidae)

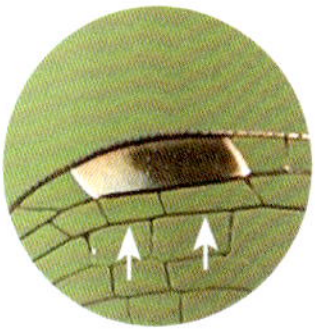

3a-1

3a-2

3 b Flügelmal ungefähr so breit wie lang, rautenförmig, und steht über ein bis eineinhalb Flügelzellen (3b-1). Arten mit roter, blauer, grüner oder oranger Körperfärbung (unausgefärbt auch hellrosa oder hellbraun) mit schwarzem Muster oder schwarz-blau gefärbt (wie z.B. 3b-2). **4**

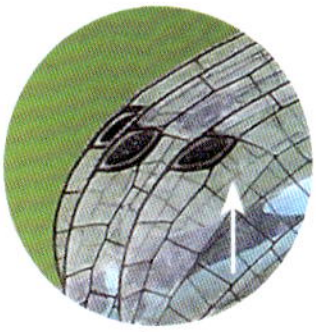

3b-1

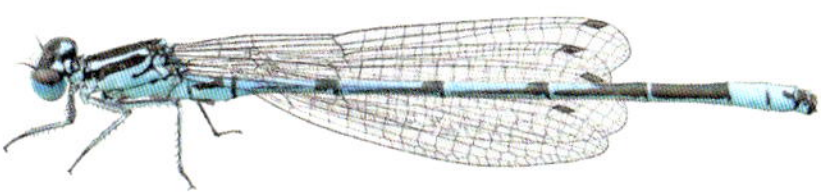

3b-2

4 a Kopf schmal, von oben gesehen schwarz mit zwei durchgehenden, hellen Querstreifen (4a-1). Schulter dunkel mit zwei breiten hellen Streifen („doppelter Antehumeralstreifen“) (4a-2). Schienen der Mittel- und Hinterbeine verbreitert und mit auffällig langen Borsten (4a-3).
♂: Färbung blassblau mit variabel ausgeprägter, länglicher, dunkler Strichzeichnung oben auf den Hinterleibssegmenten S2–S6 (4a-4).
♀: Färbung gelblich-braun bzw. grünlich-braun, selten bläulich, Hinterleibssegmente oberseits mit einer dunklen, von einer feinen hellen Mittellinie unterbrochenen Strichzeichnung (4a-4) .... **Federlibellen**, Platycnemididae, bei uns nur eine Art: **Blaue Federlibelle**, *Platycnemis pennipes*

4a-1

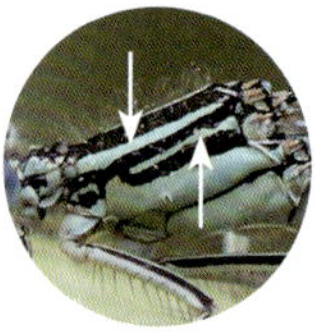
4a-2

4a-3

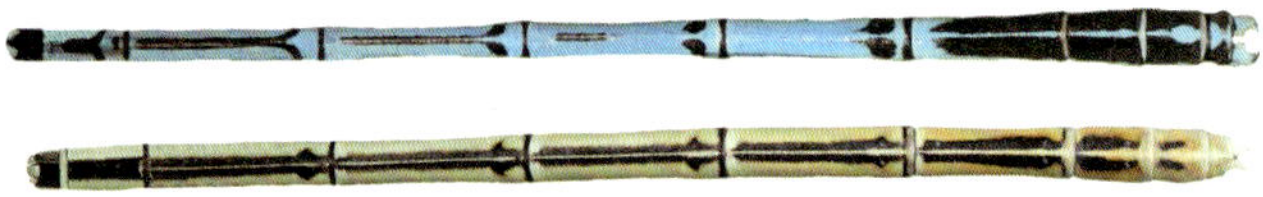
4a-4
oben ♂, unten ♀

4 b Kopf breiter, von oben gesehen ganz schwarz, mit höchstens einem helleren Querstreifen oder mit helleren Flecken (4b-1). Schulter dunkel mit höchstens einem einfachen hellen Antehumeralstreifen (4b-2). Schienen der Mittel- und Hinterbeine nicht verbreitert und mit kurzen Borsten (4b-3). .... **15** (**Schlanklibellen**, Coenagrionidae)

4b-1

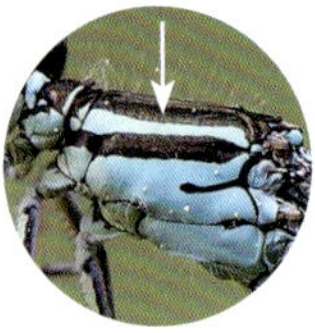
4b-2

4b-3

Prachtlibellen, Calopterygidae

5 a Flügel grünlich oder bräunlich durchscheinend, besitzen ein Pseudo-Flügelmal. .... **6** (♀)

5 b Flügel teilweise oder ganz blau, ohne Pseudoflügelmal. .... **7** (♂)

6 a Flügel etwas schlanker, in der Regel grünlich getönt. Im Alter auch nachdunkelnd und dann mit der folgenden Art zu verwechseln. Verhältnis von Flügellänge zu -breite in der Regel >3:1; Verhältnis Abstand Pseudoflügelmal – Nodus (A) zu Abstand Pseudoflügelmal – Flügelspitze (B) >4 (**6a-1**); Pseudoflügelmal tendenziell in der Biegung der Flügelspitze gelegen. .... **Gebänderte Prachtlibelle**, *Calopteryx splendens* ♀

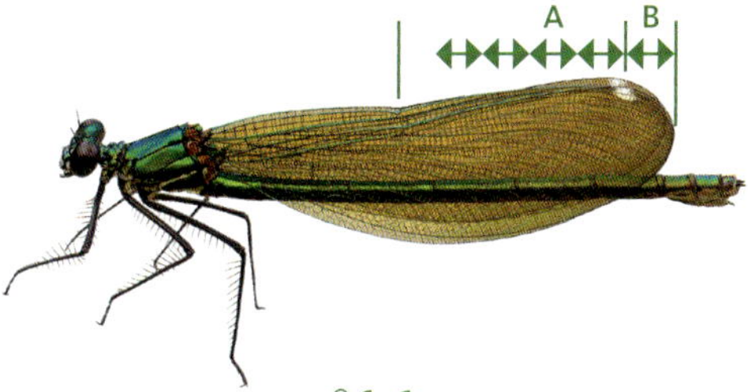

♀ **6a-1**

6 b Flügel etwas breiter, durchscheinend bronzebraun, seltener auch grünlich getönt. Verhältnis von Flügellänge zu -breite in der Regel ≤3:1; Verhältnis Abstand Pseudoflügelmal – Nodus (A) zu Abstand Pseudoflügelmal – Flügelspitze (B) <4 (**6b-1**), Pseudoflügelmal tendenziell kurz vor der Biegung der Flügelspitze gelegen. .... **Blauflügel-Prachtlibelle**, *Calopteryx virgo* ♀

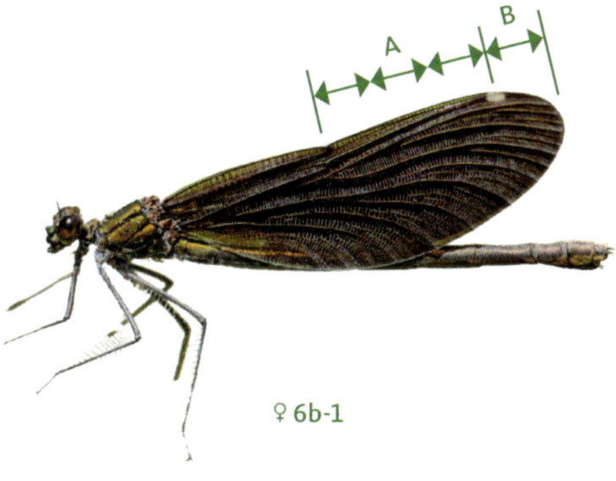

♀ **6b-1**

7 a Mit dunkelblauer Flügelbinde, deutlich und großflächig von der transparenten Flügelbasis und -spitze abgesetzt (7a-1). Unterseite von S8–S10 („Schlusslicht“) hellgelb bis weißlich gefärbt (7a-2).
.... **Gebänderte Prachtlibelle**, *Calopteryx splendens* ♂

♂ 7a-1

♂ 7a-2

7 b Flügel meist vollständig metallisch blau-schwarz gefärbt (7b-1), lediglich Flügelspitzen und -basis können heller sein. Unterseite von S8–S10 („Schlusslicht“) rosa-rot-bräunlich (7b-2).
.... **Blauflügel-Prachtlibelle**, *Calopteryx virgo* ♂

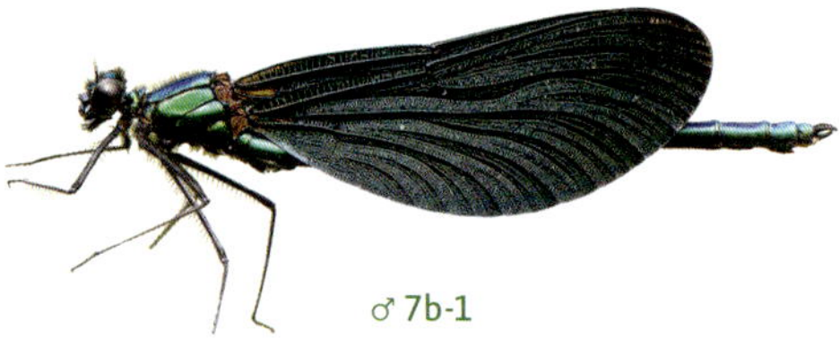

♂ 7b-1

♂ 7b-2

Teichjungfern, Lestidae

8 a Grundfarbe grau bis hellbraun, mit kupferfarbener bis dunkelbrauner, torpedoförmiger Hinterleibszeichnung. Flügel werden in Ruhe auf einer Seite neben dem Rücken zusammengelegt (8a-1), Flügelmale in Hinter- und Vorderflügel mit unterschiedlicher Entfernung zur Flügelspitze, dadurch versetzt angeordnet (8a-2). ..... **9** (**Winterlibellen**, *Sympecma)*

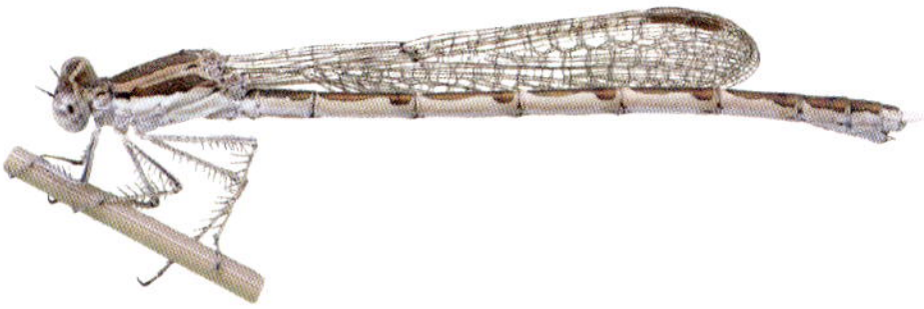

8a-1

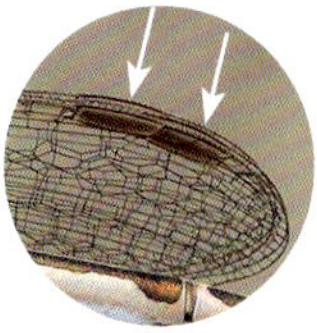

8a-2

8 b Grundfarbe metallisch grün glänzend, kupferfarben oder dunkel, teilweise blau bereift. Flügel werden in Ruhe leicht bis stärker gespreizt gehalten. **10**

8b-1

9 a Oberer dunkler Bruststreifen ohne Ausbuchtung nach unten. Dunkler Seitenstreifen der Brust breit und durchgehend (9a-1).
♂: Untere Anhänge lang, reichen bis zum ersten bzw. über den ersten, basalen Seitenzahn der oberen Anhänge hinaus (9a-2).
♀: Obere Anhänge länger als letztes Hinterleibssegment (9a-3).
.... **Gemeine Winterlibelle**, *Sympecma fusca*

9a-1

♂ 9a-2

♀ 9a-3

9 b Oberer dunkler Bruststreifen mit Ausbuchtung nach unten. Seitenstreifen der Brust schmal und manchmal unterbrochen (9b-1).
♂: Untere Anhänge kurz, enden vor dem ersten, basalen Seitenzahn der oberen Anhänge (9b-2).
♀: Obere Anhänge kürzer, maximal so lang wie letztes Hinterleibssegment (9b-3).
.... **Sibirische Winterlibelle**, *Sympecma paedisca*

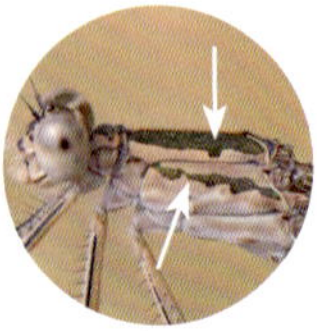

9b-1

♂ 9b-2

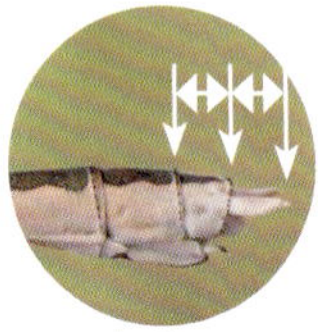

♀ 9b-3

10 a Untere Hälfte des Kopfes, von oben-hinten gesehen scharf abgegrenzt und hell (10a-1), im Alter nachgedunkelt (10a-2), Färbung der oberen Hälfte metallisch grün oder kupferfarben. Bei ausgefärbten ♂♂ wachsblaue Bereifung fehlend oder auf das Hinterleibsende beschränkt, bei jüngeren Tieren zunächst noch keine Bereifung. **11**

10a-1

10a-2

10 b Kopf von oben-hinten gesehen dunkel (10b-1), evtl. blau bereift, falls bei jungen Tieren heller, nicht scharf abgegrenzt. Färbung metallisch grün oder dunkel mit wachsblauer Bereifung der Hinterleibsbasis (10b-2) und des Hinterleibsendes (10b-3) bei ausgefärbten ♂♂. **12**

10b-1

♂ 10b-2

♂ 10b-3

11 a Heller Antehumeralstreifen breiter als Rückenleiste (11a-1). Flügelmal zweifarbig, innen (zum Körper hin) dunkel, außen (zur Flügelspitze hin) hell (11a-2). Hinterleibsende (S9–S10) seitlich hell, nie blau bereift (11a-3). Beim ♂ sind die Spitzen der unteren Hinterleibsanhänge nach außen gebogen (11a-4). .... **Südliche Binsenjungfer**, *Lestes barbarus*

11a-1

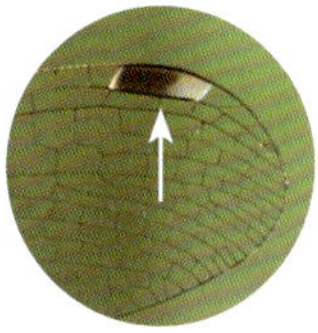
11a-2

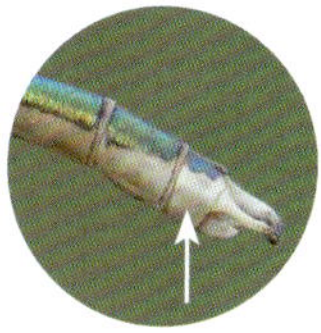
♂ 11a-3

♂ 11a-4

11 b Heller Antehumeralstreifen schmal, nicht breiter als Rückenleiste (11b-1). Flügelmal dunkelbraun mit zwei hellen Adern an den Seiten (11b-2), was zu einem dreifarbigen Eindruck führt. Hinterleibsende (S9–S10) seitlich dunkel, bei ausgefärbten ♂♂ wachsblau bereift (11b-3). .... **Kleine Binsenjungfer**, *Lestes virens*

11b-1

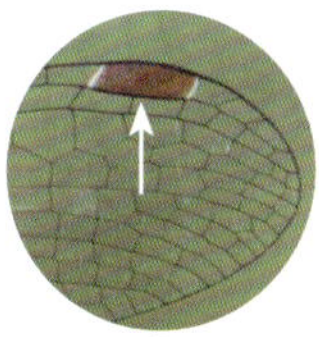
11b-2

♂ 11b-3

12 a Tiere metallisch grün, nicht wachsblau bereift, auffällige spornartige, Richtung Kopf weisende Zeichnung entlang des unteren grün-bronzenen Randes der Brustseiten (12a-1). Flügelmal auch bei ausgefärbten Imagines hell (12a-2).

♂: Untere Hinterleibsanhänge kurz, obere innen weiß und außen schwarz (12a-3).

♀: Legebohrer mit 10 bis 14 deutlichen Zähnen (12a-4).
.... **Westliche Weidenjungfer**, *Chalcolestes viridis*

12a-1

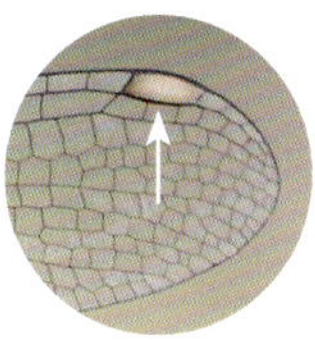
12a-2

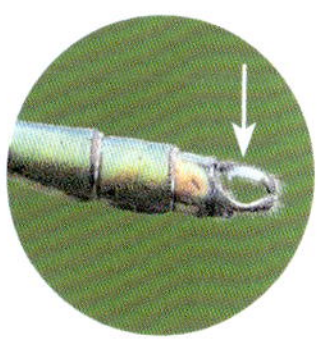
♂ 12a-3

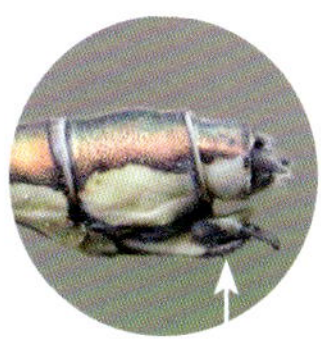
♂ 12a-4

12 b Tiere metallisch grün, ♂ (selten auch ♀) teilweise blau bereift (12b-2). Flügelmal bei ausgefärbten Imagines dunkel, schwarz-braun bis schwarz (12b-1) (bei Jungtieren ebenfalls hell). **13**

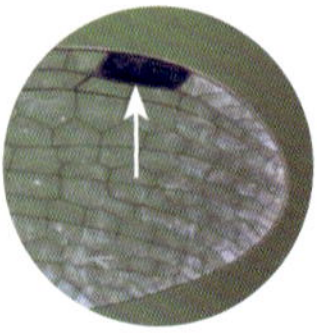

12b-1

12b-2

13 a Flügelmal steht über 3 bis 4 Flügelzellen (13a-1). Brust sowie S1, S2, S8–S10 schwarz-blau bereift (13a-2).
♂: Untere Hinterleibsanhänge kurz.
♀: S8–S10 ausgefärbt blau bereift (13a-3). Legebohrer schwach gezähnt.
.... **Dunkle Binsenjungfer**, *Lestes macrostigma*

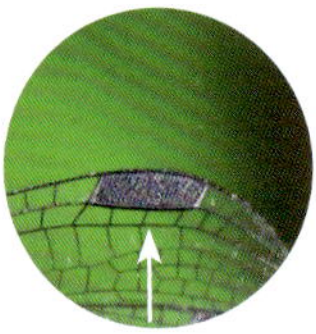

13a-1

13a-2

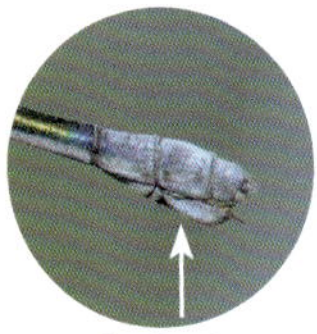

♀ 13a-3

13 b Flügelmal steht über zwei Flügelzellen (13b-1). Höchstens ausgefärbte Männchen mit blau bereiften Hinterleibssegmenten, Brust jedoch immer noch mindestens teilweise metallisch grün (13b-2). **14**

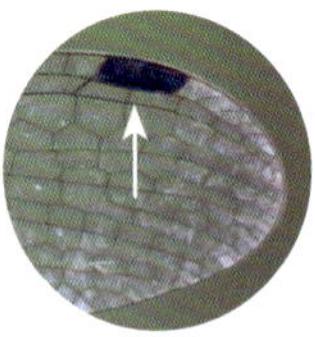

13b-1

13b-2

14 a ♂: Untere Hinterleibsanhänge gerade und nicht verbreitert (14a-1). ♀♀ und junge, unbereifte ♂♂: Metallischer Bereich oben auf der Vorderbrust erstreckt sich nicht bis zu den seitlichen Loben, diese sind hell (14a-2), dunkle Zeichnung oben auf S2 abgerundet dreieckig. .... **Gemeine Binsenjungfer**, *Lestes sponsa*

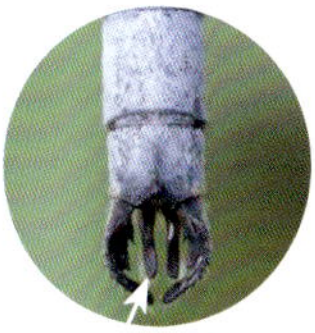

♂ 14a-1

14a-2

14 b ♂: Untere Hinterleibsanhänge nach innen gekrümmt und an der Spitze verbreitert (14b-1). ♀♀ und junge, unbereifte ♂♂: Metallischer Bereich oben auf der Vorderbrust erstreckt sich bis zu den seitlichen Loben (14b-2), dunkle Zeichnung auf S2 rechteckig. .... **Glänzende Binsenjungfer**, *Lestes dryas*

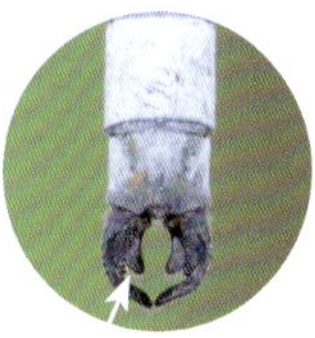

♂ 14b-1

14b-2

Schlanklibellen, Coenagrionidae

15 a Hinterleib ganz oder teilweise rot (15a-1). Bei den ♀♀ können fast komplett schwarze Farbformen auftreten (15a-1), die aber dann mindestens oberseits rötlich bzw. rot-braun gefärbte Augen haben und deren Intersegmentalhäute zwischen S8–S9–S10 rötlich sind. Kopfoberseite ohne Hinteraugenflecken. **16**

15a-1

15 b Hinterleib anders gefärbt, nicht rot, ggf. orange, meist blau-schwarz oder grün-schwarz (wie z.B. 15b-1), unausgefärbt auch blassrosa-schwarz oder beige-schwarz. Arten mit roten Augen weisen blaue oder grüne Farbanteile auf. Meist mit Hinteraugenflecken. **17**

15b-1

16 a Beine schwarz (16a-1), Flügelmal dunkelbraun bis schwarz (16a-2). Antehumeralstreifen gelb oder rot und breit (16a-3, 16a-4). .... **Frühe Adonislibelle**, *Pyrrhosoma nymphula*

16a-1

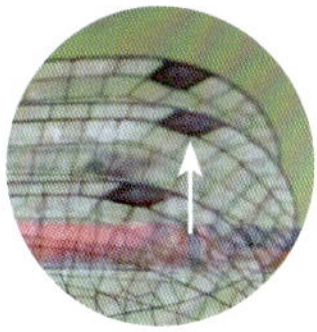
16a-2

16a-3

16a-4

16 b Beine rötlich bis rot(-braun) (16b-1), Flügelmal rötlich bis hell rot-braun (16b-2, 16b-3). Antehumeralstreifen fehlend oder stark reduziert (16b-4). .... **Zarte Rubinjungfer**, *Ceriagrion tenellum*

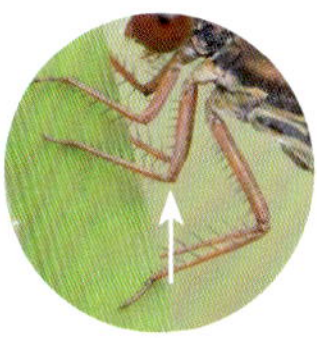
16b-1

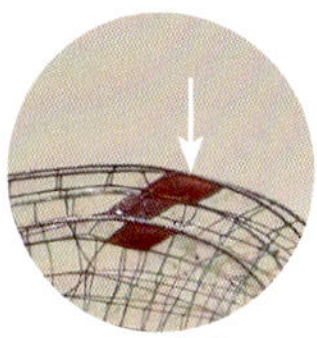
♂ 16b-2

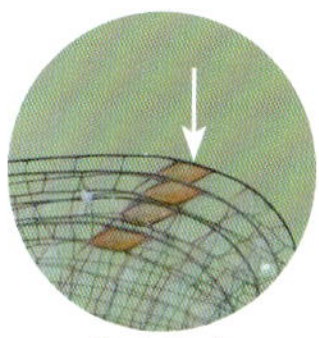
♀ 16b-3

16b-4

17 a Kopf von oben gesehen zwischen den Augen komplett schwarz (17a-1, 17a-3), höchstens kleine helle Flecken erkennbar. Augen der ausgefärbten ♂♂ leuchtend rot (17a-2). **18**

17a-1

♂ 17a-2

♀ 17a-3

17 b Kopf von oben gesehen zwischen den Augen dunkel mit entweder helleren runden Hinteraugenflecken (17b-1) oder mit hellem Mittelstreifen und zwei strichförmigen Hinteraugenflecken (17b-2), die selten auch fehlen können, oder am hinteren Rand mit schmalem blauen Querstreifen (17b-3). Augen der ♂♂ anders gefärbt, nie leuchtend rot. **19**

17b-1

17b-2

17b-3

18 a Antehumeralstreifen kurz oder fehlend (18a-1).
♂: S2 und S8 von der Seite gesehen schwarz (18a-2, 18a-3), S9 und S10 von oben gesehen komplett blau ohne schwarze Zeichnung (18a-4). Obere Hinterleibsanhänge breit und gerade nach hinten gerichtet.
♀: Halsschild-Hinterrand, von oben gesehen, mit hervorstehendem, dreieckigem Lappen. .... **Großes Granatauge**, *Erythromma najas*

18a-1

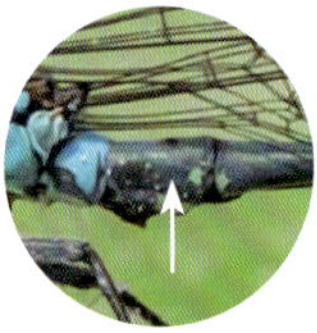
♂ 18a-2

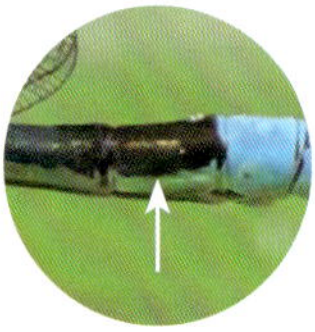
♂ 18a-3

♂ 18a-4

18 b Antehumeralstreifen vollständig (18b-1), gelegentlich unterbrochen, nicht immer deutlich.
♂: S2 und S8 von der Seite gesehen blau (18b-2, 18b-3), S9 und S10 von oben gesehen blau, S10 oben mit x-förmiger, schwarzer Zeichnung (18b-4), obere Hinterleibsanhänge hakenförmig zulaufend und nach innen gebogen.
♀: Halsschild-Hinterrand, von oben gesehen, gerundet.
.... **Kleines Granatauge**, *Erythromma viridulum*

18b-1

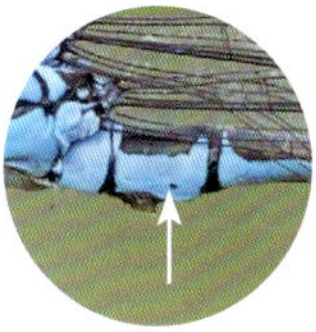
♂ 18b-2

♂ 18b-3

♂ 18b-4

19 a Kleine, kurzflügelige Art. Kopf oben am Hinterrand mit bogenförmiger heller Querlinie (19a-1). Körper oben metallisch grün mit unterseits und seitlich hellblauen Zeichnungselementen (19a-2), bei ausgefärbten ♀♀ unterseits und seitlich orange-braun bis kupferfarben (19a-3).
.... **Zwerglibelle**, *Nehalennia speciosa*

19a-1

19a-2

♀ 19a-3

19 b Kopf oben mit zwei Hinteraugenflecken mit oder ohne hellem Mittelstreifen (19b-1, 19b-2) oder mit hellem Mittelstreifen und zwei strichförmigen Hinteraugenflecken (19b-3, 19b-4), die auch fehlen können. Körper anders gefärbt, ohne metallischen Glanz. **20**

19b-1

19b-2

19b-3

19b-4

20 a Kopf oben am Hinterrand mit einem hellen Streifen, Hinteraugenflecken strichförmig (20a-1, 20a-2) oder fehlend, Flügelmale hellgrau mit schwarzen Randadern.
♂: ausgefärbt leuchtend blaue Augen ohne schwarze „Kappe" (20a-3), Hinterleib blau mit schwarzer, auf S2 pokalförmiger und auf S3–S6 lanzettförmiger Zeichnung (20a-5), blaues „Schlusslicht" auf S9–10.
♀: dreifarbig, Kopf, Brust und Hinterleibsbasis gelblich-braun bis grünlich, S4–S6 mit blauer Färbung und Hinterleibsende grün-hellbraun, oben mit schwarzer Zeichnung, mit zunehmendem Alter bräunlich (20a-5). Hinter der Vorderbrust seitlich jeweils mit einem runden Höcker (20a-4).
.... **Saphirauge (Pokaljungfer)**, *Erythromma lindenii*

♀ 20a-1

♂ 20a-2

♂ 20a-3

♀ 20a-4

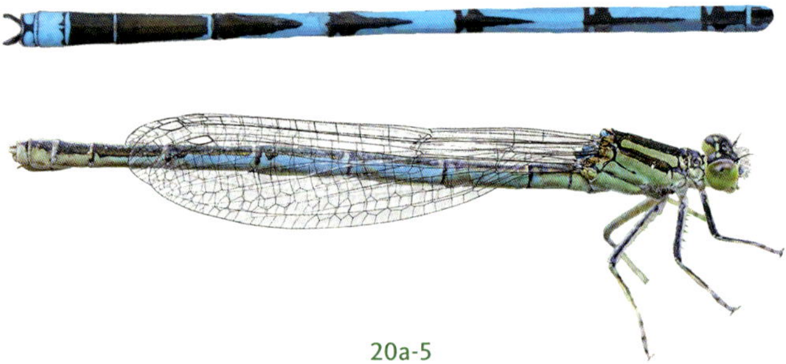
20a-5
oben ♂, unten ♀

20 b Kopf oben am Hinterrand mit zwei runden hellen Hinteraugenflecken (20b-1), diese können auch sehr flächig sein (20b-2), dann Körper orange mit schwarzem Muster (♀). Körper anders gefärbt.
♂: ausgefärbt Augen mit schwarzer „Kappe" (20b-3). **21**

20b-1

♀ 20b-2

♂ 20b-3

21 a Körper, vor allem Hinterleib, von oben gesehen weitgehend schwarz mit auffälligem helleren „Schlusslicht“ S8 (21a-1) bzw. hinteres Drittel von S8 und S9 (21a-2) komplett hell, das nur bei ♀♀ der Kleinen Pechlibelle fehlt.
♂: Flügelmal im Vorderflügel zweifarbig, innen schwarz und außen weiß (21a-3). Ausgefärbte Tiere mit blau-schwarzer Grundfärbung.
♀: S8 an der Basis des Legeapparates mit kleinem, nach hinten gerichtetem Dorn. Tiere können in verschiedenen Grundfärbungen auftreten. **22**

21a-1

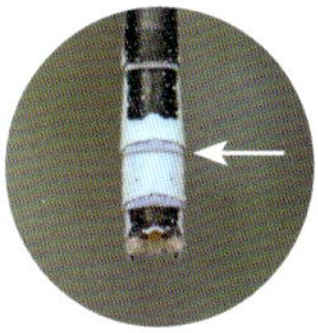
21a-2

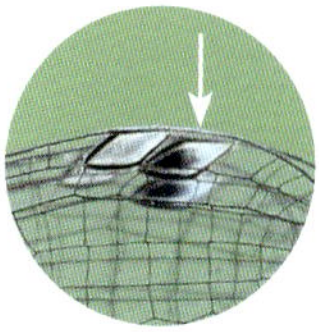
♂ 21a-3

21 b Anders gefärbt, meist weniger Schwarzanteil oder nicht in Kombination mit auffälligem „Schlusslicht“ (mindestens ein Segment komplett hell) (21b-1). Flügelmal immer einfarbig hell oder dunkel (21b-2). **23**

21b-1

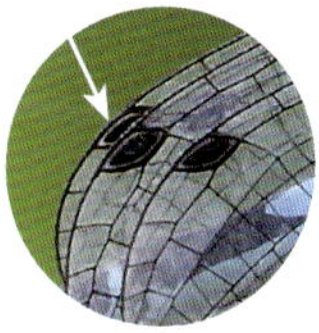
21b-2

22 a Flügelmal in beiden Flügeln gleich groß (22a-1). Langer mittlerer Fortsatz am Halsschild-Hinterrand, von der Seite betrachtet deutlich aufgerichtet (kann beim ♀ fehlen).
♂: von oben gesehen S1–S7 schwarz, S8 blau, S9 und S10 schwarz (22a-2, 22a-3).
♀: mit verschiedenen Farbvarianten (violett-blau, rosa-blau, (oliv-)grünbraun, blau, 22a-4), aber niemals komplett leuchtend orange. Hinterleib von oben gesehen schwarz, S8 blau oder braun.
.... **Große Pechlibelle**, *Ischnura elegans*

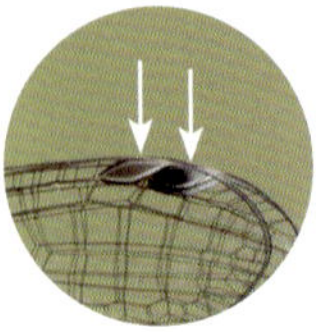
22a-1

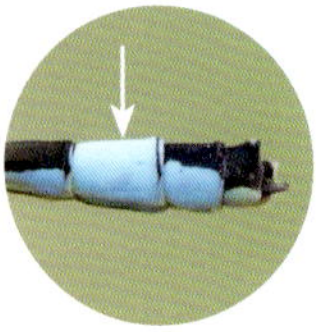
♂ 22a-2

♂ 22a-3

Farbvarianten Weibchen

Jugendfärbung

Altersfärbung

f. *rufescens*

f. *rufescens-obsoleta*

f. *infuscans*

f. *violacea*

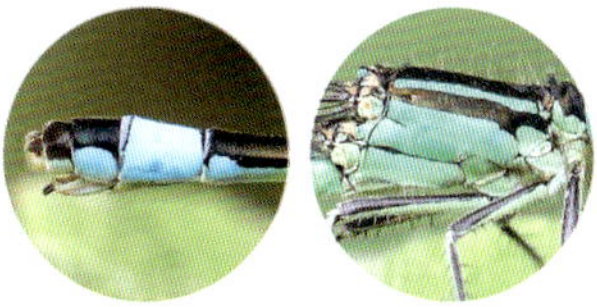

f. *typica*

22 b Flügelmal im Vorderflügel deutlich größer als im Hinterflügel (22b-1), vor allem bei den ♂♂.
♂: S1–S7 von oben gesehen schwarz, S8 überwiegend schwarz, nur hinteres Drittel blau, S9 komplett blau (selten mit schwarzem Muster) und S10 schwarz mit blauem Rand (22b-2).
♀: Junge, nicht geschlechtsreife Tiere orange mit schwarzer Zeichnung (22b-3), ausgereift: bläulich-grünlich (22b-4), seltener blau, Hinterleib von oben gesehen komplett schwarz.
.... **Kleine Pechlibelle**, *Ischnura pumilio*

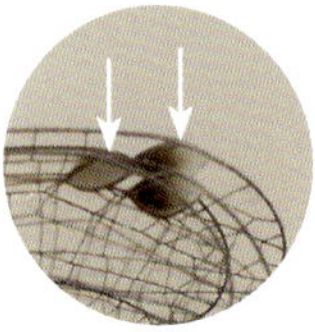

22b-1

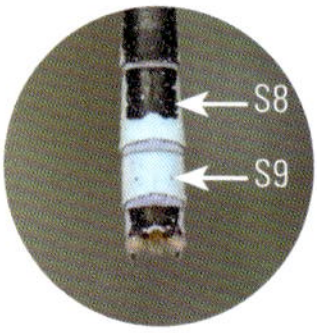

♂ 22b-2

♀ 22b-3

♀ 22b-4

23 a Antehumeralstreifen mindestens so breit wie der Humeralstreifen, Interpleuralstreifen fehlt oder ist nur angedeutet, dadurch Brustseiten mit nur einem schwarzen, kurzen Strich unter dem Flügelansatz (23a-1).
♂: Grundfärbung blau, S2 mit punkt-, pilz- oder becherförmigem schwarzen Muster (23a-2).
♀: Grundfärbung grün-beige oder blau, S4–S7 mit schwarzer, torpedoförmiger Zeichnung, kleiner Dorn am Legeapparat auf der Unterseite von S8 (23a-3). .... **Gemeine Becherjungfer**, *Enallagma cyathigerum*

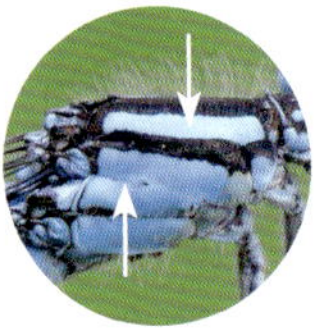

23a-1

♂ 23a-2

♀ 23a-3

23 b Antehumeralstreifen schmaler als der Humeralstreifen (23b-1) oder reduziert (23b-2), Interpleuralstreifen vorhanden, dadurch Brustseiten mit zwei schwarzen Strichen neben dem Flügelansatz (23b-1, 23b-2). ♀ ohne Dorn am Legeapparat auf der Unterseite von S8 (23b-3). **24**

23b-1

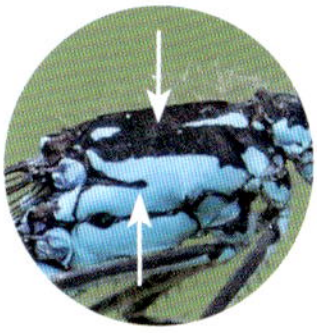
23b-2

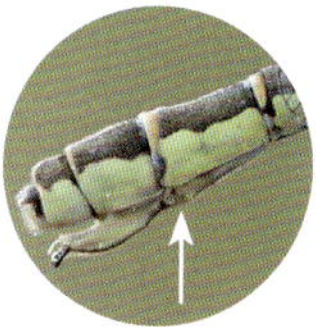
♀ 23b-3

24 a Hinterleib von der Seite gesehen unten mit durchgehendem schwarzem Streifen (24a-1), schwarz gezeichneter Hinterbeinbasis, Antehumeralstreifen nach hinten durchgehend sich verjüngend (24a-2). Art in Deutschland ausgestorben.
♂: Grundfarbe blau; S2 mit U- oder W-förmigem schwarzen Muster.
♀: Grundfarbe grün-blau, oben auf S2 gestieltes schwarzes Dreieck, S4–S7 mit ausgedehntem schwarzem, turmförmigem Muster.
.... **Sibirische Azurjungfer (Bileks Azurjungfer)**, *Coenagrion hylas*

24a-1

24a-2

24 b Hinterleib von der Seite ohne oder mit unterbrochenem schwarzem Streifen (24b-1). **25**

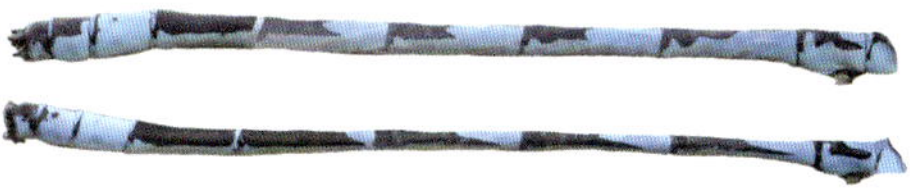
24b-1

25 a Hinteraugenflecken mit deutlich gezähntem Hinterrand (25a-1).
♂: Schwarzes Muster auf S2 in der Form eines gestielten W (25a-2, 25a-4), S3–S7 mit lanzettförmiger Zeichnung, Spitze in der Mitte lang ausgezogen (25a-4).
♀: Halsschild-Hinterrand mit schwach ausgeprägtem, leicht eingekerbtem Mittellappen (25a-3), schwarzes Muster auf den mittleren Hinterleibssegmenten (S4–S7) geht oben und seitlich in lange Striche über, dabei zentrale Spitze länger ausgezogen als die seitlichen (25a-4).
. . . . **Vogel-Azurjungfer**, *Coenagrion ornatum*

25a-1

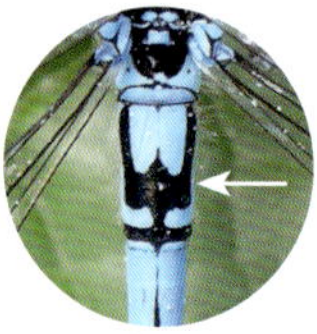
♂ 25a-2

♀ 25a-3

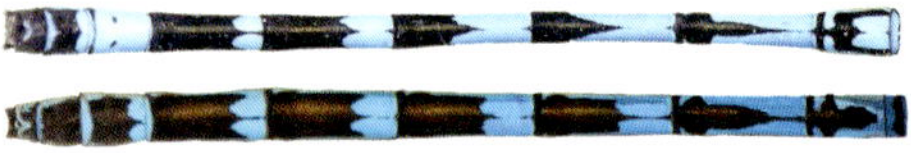
25a-4
oben ♂, unten ♀

25 b Hinteraugenflecken mit leicht unregelmäßigem (25b-1) oder glattem (25b-2) Hinterrand, nicht deutlich gezähnt. **26**

25b-1

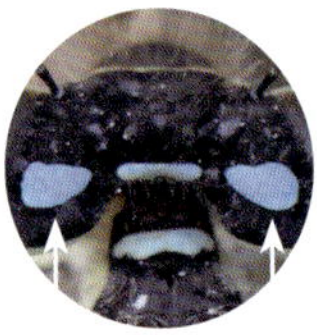
25b-2

26 a Flügelmal hellgrau bis gelb-bräunlich (26a-1, 26a-2). **27**

26a-1

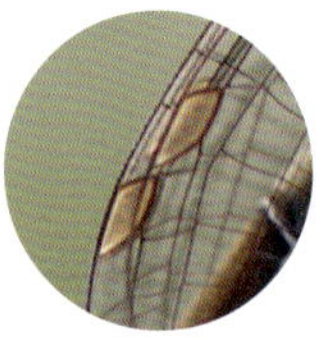
26a-2

26 b Flügelmal dunkelgrau bis schwarz (26b-1, 26b-2). **28**

26b-1

26b-2

27 a Dunkle Art, geringer Blau- bzw. Grünanteil, mittlere Hinterleibssegmente (S4–S7) oben vollständig schwarz gefärbt (27a-5), Hinterleibsbasis (S1–S3) und Hinterleibsende (S8, S9) mit olivgrünen bis grau-blauen Anteilen.
♂: keine oder nur sehr kurze Antehumeralstreifen (27a-1); S2 mit schwarzer variabler „hauben"-förmiger Zeichnung (27a-2), untere Hinterleibsanhänge auffällig groß und löffelförmig (27a-3).
♀: Grundfarbe grün-braun oder grau-blau, Antehumeralstreifen durchgehend, S2 mit einer schwarzen „Zwiebel"- oder „Rauten"-Zeichnung, S8 ebenfalls mit schwarzer Zeichnung (27a-5), Halsschild-Hinterrand seitlich stark abgerundet, mit schmalem, rechteckigen Mittellappen (27a-4).
. . . . **Hauben-Azurjungfer**, *Coenagrion armatum*

27a-1

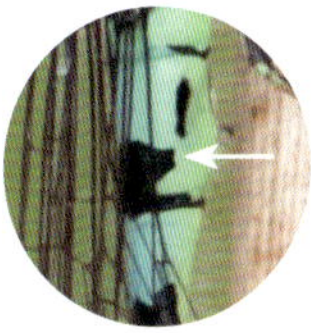

♂ 27a-2

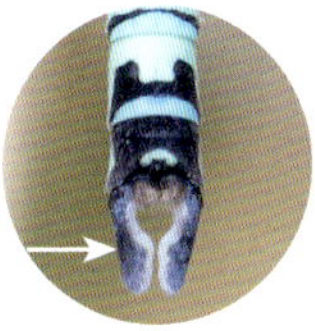

♂ 27a-3

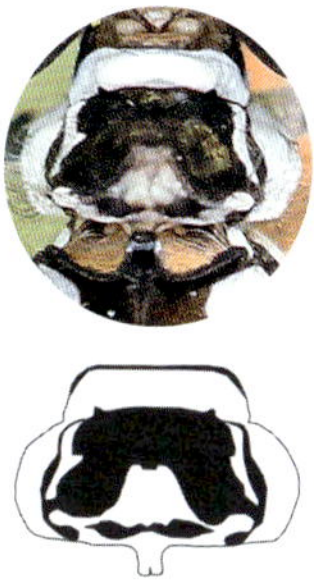

♀ 27a-4

27a-5
oben ♂, unten ♀

27 b Nur S6–S7 oben vollständig oder überwiegend schwarz gefärbt (27b-1); S4–S5 mit geringen (♀) bis größeren (♂) Blauanteilen. Antehumeralstreifen immer vollständig.
♂: Blau mit schwarzer Zeichnung. S2 mit schwarzer, an eine Stimmgabel oder an einen Kelch erinnernde Zeichnung, S3–S5 mindestens zur Hälfte blau gefärbt, S6 und S7 komplett schwarz (27b-1), untere Hinterleibsanhänge unauffällig.
♀: Grundfarbe gelb-grün bis blau, vorderer Brustbereich und Augenunterseite lange gelblich (27b-1), S3–S5 mit torpedoförmiger Zeichnung. Halsschild-Hinterrand leicht geschwungen mit ausgezogenem Mittellappen (27b-2). .... **Gabel-Azurjungfer**, *Coenagrion scitulum*

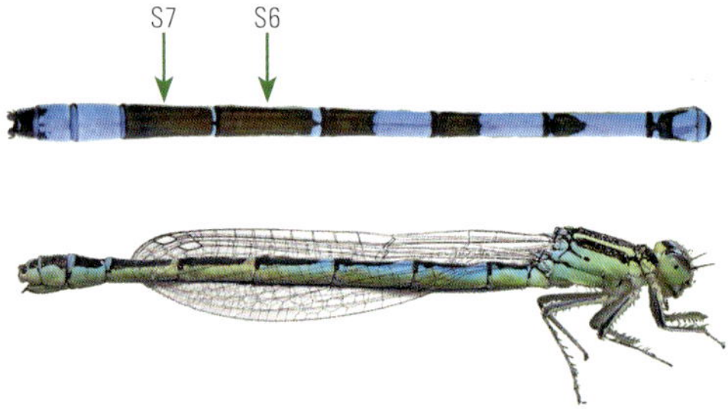

27b-1
oben ♂, unten ♀

♀ 27b-2

28 a Tiere mit „zwei Paar“ Anhängen an S10 (28a-1) und sekundärem Kopulationsapparat an S2 (28a-2). .... **28** (♂)

♂ 28a-1

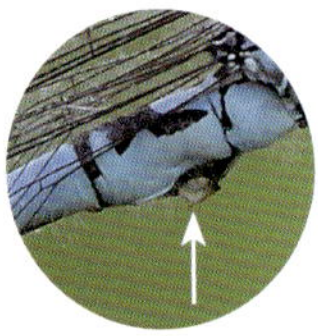

♂ 28a-2

28 b Tiere mit Legeapparat (28b-1). .... **33** (♀)

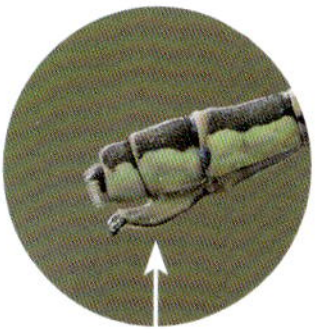

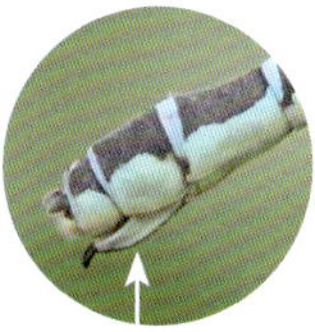

♀ 28b-1

29 a Augen von unten und Gesicht (gelb-)grün (29a-1). Seltenere Moorarten. **30**

29a-1

29 b Augen von unten und Gesicht (hell)blau (29b-1). Seltene Art kleiner Fließgewässer oder verbreitete Arten stehender und langsam fließender Gewässer. **31**

29b-1

30 a Keine blaue Querlinie zwischen den Hinteraugenflecken (30a-1). Hinterleib mit ausgedehnter dunkler Zeichnung (30a-2), die auf S3–S5 deutlich mehr als die Hälfte der Segmentlänge einnimmt und nicht in der Mitte zu einer deutlichen Spitze ausgezogen ist, auf S6–S7 fast komplett schwarz gefärbt. Zeichnung auf S2 besteht aus einem leicht gebogenen Querstrich (liegender Sichelmond) und seitlichen Längsstrichen, die auch reduziert sein können oder fehlen (30a-2).
. . . . **Mond-Azurjungfer**, *Coenagrion lunulatum* ♂

♂ 30a-1

♂ 30a-2
oben Hinterleib, unten Variationen des Musters auf S2

30 b Blaue Querlinie zwischen den Hinteraugenflecken (30b-1). Hinterleib mit dunkler Zeichnung, die auf S3–S5 meist weniger als die Hälfte der Segmentlänge einnimmt und auf S3 und S4 in der Mitte zu einer deutlichen Spitze ausgezogen ist, S6 nicht komplett schwarz gefärbt (30b-2). Zeichnung auf S2 variabel und kann der der Mond-Azurjungfer ähneln, in der typischen Form allerdings wie eine Speerspitze ausgebildet und fast immer mit der hinteren Segmentgrenze verbunden (30b-2).
. . . . **Speer-Azurjungfer**, *Coenagrion hastulatum* ♂

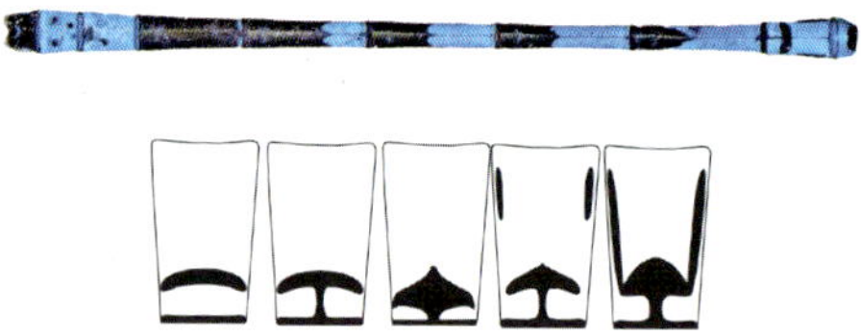

♂ 30b-1

♂ 30b-2
oben Hinterleib, unten Variationen des Musters auf S2

31 a Antehumeralstreifen in der Regel unterbrochen, wie ein Ausrufezeichen (31a-1), oder mindestens stellenweise stark eingeschnürt (31a-2). Wirkt relativ dunkel, Hinterleib von oben überwiegend schwarz (31a-3). Schwarzes Muster auf S2 ähnelt einer stilisierten Fledermaus oder einem Y (31a-3). . . . . **Fledermaus-Azurjungfer**, *Coenagrion pulchellum* ♂

♂ 31a-1

♂ 31a-2

♂ 31a-3

31 b Antehumeralstreifen durchgehend und nicht stellenweise schmaler (31b-1). Wirkt insgesamt heller, S4–S5 selten zur Hälfte schwarz. Schwarzes Muster auf S2 anders, ähnelt einem geflügelten Helm oder einem Mercurius-Zeichen, einem Hufeisen oder einem U (31b-2). **32**

♂ 31b-1

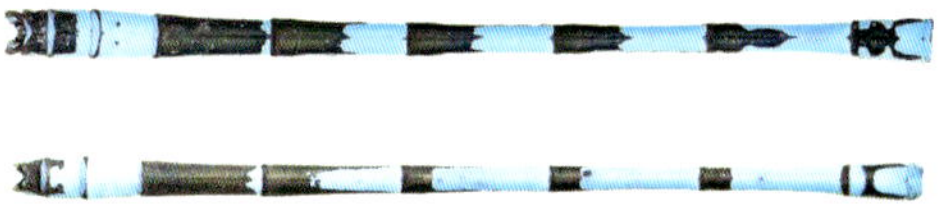

♂ 31b-2

32 a Schwarze Basalzeichnung auf S9 erstreckt sich, von oben gesehen, auf über die Hälfte des Segmentes (32a-1). Schwarzes Muster auf S2 ähnelt einem geflügelten Helm oder einem Mercurius-Zeichen (32a-2, 32a-3). Schwarze Zeichnung auf S3–S6 seitlich nicht zu langen dünnen Streifen ausgezogen (32a-3). ...... **Helm-Azurjungfer**, *Coenagrion mercuriale* ♂

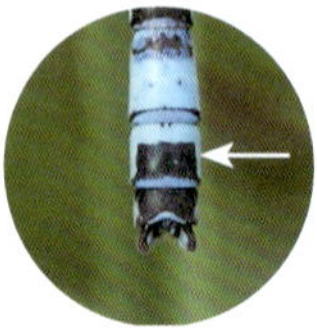

♂ 32a-1

♂ 32a-2

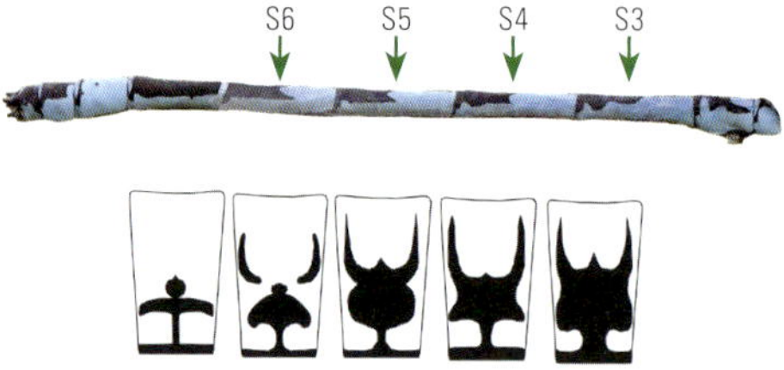

♂ 32a-3
oben Hinterleib, unten Variationen des Musters auf S2

32 b Schwarze Basalzeichnung auf S9 erstreckt sich, von oben gesehen, auf weniger als die Hälfte des Segmentes (32b-1). Schwarzes Muster auf S2 ähnelt einem Hufeisen oder einem U (32b-2). Schwarze Zeichnung auf S3–S6 seitlich zu langen dünnen Streifen ausgezogen (32b-3).
.... **Hufeisen-Azurjungfer**, *Coenagrion puella* ♂

♂ 32b-1

♂ 32b-2

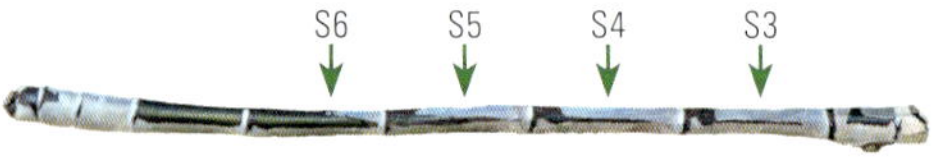

♂ 31b-3

33 a Halsschild-Hinterrand im Mittelteil deutlich ausgezogen (33a-1; 33a-2). **34**

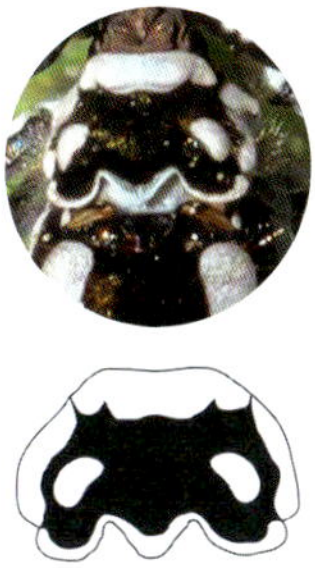

♀ 33a-1

♀ 33a-2

33 b Halsschild-Hinterrand leicht gewellt und/oder Mittellappen nur wenig hervorstehend (33b-1; 33b-2). **35**

♀ 33b-1

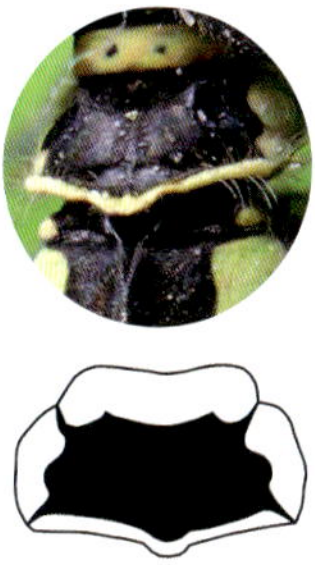

♀ 33b-2

34 a Halsschild-Hinterrand mit zweizipfeligem Mittellappen und flachen, kaum hervorstehenden Seitenlappen (34a-1). Mehrere Farbformen, grünbraun, grün-braun bis grün-blau oder überwiegend blau. Oberseite des Hinterleibs fast komplett schwarz, nur S8 mit einer hellen, im ausgefärbten Zustand blauen Basisfärbung, sodass die schwarze Färbung an eine Pickelhaube erinnert (34a-2).
.... **Mond-Azurjungfer**, *Coenagrion lunulatum* ♀

♀ 34a-1

♀ 34a-2

34 b Halsschild-Hinterrand deutlich eingebuchtet, sodass die drei Lappen durch zwei tiefe Einkerbungen getrennt sind (34b-1). Variabel gefärbt, tritt in einer grünen und einer blauen Form mit unterschiedlich stark ausgedehnter Schwarzfärbung auf. Wenn auf S8 eine helle Basisfärbung vorhanden ist, ist sie anders geformt als bei der vorhergehenden Art (34b-2).
.... **Fledermaus-Azurjungfer**, *Coenagrion pulchellum* ♀

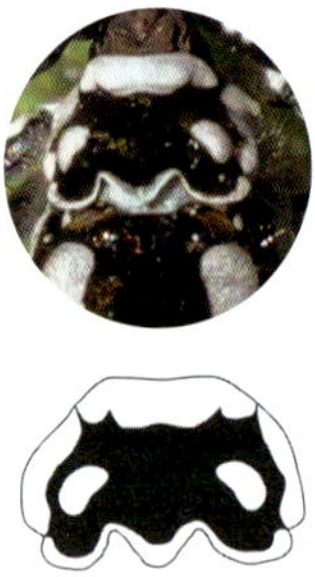

♀ 34b-1

♀ 34b-2

35 a Halsschild-Hinterrand leicht geschwungen mit drei wenig hervorragenden, breiten Loben (35a-1). Grundfärbung bläulich oder gelb-grünlich mit von oben gesehen überwiegend schwarzem Hinterleib (35a-2). Sehr häufige und weit verbreitete Art.
.... **Hufeisen-Azurjungfer**, *Coenagrion puella* ♀

♀ 35a-1

♀ 35a-2

35 b Halsschild-Hinterrand mit kleinem Mittellappen und ohne Seitenlappen (35b-1, 35b-2). Arten mit speziellen Lebensraumansprüchen (kleine naturnahe Fließgewässer, Moore). **36**

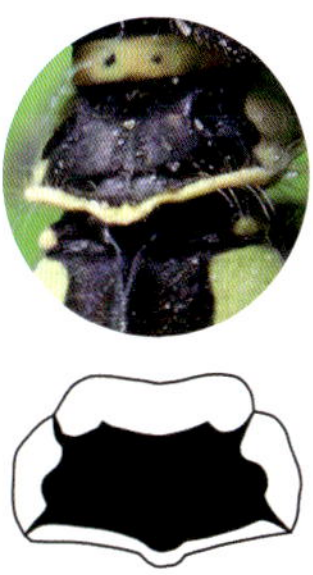

♀ 35b-1

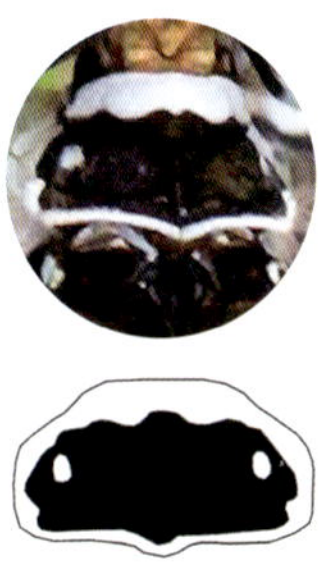

♀ 35b-2

36 a Halsschild-Hinterrand geschwungen, wie ein weit geöffnetes V, das in eine kleine Spitze mündet (36a-1). Grundfärbung grün mit von oben gesehen weitgehend schwarzem Hinterleib, diese wird jedoch zur Hinterleibsbasis deutlich heller, sodass (von oben gesehen) auf S2–S4 seitlich mehr von der Grundfärbung zu sehen ist als bei vielen anderen dunklen Arten. Seltenere Moorart.
.... **Speer-Azurjungfer**, *Coenagrion hastulatum* ♀

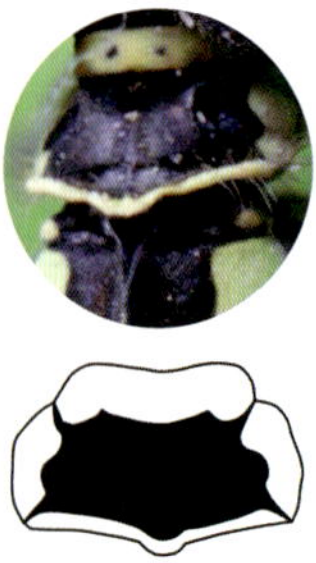

♀ 36a-1

♀ 36a-2

36 b Halsschild-Hinterrand relativ gerade mit einer winzigen Ausbuchtung in der Mitte (36b-1). Grundfärbung gelb-grün, seltener hellblau mit weitgehend schwarzem Hinterleib, von oben gesehen ist seitlich auf S2–S4 kaum etwas von der Grundfärbung zu erkennen (36b-2). Seltene Art kleiner naturnaher Fließgewässer.
.... **Helm-Azurjungfer**, *Coenagrion mercuriale* ♀

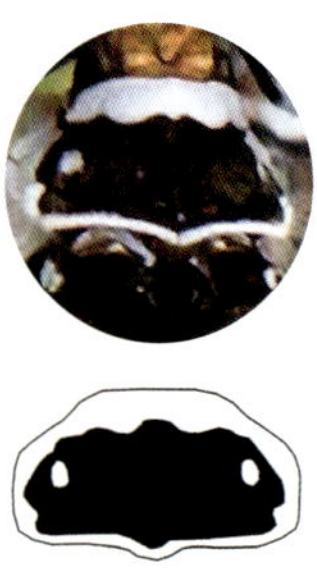

♀ 36b-1

♀ 36b-2

Großlibellen

37 a Komplexaugen deutlich voneinander getrennt (37a-1).
.... **41** (**Flussjungfern**, Gomphidae)

37a-1

37 b Komplexaugen berühren sich auf der Kopfoberseite (37b-1, 37b-2).
.... **38**

37b-1

37b-2

38 a Komplexaugen berühren sich in einem Punkt (38a-1). Körper schwarz mit gelben Streifen und Ringen (38a-2).
.... **47** (**Quelljungfern**, Cordulegastridae)

38a-1

38a-2

38 b Komplexaugen stoßen auf der Kopfoberseite auf längerer Linie zusammen (38b-1). Körper anders gefärbt. **39**

38b-1

39 a Dreiecke im Vorder- und Hinterflügel zeigen zur Flügelspitze (39a-1). .... **48** (**Edellibellen**, Aeshnidae)

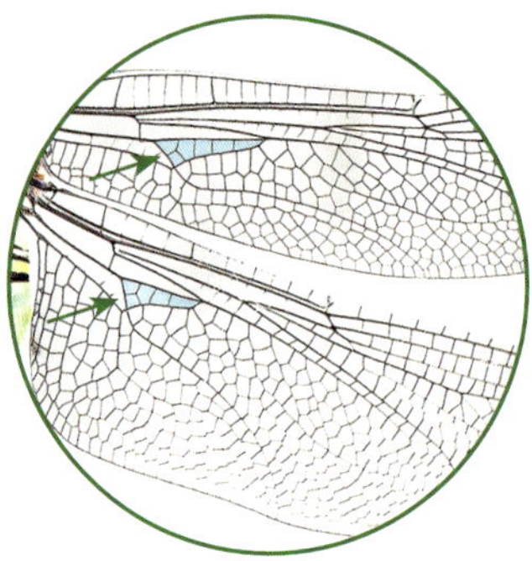

39a-1

39 b Dreieck im Vorderflügel zeigt zur Unterkante des Flügels, im Hinterflügel zur Flügelspitze (39b-1). **40**

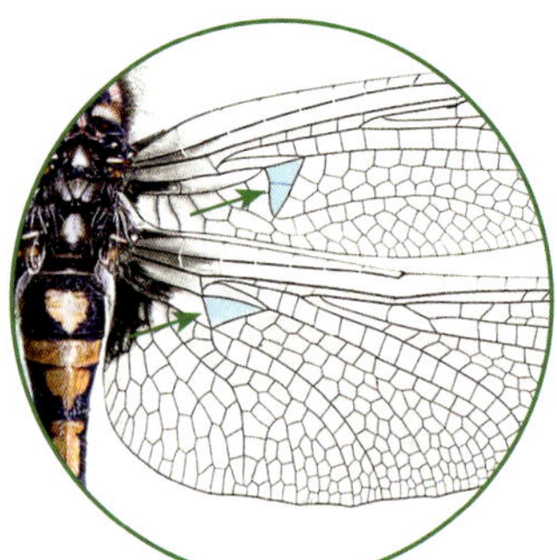

39b-1

40 a Hinterrand der Augen mit deutlicher Ausbuchtung (40a-1). Körper metallisch grün bis dunkel glänzend, eine Art auch hellbraun.
. . . . **61** (**Falkenlibellen**, Corduliidae)

40a-1

40 b Hinterrand der Augen glatt (40b-1). Körper sehr unterschiedlich gefärbt: rot, blau (bereift), gelb, braun, schwarz.
. . . . **67** (**Segellibellen**, Libellulidae)

40b-1

Flussjungfern, Gomphidae

41 a Hinterflügel mit Analschleife (hellblau); keine durchgehende, senkrechte Ader vom Flügelunterrand zu der an das Flügeldreieck angrenzenden Zelle (rot) (41a-1).
. **42 Flussjungfern** (*Ophiogomphus*) / **Zangenlibellen** (*Onychogomphus*)

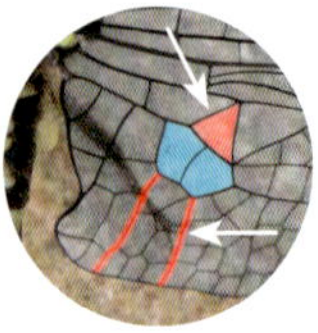

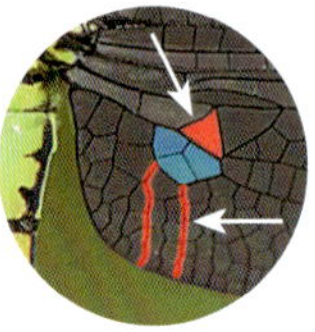

41a-1

41 b Hinterflügel ohne Analschleife; durchgehende, senkrechte Ader vom Flügelunterrand zu der an das Flügeldreieck angrenzenden Zelle (rot) (41b-1).
.... **44 Keiljungfern** (*Gomphus*) / **Keulenjungfern** (*Stylurus*)

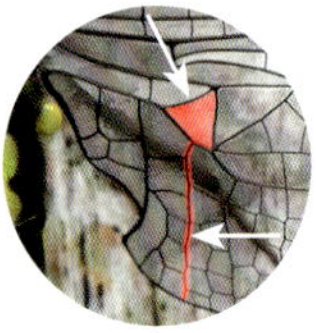

41b-1

42 a Brust grün, seitlich mit dünner schwarzer Zeichnung (42a-1). Hinterleib von oben gesehen schwarz mit großen gelben Flecken auf S3–S7 in der Form eines langgezogenen Dreiecks mit abgesetzter Spitze (42a-2).
♂: Hinterleibsanhänge klein (nicht wesentlich länger als S10, nicht zangenförmig) (42a-3).
♀: Kopfhinterrand zwischen den Augen mit zwei unregelmäßig gezähnten Ausbuchtungen.
.... **Grüne Flussjungfer**, *Ophiogomphus cecilia*

42a-1

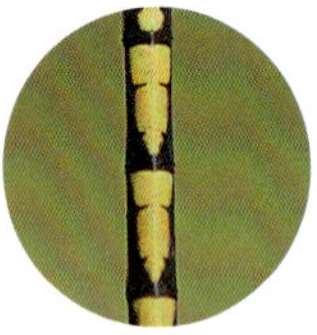

42a-2

♂ 42a-3

42 b Brust gelb, seitlich mit breiter schwarzer Zeichnung (42b-1). Hinterleibsflecken weniger ausgedehnt (42b-2).
♂: Hinterleibsanhänge groß (länger als S10) und zangenförmig (42b-3).
♀: Ohne gezähnte Ausbuchtungen am Kopfhinterrand.
. . . . **43** (**Zangenlibellen**, *Onychogomphus*)

42b-1

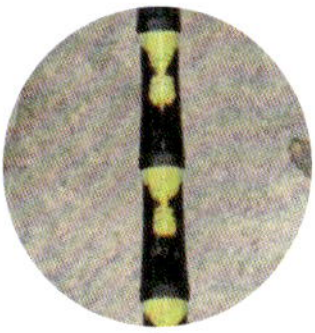
42b-2

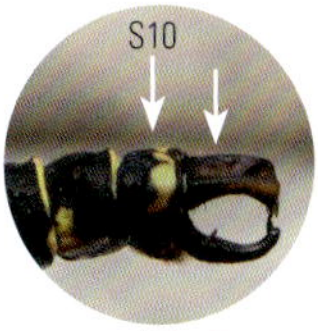

♂ 42b-3

43 a Blaue oder blau-graue Augen (43a-1). Kopf vorn zwischen den Augen komplett schwarz ohne gelben Streifen (43a-2). Gelbes Halsband auf der Vorderbrust durch schwarze Linie unterbrochen (43a-3). Die seitlichen schwarzen Streifen auf der Brust sind in der Regel breiter und verlaufen teilweise ineinander, besonders der dritte und vierte von vorn gesehen (43a-4). . . . . **Große Zangenlibelle**, *Onychogomphus uncatus*

43a-1

43a-2

43a-3

43a-4

43 b In Deutschland bisher nur Unterart *O. f. forcipatus*, ausgefärbt mit grünen Augen (43b-1). Kopf vorn zwischen den Augen schwarz mit einem hellen Streifen (43b-2). Gelbes Halsband auf der Vorderbrust nicht durch eine schwarze Linie unterbrochen (43b-3). Die seitlichen schwarzen Streifen auf der Brust sind in der Regel schmaler (ggf. unterbrochen) und deutlich voneinander getrennt, auch wenn der dritte zwei größere Ausbuchtungen bildet (43b-4).
.... **Kleine Zangenlibelle**, *Onychogomphus forcipatus*

43b-1

43b-2

43b-3

43b-4

44 a Beine komplett schwarz (44a-1). Hinterleibsende bei beiden Geschlechtern deutlich verbreitert, S8 und S9 von oben ohne ausgeprägten hellen Längsstrich (44a-2).
♂: unausgefärbt mit gelb-schwarzer, ausgefärbt mit deutlich grün-(gelb)-schwarzer Färbung. ..... **Gemeine Keiljungfer**, *Gomphus vulgatissimus*

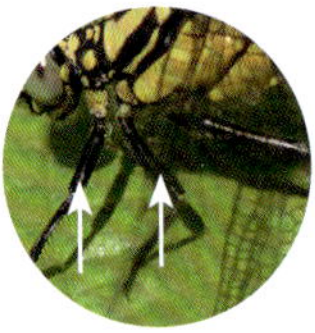
44a-1

44a-2
oben ♂, unten ♀

44 b Schwarze Beine außen gelb gestreift (44b-1). Hinterleibsende höchstens bei den Männchen (44b-2) verbreitert. S8 und S9 von oben mit hellem Längsstrich (44b-2). Körperfarbe immer gelb-schwarz. **45**

44b-1

44b-2
oben ♂, unten ♀

45 a Die schwarzen Linien oben auf der Brust umschließen zwei gelbe ovale Flecken (45a-1). Dazwischen befindet sich eine durchgehende gelbe Linie, die sich vorne mit der gelben Vorderbrustbasis verbindet. Gelber Antehumeralstreifen breit und bis zu den Hüften des zweiten Beinpaares durchgehend, Metapleuralstreifen über der Hüfte des dritten Beinpaares nicht gegabelt (45a-2).
♂: Hinterleibsende deutlich verbreitert.
♀: Hinterleibsende leicht verbreitert.
.... **Eurasische Keulenjungfer**, *Stylurus flavipes*

45a-1

45a-2

45 b Die schwarzen Linien oben auf der Brust umschließen keine gelben Flecken (45b-1). Gelber Antehumeralstreifen schmaler und vor der Hüfte des zweiten Beinpaares durch einen schwarzen Querstreifen unterbrochen, Metapleuralstreifen über der Hüfte des dritten Beinpaares gegabelt (45b-2). **46**

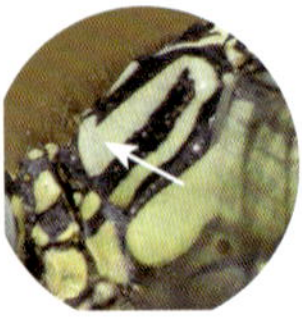

45b-1

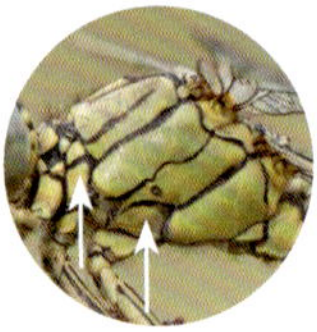

45b-2

46 a Schwarze Streifen auf der Brustseite relativ dünn. Interpleuralstreifen vollständig und leicht gewellt (46a-1). Hinterleibsende bei beiden Geschlechtern nicht verbreitert.
.... **Westliche Keiljungfer**, *Gomphus pulchellus*

46a-1

46 b Schwarze Streifen auf den Brustseiten breiter. Interpleuralstreifen nur in der unteren Hälfte ausgebildet (46b-1).
♂: Hinterleibsende deutlich verbreitert.
♀: Hinterleibsende kaum verbreitert.
.... **Gelbe Keiljungfer**, *Gomphus simillimus*

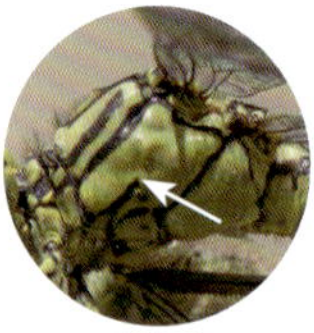

46b-1

Quelljungfern, Cordulegastridae

47 a S4–S7 mit je nur einem Fleckenpaar in der Segmentmitte, hinterer Segmentrand schwarz (47a-1). Stirn von vorne mit breitem und kräftigem schwarzen Strich (nimmt etwa 2/3 der Gesamtbreite ein), Hinterhauptsdreieck schwarz (selten gelb-bräunlich) (47a-2).
.... **Gestreifte Quelljungfer,** *Cordulegaster bidentata*

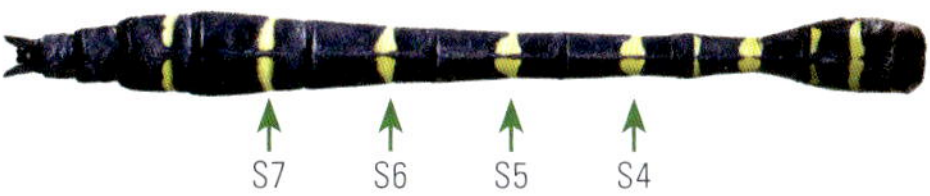

47a-1

47a-2

47 b S4–S7 mit je einem großen und einem kleinen Fleckenpaar, das größere in der Segmentmitte, das kleinere am hinteren Segmentrand (47b-1). Stirn von vorne mit schmalem oder ohne schwarzen Strich (nimmt maximal die Hälfte der Gesamtbreite ein), Hinterhauptsdreieck gelb (47b-2). .... **Zweigestreifte Quelljungfer,** *Cordulegaster boltonii*

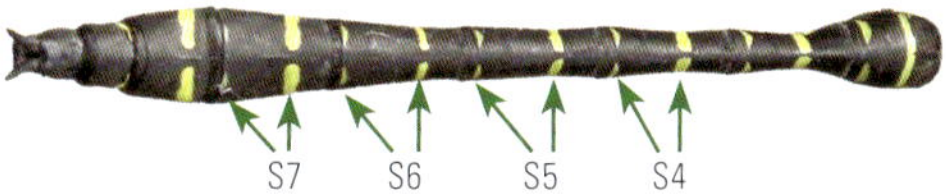

47b-1

47b-2

Edellibellen, Aeshnidae

48 a Unauffällige grau-braun-grünliche bis türkisfarbene, wenig kontrastreiche Grundfärbung. Brust braun-grau, seitlich mit blassgelben bis hellgrünen breiten Streifen, Antehumeralstreifen blassgelb bis grünlich. S2–S8 oben mit überwiegend braunen „maskenartigen“ Flecken (48a-1). Meist dunkel getönte Flügelspitzen.
. . . . **Westliche Geisterlibelle**, *Boyeria irene*

48a-1
oben ♀, unten ♂

48 b Kräftig und meist kontrastreich braun, blau-schwarz, grün-schwarz oder blau-grün-schwarz gezeichnet (wie z. B. 48b-1). Flügelspitzen transparent oder Flügel insgesamt getönt. **49**

48b-1

49 a Kleinere Art, die im Frühling fliegt, Brust und Hinterleib deutlich behaart. Flügelmal sehr lang und schmal (49a-1). Hinterleib oben schwarz mit Mosaikflecken, auf S1 ein zentraler punktartiger Fleck (49a-2).
♂: Grüne längliche Antehumeralstreifen (49a-3). Hinterleib schwarz mit je zwei größeren blauen Flecken oben auf S2–S9, seitlich ebenfalls hellblau mosaikartig gefleckt.
♀: Kleine, gelbe, kommaförmige Antehumeralstreifen (49a-4). Hinterleib braun mit je zwei größeren gelben Flecken oben auf S2–S9, seitlich ebenfalls mit gelben Mosaikflecken.
.... **Früher Schilfjäger**, *Brachytron pratense*

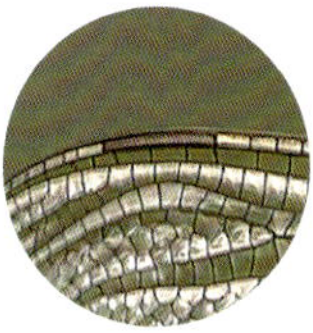
49a-1

49a-2

♂ 49a-3

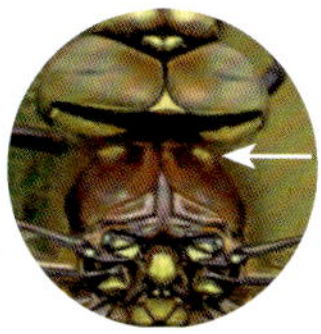
♀ 49a-4

49 b Größere bis große Arten, die meist später schlüpfen und im Sommer bis in den Herbst fliegen. Brust ohne deutliche Behaarung. Flügelmal kürzer und breiter (wie z. B. 49b-1). S1 von oben gesehen anders gefärbt, ohne zentralen punktartigen hellen Fleck (wie z. B. 49b-2)............... **50**

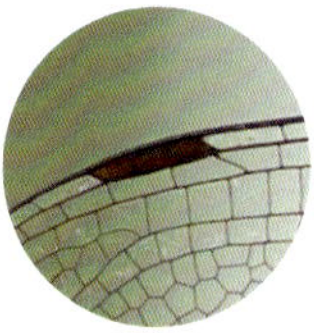
49b-1

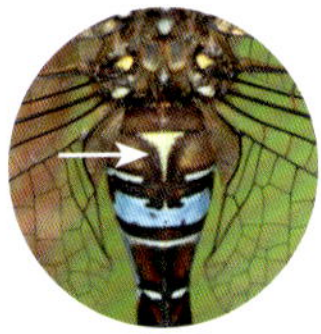
49b-2

50 a Brustseiten grün (50a-1) oder braun (50a-2) mit höchstens feinen dunklen Nahtlinien. Hinterleib grün-blau oder braun mit unregelmäßigem, breitem, schwarzen Mittelstreifen (50a-3).
.... **51** (**Königslibellen**, *Anax*)

50a-1

50a-2

50a-3

50 b Brustseiten braun mit hellen Streifen (wie z. B. 50b-1) oder grün mit mehr oder weniger breiten dunklen Streifen (50b-2), die stark reduziert sein können (Verwechslungsgefahr mit Anax, dann aber mit breiten grünen Antehumeralstreifen) (wie z. B. 50b-3). Hinterleib mit einem Mosaikmuster aus unterschiedlich großen blauen, grünen oder gelben Flecken auf dunklem Grund (wie z. B. 50b-4), bei komplett braunen Arten zu kleinen Flecken reduziert, die dann nicht mehr mosaikartig wirken.
.... **53** (**Mosaikjungfern**, *Aeshna*)

50b-1

50b-2

50b-3

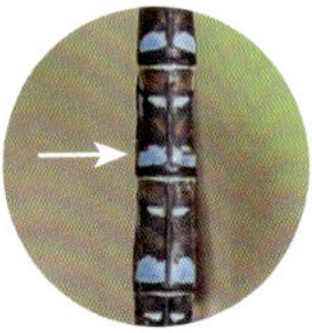
50b-4

51 a Hinterleib schlank und kurz, nicht länger als der Hinterflügel. Brust hellbraun, unterseits oft grün-gelb (51a-1), Hinterleib hellbraun bis sandfarben, brauner, schwarz begrenzter Basalring auf S2. Blauer Sattelfleck nur auf der Oberseite von S2 (51a-2), bei unausgefärbten Tieren und Weibchen undeutlich bis fehlend, stattdessen schwarzer Mittelstreif. Augen braun, unterseits hellbraun-gelblich (51a-3).
.... **Schabracken-Königslibelle**, *Anax ephippiger*

51a-1

51a-2

51a-3

51 b Hinterleib breit und länger als der Hinterflügel. Grundfarbe von Brust und Hinterleib braun, grau oder grün, Basalring auf S2 gelb, grün oder blau (51b-1). Wenn der Hinterleib braun ist, erstreckt sich der Sattelfleck bis auf die Seiten von S2 (51b-2). Die grünen bis blauen Augen können braune und gelbe Anteile aufweisen (51b-3). **52**

51b-1

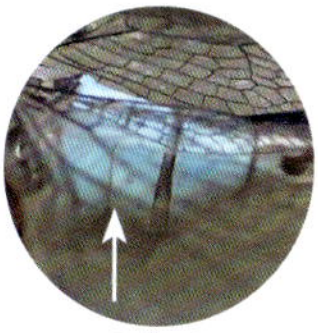

51b-2

51b-3

52 a Brust und S1 grün (52a-1). Basalring auf S2 bei frischen Tieren gelblich (52a-2), später grün oder blau (52a-3). Hinterleib frisch geschlüpfter Tiere blass-rosa.
♂: Hinterleib ausgefärbt blau, kein auffälliger Sattelfleck, mit durchgehender, dunkel-braun bis schwarz gezackter Zeichnung auf der Oberseite.
♀: Hinterleib zunächst grünlich, später blau ebenfalls mit durchgehender, dunkelbraun bis schwarz gezackter Mittellinie.
.... **Große Königslibelle**, *Anax imperator*

52a-1

52a-2

52a-3

52 b Brust und S1 (grau-)braun (52b-1). Basalring auf S2 gelb mit beidseitig schwarzer Linie (52b-2).
♂: Hinterleib oliv-grau bis braun-violett, Sattelfleck erstreckt sich bis auf die Seiten von S2 und auf die Basis von S3 (52b-3).
♀: Hinterleib wie ♂♂, kann auch ins Bläuliche gehen, Sattelfleck meist weniger auffällig als beim Männchen, oft nur auf S2 deutlich, kann ins Grünliche gehen oder ganz fehlen.
. . . . **Kleine Königslibelle**, *Anax parthenope*

52b-1

♂ 52b-2

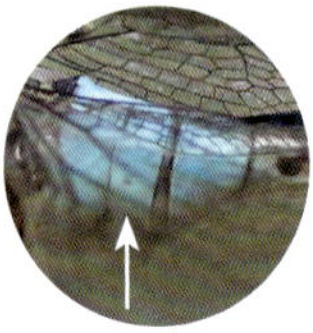

♂ 52b-3

53 a Körpergrundfarbe kräftig braun. Bläuliche Mosaikflecken auf dem Hinterleib stark reduziert oder fehlend (53a-1). **54**

53a-1

53 b Körper kräftig blau-schwarz, grün-schwarz, blau-grün-schwarz oder braun-gelb gezeichnet. Deutliche Mosaikflecken auf dem Hinterleib (wie z. B. 53b-1). **55**

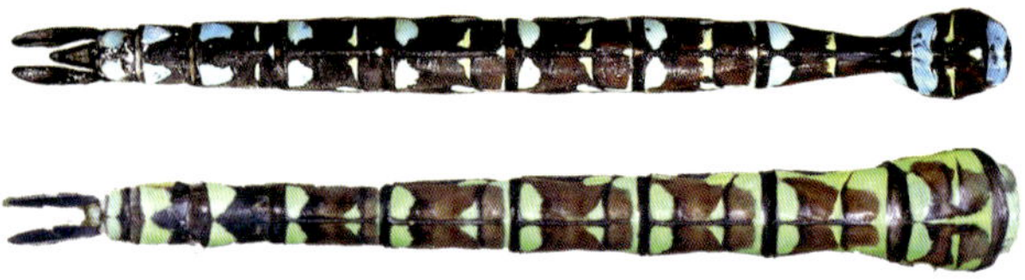

53b-1

54 a Flügel transparent, Hinterflügel mit safrangelb-bernsteinfarbener Basisfärbung (54a-1). Augen leuchtend grün (54a-2). Hinterleib ohne Mosaikflecken, nur mit großem gelbem Keilfleck auf S2 (54a-3). .... **Keilfleck-Mosaikjungfer**, *Aeshna isoceles*

54a-1

54a-2

54a-3

54 b Flügel goldbraun bis bernsteingelb getönt mit (rot-)braunen Adern (54b-1). Augen braun mit grau-blauen Anteilen (54b-2). Hinterleibsoberseite mit kleinen hellen Flecken, seitlich mit gelben oder blauen Mosaikflecken (54b-3), kein gelber Keilfleck auf S2. .... **Braune Mosaikjungfer**, *Aeshna grandis*

54b-1

54b-2

54b-3

55 a Auffällig große, oval-längliche Antehumeralstreifen bei beiden Geschlechtern (55a-1, 55a-2). **56**

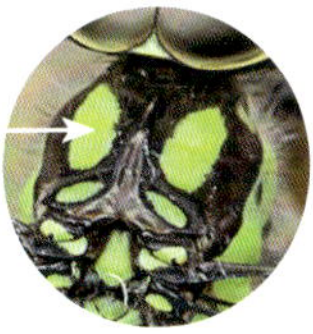
55a-1

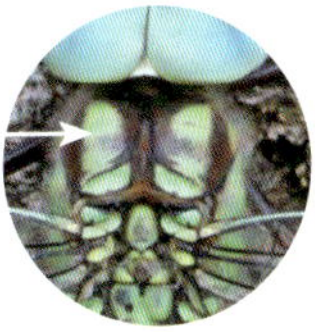
55a-2

55 b Antehumeralstreifen zu schmalen Streifen (55b-1) oder kleinen Flecken (55b-2) reduziert. **57**

55b-1

55b-2

56 a Brustseiten grün, mit zwei dunklen Streifen (56a-1). S2 oben mit gelblich-grüner nagel- oder keilförmiger Zeichnung (56a-2).
♂: S2–S8 oben mit paarigen grünen Flecken, seitlich mit blauen Flecken, oberseits von S9 und S10 jeweils ein breiter blauen Fleck (56a-2).
♀: S2–S8 oben mit paarigen grünen Flecken, auf S9 und S10 zu jeweils einem großen grünen Fleck verschmolzen (56a-2).
.... **Blaugrüne Mosaikjungfer**, *Aeshna cyanea*

56a-1

56a-2
oben ♂, unten ♀

56 b Brustseiten grün, mit dünnen dunklen Nahtlinien (56b-1). S2 oben grün oder grün-blau, dunkel gemustert, kein heller Keil- oder Nagelfleck (56b-2). S3–S10 bei ♂♂ mit blauen (56b-2), bei ♀♀ mit grünen Flecken (56b-2), die auch auf S9 und S10 getrennt sind.
.... **Grüne Mosaikjungfer**, *Aeshna viridis*

56b-1

56b-2
oben ♂, unten ♀

57 a Kleinere Arten, Gesamtlänge unter 6,5 cm. S2 oben mit heller Längszeichnung (nagel- bzw. keilförmig, 57a-1) oder blau mit schwarzer, „maskenartiger“ Zeichnung (57a-2).
♂: Antehumeralstreifen auf kleine Flecken reduziert (57a-3).
. . . . **58**

57a-1

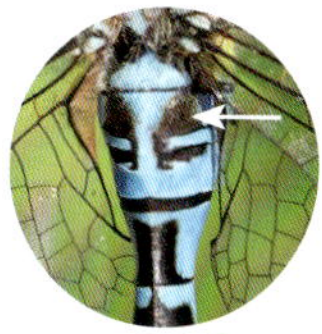
♂ 57a-2

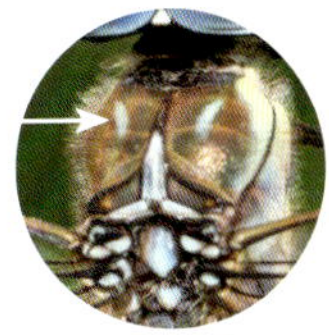
♂ 57a-3

57 b Größere Arten, Gesamtlänge über 6,5 cm. Dunkler Gesamteindruck, keine auffällige helle Längszeichnung oder „maskenartige“ Zeichnung auf S2 (57b-1, 57b-1).
♂: Antehumeralstreifen lang und schmal (57b-3).
. . . . **60**

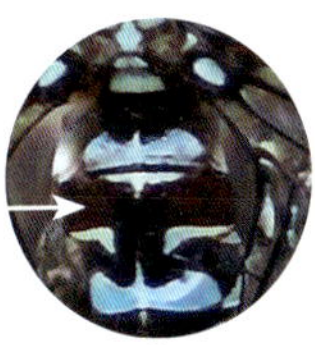
57b-1

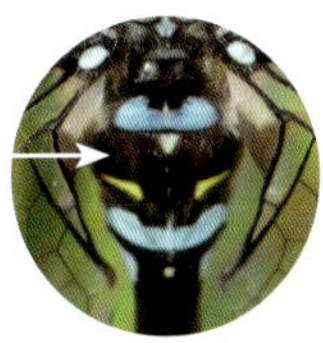
♂ 57b-2

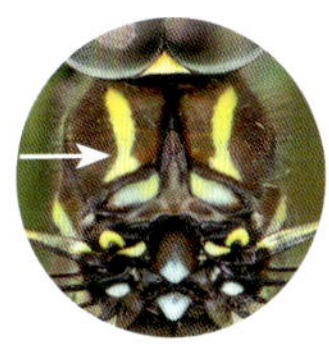
♂ 57b-3

58 a Brustseiten braun mit hellen Seitenstreifen (58a-1).
♂: Hinterleib blau-schwarz (58a-2).
♀: Hinterleib braun-gelb bzw. braun-beige (58a-2).
. . . . **59**

58a-1

58a-2
oben ♂, unten ♀

58 b Brustseiten gelb-grün bis bläulich verwaschen, mit schmalen schwarzen Nahtstreifen (**58b-1**).
♂: Hinterleib mit großen blauen Flecken. S2 mit schwarzer „maskenartiger“ Zeichnung und rein blauer Färbung (**58b-2**).
♀: Gelb-grün mit bräunlicher Mosaikzeichnung. S2 mit gelber keilförmiger Zeichnung, die nicht schwarz umrandet ist (**58b-2**).
. . . . **Südliche Mosaikjungfer**, *Aeshna affinis*

58b-1

58b-2
oben ♂, unten ♀

59 a Brustseiten braun mit breiten, geraden, gelben Seitenstreifen (**59a-1**). Helle Zeichnung oben auf S2 keil- oder nagelförmig, schwarz abgegrenzt (**59a-2**). Berührungslinie zwischen den Augen lang, mehr als 2x so lang wie die Senkrechte des Hinterhauptsdreieck (**59b-3**).
♂: Hinterleib mit kleinen blauen Flecken.
♀ und unausgefärbte ♂: Färbung gelb bzw. gelb-blau mit bräunlicher Mosaikzeichnung.
. . . . **Herbst-Mosaikjungfer**, *Aeshna mixta*

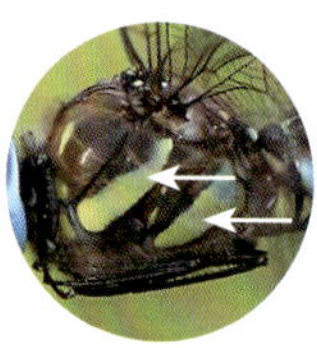

59a-1

59a-2

59a-3

59 b Brustseiten braun mit schmalen, leicht S-förmig gebogenen, hellen Seitenstreifen (59b-1). Zeichnung oben auf S2 anders (59b-2). Berührungslinie zwischen den Augen kurz, weniger als 2x so lang wie die Senkrechte des Hinterhauptsdreieck (59b-3).
♂: Hinterleib mit großen blauen Flecken.
♀ und unausgefärbte ♂♂: Färbung braun mit gelblicher Mosaikzeichnung.
. . . . **Alpen-Mosaikjungfer**, *Aeshna caerulea*

59b-1

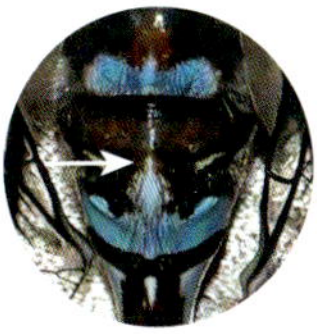
59b-2

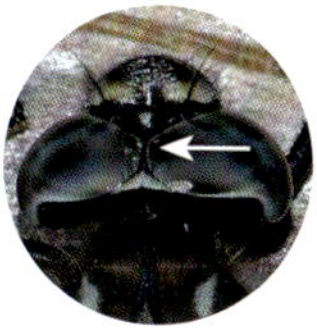
59b-3

60 a Bei den Flecken oben auf den Hinterleibssegmenten S3 und S4 ist das untere Paar deutlich größer als das mittlere (60a-1). Kleines Dreieck oben auf S2 immer ohne seitliche Querstriche (60a-2). Augen auf der Rückseite mit kleinem gelbem Fleck (60a-3). Schwarze Linie auf der Naht zwischen Stirn und Kopfschild an der Basis schmaler als in der Mitte (60a-4).
♀: Hinterleibsanhänge um 90° nach innen geneigt.
. . . . **Torf-Mosaikjungfer**, *Aeshna juncea*

60a-1

60a-2

60a-3

60a-4

60 b Bei den Flecken oben auf den Hinterleibssegmenten S3 und S4 ist das untere Paar ungefähr genauso groß oder kleiner als das mittlere (**60b-1**). Kleines Dreieck oben auf S2 in der Regel mit seitlichen Querstrichen (**60b-2**). Rückseite der Augen ohne kleinen gelben Fleck (**60b-3**). Schwarze Linie auf der Naht zwischen Stirn und Kopfschild überall gleich breit (**60b-4**).
♀: Hinterleibsanhänge waagerecht, nicht nach innen geneigt.
.... **Hochmoor-Mosaikjungfer**, *Aeshna subarctica*

60b-1

60b-2

60b-3

60b-4

Falkenlibellen, Corduliidae

61 a Brust beige-braun (61a-1), Hinterleib orange- oder beige-braun mit schwarzer Zeichnung (61a-5). Basis der Hinterflügel mit großem schwarzem Fleck (61a-2). Anhänge beim ♂ V-förmig gebogen (61a-3), beim ♀ gerade (61a-4). . . . . **Zweifleck**, *Epitheca bimaculata*

61a-1

61a-2

♂ 61a-3

♀ 61a-4

61a-5

61 b Körper metallisch mittel- bis dunkelgrün oder kupferfarben (61b-1), im Alter auch ins Schwarze gehend (61b-2). Flügelbasis ohne Flecken, höchstens leicht getönt. **62**

61b-1

61b-2

62 a Hinterleib von oben mit gelben länglichen Flecken auf S1–S7 (62a-4). ♂: Hinterleib am Ende deutlich keulenförmig verdickt (62a-4), auf S10 nach oben gerichtete Hautausstülpung (von der Seite als Kiel sichtbar) (62a-1).
♀: Legescheide sehr klein (62a-2). Hinterleibsanhänge kurz (62a-3).
. . . . **Gekielter Flussfalke**, *Oxygastra curtisii*

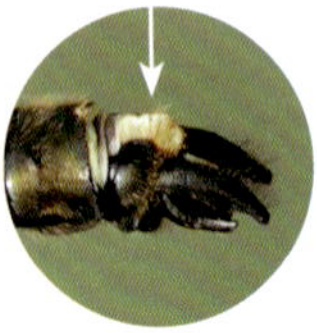
♂ 62a-1

♀ 62a-2

♀ 62a-3

62a-4

62 b Oben, mittig auf dem Hinterleib immer ungefleckt (62b-1).
♂: S10 ohne Kiel (wie z. B. 62b-2). **63**

62b-1

♂ 62b-2

63 a Gesicht komplett grün – goldgrün metallisch – keine gelben Seitenflecken an der Stirn (63a-1). Hinterleib einfarbig metallisch grün bis kupferfarben (63a-3).
♂: Hinterleib am Ende keulenförmig verbreitert (63a-3).
♀: Legescheide kurz, flach und tief gekerbt. Hinterleibsanhänge länger (63a-2).
.... **Falkenlibelle**, *Cordulia aenea*

63a-1

♀ 63a-2

63a-3

63 b Stirn von vorne vor den Augen mit gelben Flecken (63b-1).
♂: Hinterleib höchstens in der Mitte leicht verbreitert (wie z. B. 63b-2)
.... **64**

63b-1

63b-2

64 a Gelbe Stirnseitenflecken sind durch einen gelben Querstreif verbunden (64a-1). Körper metallisch glänzend grün.
♂: S5–S7 leicht verbreitert (64a-4), obere Anhänge länger als die unteren, in Aufsicht mit deutlicher Kante im basalen Drittel, dann geschwungen zusammenlaufend; der untere Anhang ist in Aufsicht dreieckig (64a-2)
♀: mit auffälliger, rechtwinkelig abstehender, spitz zulaufender Legescheide (64a-3).
.... **Glänzende Smaragdlibelle**, *Somatochlora metallica*

64a-1

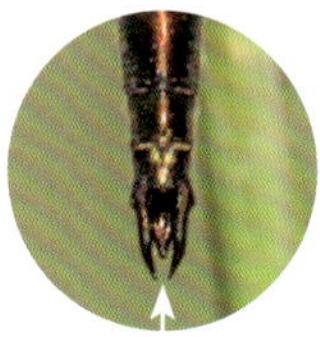
♂ 64a-2

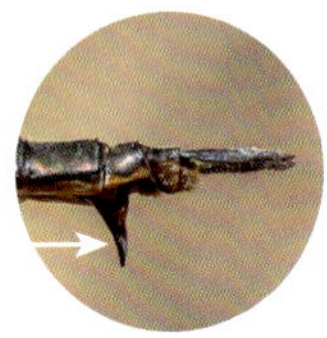
♀ 64a-3

♂ 64a-4

64 b Gelbe Stirnseitenflecken sind getrennt. Hinterleibsanhänge anders geformt, Legescheide kürzer. **65**

65 a Brust beiderseits mit zwei langen gelben Flecken (65a-1), im Alter bräunlich. S2 und S3 mit großen gelben Seitenflecken, S4–S8 beidseitig mit einem keilförmigen Fleck (65a-2). Die Hinterleibsflecken sind beim ♀ größer, heller bei jungen Tieren und verdunkeln im Alter, sodass sie dann meist kaum noch sichtbar sind.
.... **Gefleckte Smaragdlibelle**, *Somatochlora flavomaculata*

65a-1

♂ 65a-2

65 b S4–S8 ohne gelbe Flecken. Heller Ring (gelb oder weiß) zwischen S2 und S3. Grüne Augen deutlich abgesetzt gegen den mattschwarzen Körper (65b-1). **66**

65b-1

66 a Meist nur eine Querader zwischen Flügelbasis und -dreieck (66a-1). Ring zwischen S2 und S3 gelb (66a-2).
♂: Obere Hinterleibsanhänge tastzirkelförmig (wie Zange eines Ohrwurms) (66a-3).
♀: Zwei auffallende, orangegelbe Flecken an der Basis des 3. Hinterleibsegmentes (66a-2). Legescheide lang und kaum abstehend (66a-4).
. . . . **Arktische Smaragdlibelle**, *Somatochlora arctica*

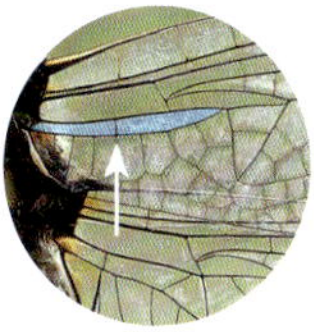

66a-1

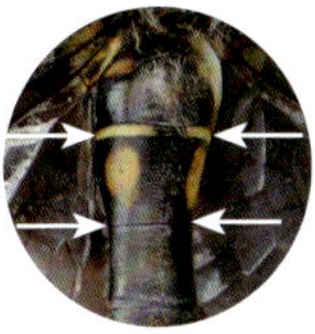

♀ 66a-2

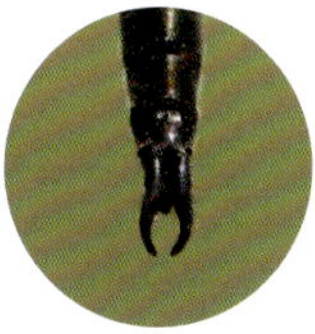

♂ 66a-3

♀ 66a-4

66 b In mindestens einem von beiden Vorderflügeln zwei Queradern zwischen Flügelbasis und -dreieck (**66b-1**). Ring zwischen S2 und S3 weiß und unterbrochen (**66b-2**).
♂: Außenrand der oberen Hinterleibsanhänge zweimal eckig gewinkelt, letztes Drittel V-förmig nach innen verlaufend (**66b-3**).
♀: Orangegelbe Flecken an der Basis des 3. Hinterleibsegmentes fehlen. Legescheide dreieckig und rechtwinkelig abstehend, reicht bis ca. zur Hälfte von S9 (**66b-4**).
.... **Alpen-Smaragdlibelle**, *Somatochlora alpestris*

66b-1

66b-2

♂ 66b-3

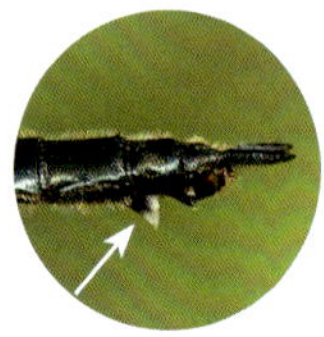
♀ 66b-4

Segellibellen, Libellulidae

67 a Hinterflügelbasis mit dunklem Fleck, der sich auf mindestens ein Drittel der Flügelbreite erstreckt (67b-1 bis 67b-4). **68**

67a-1

67a-2

67a-3

67a-4

67 b Hinterflügelbasis weitgehend transparent (farblos) (67b-1, 67b-2) oder mit gelbem Fleck (kann komplette Flügelbreite einnehmen; 67b-3, 67b-4) **75**

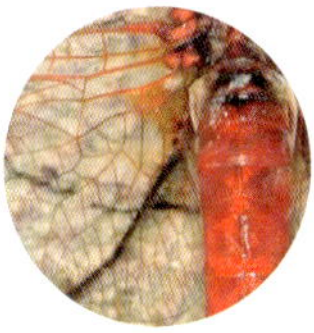
67b-1

67b-2

67b-3

67b-4

68 a Fleck der Hinterflügelbasis von hellen Adern durchzogen (68a-1, 68a-2, 68a-3). Stirn bei ausgefärbten Tieren nie komplett weiß, Hinterleib deutlich abgeflacht. **69**

68a-1

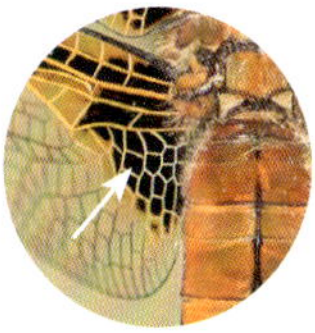
68a-2

68a-3

68 b Keine hellen Adern im dunklen Fleck der Hinterflügelbasis (68b-1, 68b-2). Stirn weiß (68b-3), Hinterleib rundlich, teilweise am Ende keulenförmig. **71**

68b-1

68b-2

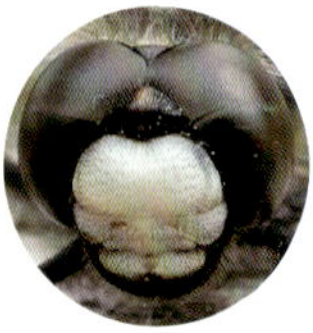
68b-3

69 a Knoten mit schwarzem Fleck variabler Größe (69a-1). Vorderflügelbasis ohne dunklen Fleck, oft gelb-orange gefärbt (69a-2). Hinterleib vorne (S1–S6) bräunlich, ab etwa S7 schwarz, von oben gesehen S4–S8 schmal gelb gesäumt (69a-3). Ausgefärbte ♂♂ nicht auffällig blau bereift. .... **Vierfleck**, *Libellula quadrimaculata*

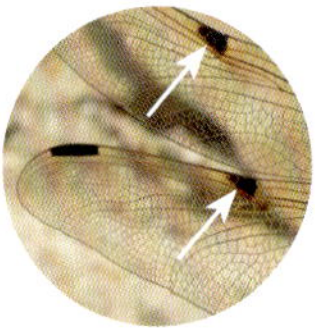
69a-1

69a-2

69a-3

69 b Knoten ungefärbt (69b-1). Ausgefärbte ♂♂ mit auffälliger blauer Bereifung des Hinterleibs. ♀♀ und unausgefärbte ♂♂ gelb, orange oder braun (69b-2, 69b-3). **70**

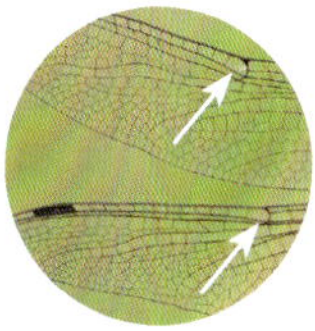

69b-1

69b-2

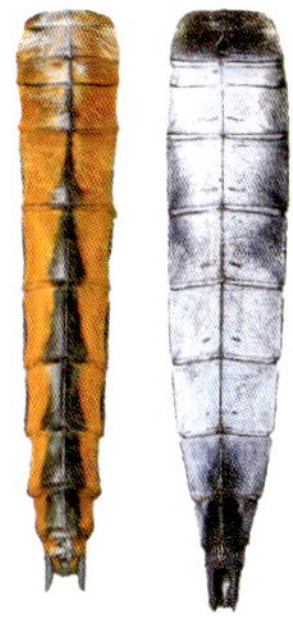

69b-3

70 a Hinterleib sehr breit, in der Mitte Segmente dreimal so breit wie lang (70a-1). Vorderflügelbasis mit großem dunklen Fleck (70a-2), Flügelspitze immer transparent (70a-3). .... **Plattbauch**, *Libellula depressa*

70a-1

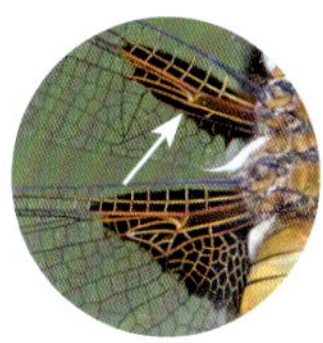

70a-2

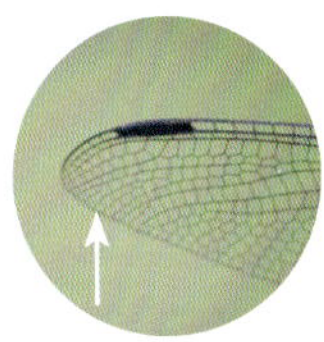

70a-3

70 b Hinterleib schmaler, in der Mitte Segmente höchsten zweimal so breit wie lang (70b-1). Vorderflügelbasis mit kleinem dunklen Balken (70b-2), Flügelspitze oft typisch dunkel gefärbt (70b-3), vor allem bei den ♀♀, kann aber auch komplett fehlen, vor allem bei ♂♂. Bei ausgefärbten Tieren Augen milchig blau-grau (70b-4). ..... **Spitzenfleck**, *Libellula fulva*

70b-1
oben (♂ Übergangsfärbung), mitte (♂ ausgefärbt), unten ♀

70b-2

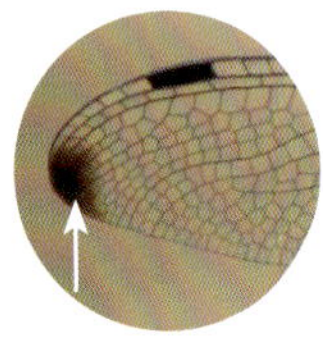

70b-3

70b-4

71 a Obere Hinterleibsanhänge weiß, untere schwarz (71a-2). Ausgefärbte ♂♂ erscheinen blauschwarz. Vordere Hinterleibssegmente teilweise blaubereift, ungefleckt.
♀: schwarz, Hinterleib mit hellen Flecken auf S2–S6, auf S7 undeutlich oder fehlend (71a-1). **72**

71a-1
oben und mitte ♂, unten ♀

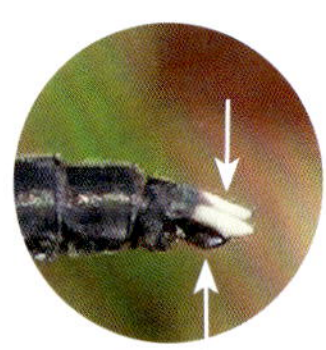

71a-2

71 b Alle Hinterleibsanhänge schwarz (71b-2). Hinterleib mit gelben bis rot(braunen) Flecken, auch auf S7 deutlich (71b-1). **73**

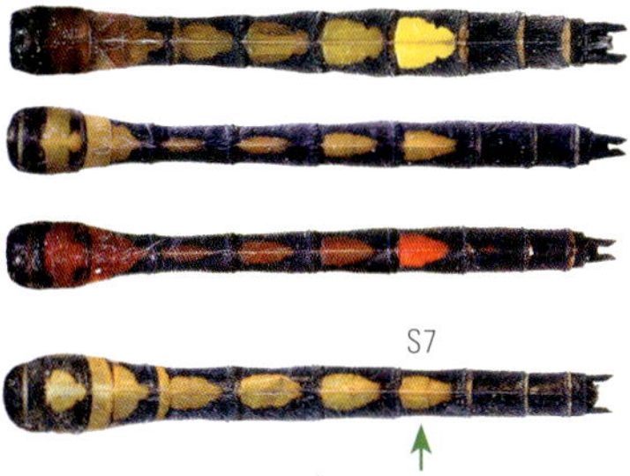

71b-1

71b-2

72 a Hinterleib am Ende (S6–S8) keulenförmig verdickt (72a-1).
♂: Flügelmal oberseits weiß (72a-2), von unten dunkel.
♀: mit breiteren Flecken auf S4–S6 und seitlichen Flecken auf S3 und S4 (72a-1).
. . . . **Zierliche Moosjungfer**, *Leucorrhinia caudalis*

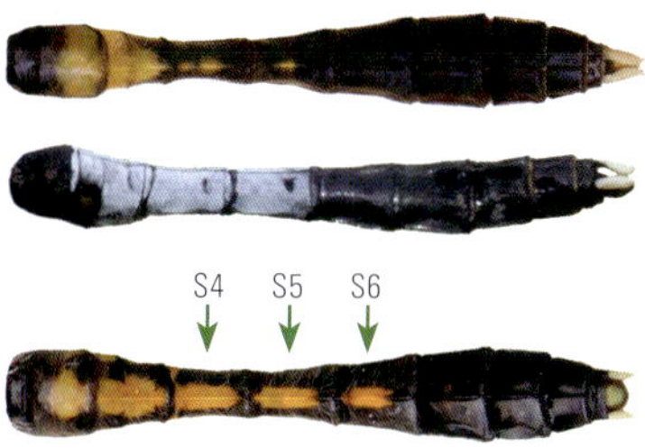

72a-1
oben ♂ (unausgefärbt),
mitte ♂ (ausgefärbt), unten ♀

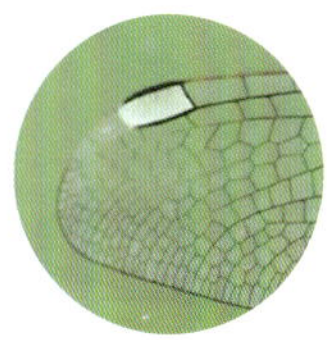

72a-2

72 b Hinterleib schlank, am Ende höchstens etwas breiter als in der Mitte (72b-1).
♂: Flügelmal komplett dunkel (72b-2).
♀: mit schmaleren Flecken auf S4–S6, seitliche Flecken auf S3 und S4 fehlen.
. . . . **Östliche Moosjungfer**, *Leucorrhinia albifrons*

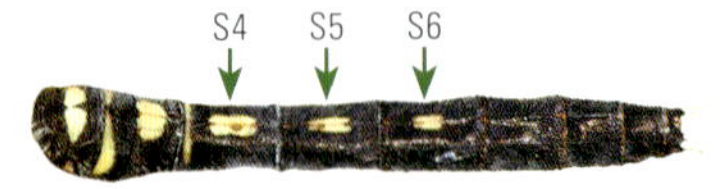

72b-1
oben ♂ (unausgefärbt),
mitte ♂ (ausgefärbt), unten ♀

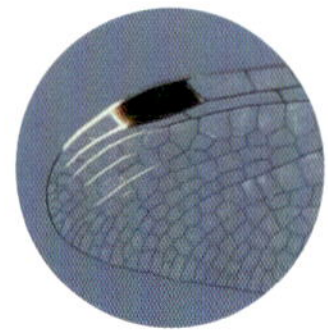

72b-2

73 a Große Art, gelbe Flecken auf S2 und S3 bedecken das jeweilige Segment fast vollständig, Hinterleibsflecken (S4–S7) groß, bis zum Segmentende reichend – oft mit Randberührung (73a-2, 73a-3), bei ausgefärbten Tieren Fleck auf S7 zitronengelb und damit heller als die Flecken auf S4–S6 (73a-1), im Alter nachdunkelnd.
♂: Hinterleib hinten leicht verbreitert, Flecken auf S4–S6 bei jungen Tieren gelb, bei ausgefärbten Tieren rotbraun, gelber Fleck auf S7 auch im Flug auffällig (73a-1).
♀: Hinterleib der Weibchen insgesamt breit, am Ende parallelseitig (73a-1). .... **Große Moosjungfer**, *Leucorrhinia pectoralis*

73a-1
oben ♂ (unausgefärbt),
mitte ♀, unten ♂ (ausgefärbt)

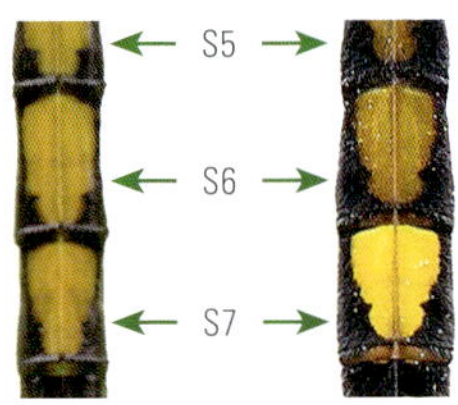

73a-2 73a-3

73 b Kleinere Arten. Hinterleib schmaler, Flecken auf dem Hinterleib weniger ausgedehnt, bei ♀♀ und unausgefärbten ♂♂ gelb, bei ausgefärbten ♂♂ rot(braun) (73b-1). **74**

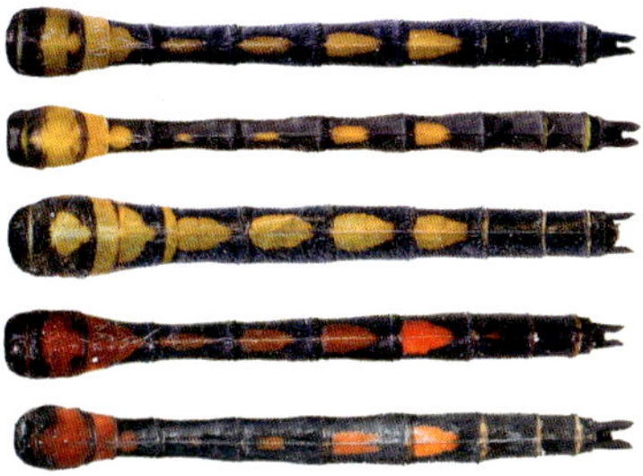

73b-1

74 a Größere Flecken auf S1–S7, auf S5–S7 ≥ 2/3 der Segmentlänge. Flügelbasis der Vorderflügel mit nur einem sehr kleinen schwarzen Fleck (74a-5)
♂: Ausgefärbt Flecken rotbraun (74a-1) und Flügelmal rotbraun (74a-4). Zeichnung auf S3 leicht geschwungen und spitz auslaufend (74a-2), Hamulus mit stark gebogenem Haken.
♀: Flecken gelb. Auf S2 Fleck mit relativ geradem Vorderrand, Mittel- und Seitenflecken auf S3 und S4 zu durchgehendem Band verschmolzen (74a-3).
.... **Nordische Moosjungfer**, *Leucorrhinia rubicunda*

74a-1
oben ♂ (unausgefärbt),
mitte ♂ (ausgefärbt), unten ♀

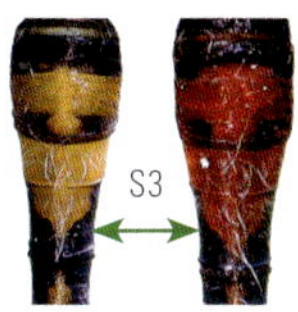

♂ 74a-2

♀ 74a-3

♂ 74a-4

♂ 74a-5

74 b Flecken auf dem Hinterleib (S4–S7) nehmen allgemein höchstens die halbe Segmentlänge ein (seltener auch etwas größer) (74b-1). Flügelbasis der Vorderflügel mit einem deutlichen und meist auch mit einem zweiten kleineren schwarzen Fleck (74b-5).
♂: Ausgefärbt Flecken rot und Flügelmal braunschwarz (74b-4). Zeichnung auf S3 am unteren Ende kugelförmig (74b-2), Hamulus mit geradem, fast rechtwinkelig abstehendem Haken.
♀: Flecken auf dem Hinterleib gelb, auf S2 Fleck mit zugespitztem Vorderrand. Mittel- und Seitenflecken auf S3 und S4 getrennt (74b-3).
.... **Kleine Moosjungfer**, *Leucorrhinia dubia*

74b-1
oben ♂ (unausgefärbt),
mitte ♂ (ausgefärbt), unten ♀

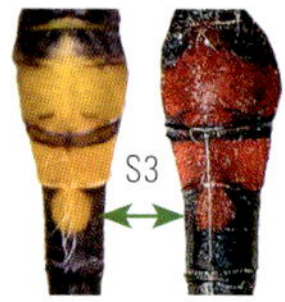

♂ 74b-2

♀ 74b-3

♂ 74b-4

♂ 74b-5

75 a In beiden Flügeln auffälliges braunes Band quer über beide Flügel zwischen Knoten und Flügelmal, nur bei sehr jungen Tieren weniger deutlich. Flügelmal bei ♀♀ und jungen ♂♂ hell bis gelblich, bei ausgefärbten ♂♂ rot (75a-1, 75a-2). ....
.... **Gebänderte Heidelibelle**, *Sympetrum pedemontanum*

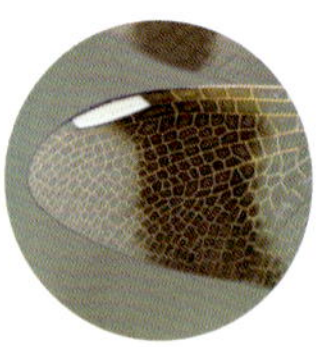

75a-1

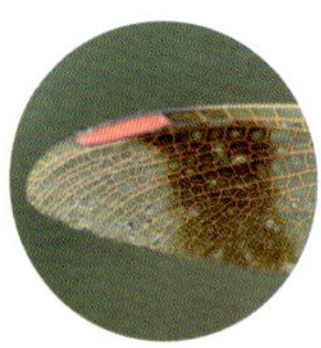

75a-2

75 b Flügel zwischen Knoten und Flügelmal transparent, höchstens Flügelbasis getönt. **76**

76 a Brustseite mit charakteristischer breiter schwarzer Binde mit drei gelben Flecken (76a-1). Beine komplett schwarz (76a-3). Wenn Körper noch nicht ganz oder überwiegend dunkel ist (♀♀ und junge ♂♂), dann mindestens Hinterleibsseiten durchgehend schwarz (76a-2). Obere Hinterleibsanhänge dunkel/schwarz (76a-4, 76a-5).
♀: auf S8–S9 runde bis längliche, paarige Flecken (76a-5), auf der Brustoberseite ein dunkles Dreieck (76a-6).
.... **Schwarze Heidelibelle**, *Sympetrum danae*

76a-1

76a-2
oben ♀, mitte und unten ♂ (unausgefärbt, Übergangsfärbung und ausgefärbt)

76a-3

76a-4
oben ♂ (Übergangsfärbung)
unten ♂ (ausgefärbt)

♀ 76a-5

♀ 76a-6

76 b Grundfarbe von Kopf und Körper rot, gelb, beige oder braun, Schwarzanteil gering. Beine schwarz oder schwarz mit gelben Streifen. **77**

77 a Hinterflügel mit mittelgroßem bis großem gelbem Basisfleck (77a-1). Vorderflügel mit kleinerem oder ohne gelben Basisfleck (77a-2). **78**

77a-1

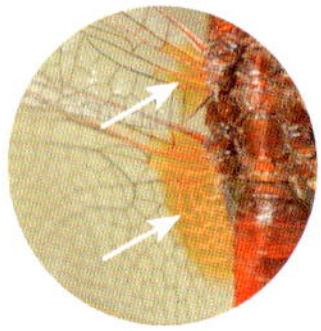

77a-2

77 b Hinterflügel mit höchstens kleinem gelbem Basisfleck oder gelblicher Anmutung an der Flügelbasis (77b-1, 77b-2). Vorderflügelbasis ungefärbt. **80**

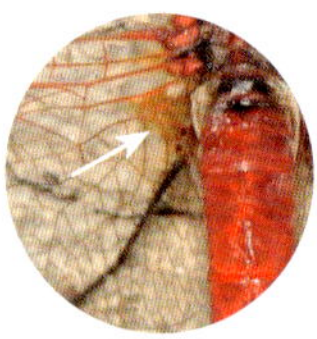

77b-1

77b-2

78 a Hinterleib flach und breit. Gelber Hinterflügelbasisfleck wenig ausgedehnt (78a-1, 78a-2). Augenhinterseite grau-blau gefärbt (78a-4).
♂: Unausgefärbt gelblich-braun (78a-6), zwischen den Flügeln heller Längsstreifen (78a-3). Ausgefärbt ganzer Körper komplett rot ohne schwarze Zeichnung (78a-7).
♀: (Gelb)braun bis rötlich (männchenfarbig). Zwischen den Flügeln heller Längsstreifen (78a-3). Dünne schwarze Mittellinie entlang der Oberseite des Hinterleibs (78a-5, 78a-6).
.... **Feuerlibelle**, *Crocothemis erythraea*

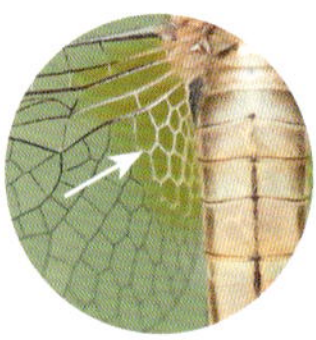

78a-1

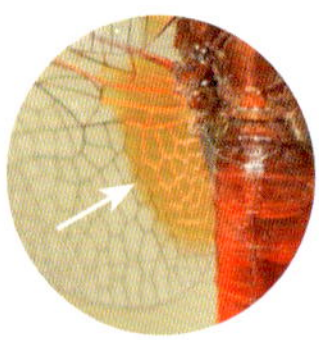

78a-2

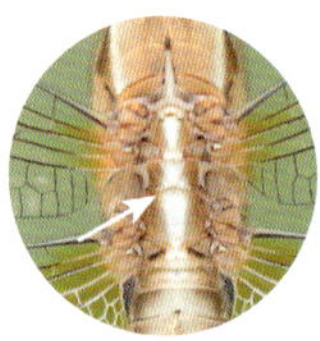

78a-3

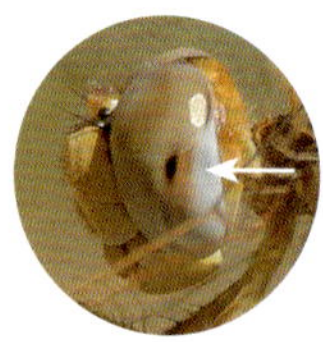

78a-4

♀ 78a-5

♂ (unausgefärbt) 78a-6

♂ (ausgefärbt) 78a-7

78 b Hinterleib rundlich und schmal. Gelber Flügelbasisfleck unterschiedlich weit ausgedehnt. **79**

79 a Gelber Flügelbasisfleck vor allem auf dem Hinterflügel der ♂♂ ausgedehnt (79a-1) und auffällig, umfasst Flügeldreieck und kann sich bis zum Knoten erstrecken (79a-3).
♂: Grundfärbung zunächst gelb-ockerfarben, Hinterleib mit zunehmendem Alter oben rot, Hinterleib unterseits immer schwarz (79a-2).
♀: Hinterleibsseiten mit zwei parallelen, fast ununterbrochenen schwarzen Längslinien (79a-4).
. . . . **Gefleckte Heidelibelle**, *Sympetrum flaveolum*

79a-1

79a-2
oben ♀ (unausgefärbt),
unten ♂ (unausgefärbt)

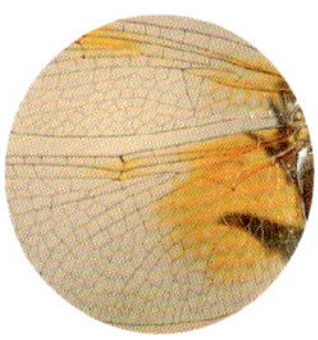

79a-3

79a-4
oben ♀ (ausgefärbt),
unten ♂ (ausgefärbt)

79 b Gelber Flügelbasisfleck weniger ausgedehnt und auffällig, höchstens bis zum Flügeldreieck, nie bis zum Knoten reichend. Augenunterseite graublau (79b-3, 79b-4).
♂: Stirn bei jungen Tieren hell-gelblich (79b-3), Hinterleib und Brust gelb, bei ausgefärbten Tieren Stirn vorne rot und seitlich hell (79b-2), Hinterleib rot (79b-6), Brustseite mit einem hellen Streifen (79b-5). Hauptadern an der Flügelbasis rot (79b-1).
♀: Hauptadern an der Flügelbasis gelb. Hinterleib an der Seite mit nur einer schwarzen Längslinie (79b-6).
.... **Frühe Heidelibelle**, *Sympetrum fonscolombii*

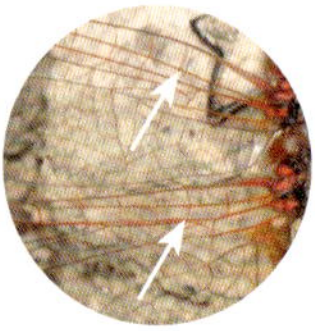
79b-1

♂ 79b-2

♂ 79b-3

♀ 79b-4

♂ 79b-5

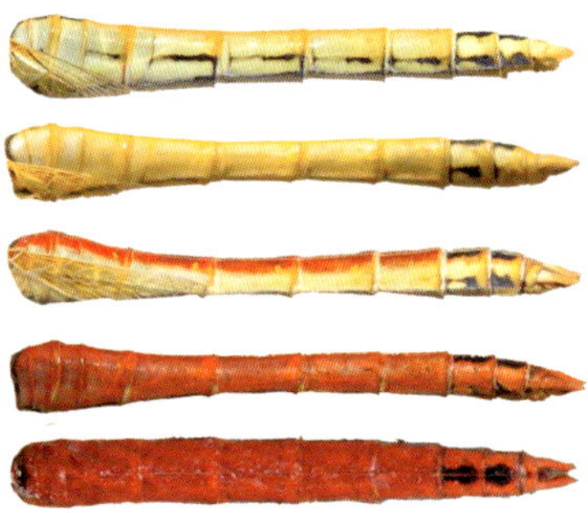
79b-6
oben ♀, mitte und unten ♂ (unausgefärbt, Übergangsfärbung, ausgefärbt von der Seite und ausgefärbt von oben)

80 a Hinterleib im Querschnitt mehr oder weniger rundlich mit seitlicher Kante. ♂ zunächst gelb bis ockerfarben, später rot, nie blau bereift. ♀ gelb-orange bis gelb-braun, ggf. im Alter rötlich (80a-1). Vorderste Zellreihe zwischen Flügelbasis und Knoten besteht aus 6–8 Zellen (80a-2). Hinterflügelbasis oft mit kleinem gelbem Fleck. **81**

80a-1

80a-2

80 b Hinterleib leicht abgeflacht und verbreitert (80b-1). ♂ zunächst gelb-braun, später blau bereift, nie rot (außer *Pantala flavescens*, die ausgefärbt oben rot überlaufen sein kann und nicht blau bereift ist). ♀ gelb-orange bis gelb-braun, ggf. im Alter auch leicht blau bereift. Vorderste Zellreihe zwischen Flügelbasis und Knoten besteht aus > 9 Zellen (80b-2). Hinterflügelbasis immer ungefleckt. **85**

80b-1

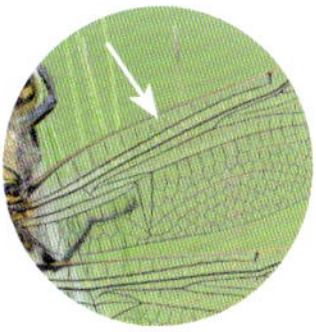

80b-2

81 a Beine schwarz (81a-1, 81a-2), höchstens an der Basis gelb (81a-3) . . **82**

81a-1

81a-2

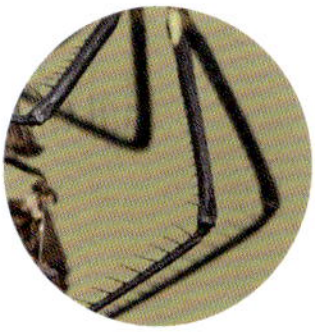

81a-3

81 b Beine gelb-schwarz (81b-1, 81b-2), im Alter das Gelb nachdunkelnd zu beige-braun (81b-3), dann schwieriger zu erkennen. **83**

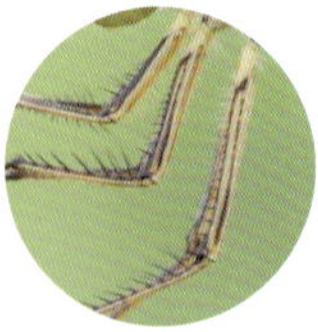
81b-1

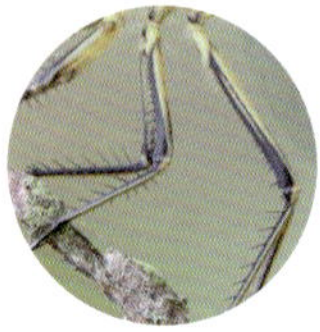
81b-2

81b-3

82 a S3–S9 mit schwarzen strichförmigen Flecken jeweils an den Seiten des Hinterleibs (82a-2, 82a-4).
♂: Zunächst gelblich (82a-1), später Brust braun-rötlich (82a-3). Gesicht und Hinterleib dunkelrot, am Ende keulenartig verbreitert (82a-4).
♀: Gelb-braun gefärbt. Legescheide von unten gesehen zugespitzt, am Hinterleib anliegend und von der Seite kaum sichtbar (82a-2, 82a-4). S9 von unten gesehen ohne Höcker.
.... **Blutrote Heidelibelle**, *Sympetrum sanguineum*

82a-1

82a-2
oben ♀ (unausgefärbt),
unten ♂ (unausgefärbt)

♂ 82a-3

82a-4
oben ♀ (ausgefärbt),
Mitte und unten ♂ (ausgefärbt)

82 b S3–S9 mit schwarzen tropfen- oder keilförmigen Flecken (82b-2) jeweils an den Seiten des Hinterleibs (vor allem auf S4–S7 deutlich).
♂: zunächst gelblich-orangebraun, später Hinterleib oben orangerot und unten gelblich, am Ende kaum verbreitert (82b-2).
♀: Hinterleib gelblich-orange, im Alter mit leicht rötlicher Tönung. Legescheide von der Seite kaum sichtbar (82b-2). S9 von unten gesehen mit zwei Höckern.
.... **Sumpf-Heidelibelle**, *Sympetrum depressiusculum*

82b-1

82b-2
oben ♂ (unausgefärbt), Mitte ♂ (ausgefärbt)
unten ♀ (ausgefärbt)

83 a Beine (Hüfte, Schenkel, Schiene) normalerweise überwiegend gelb mit schwarzen Längsstreifen. Kontrastarm, höchstens schwarze Flecken oben auf S8 und S9, Brustseiten mit nur sehr dünner schwarzer Nahtzeichnung, die sich nicht auf die Interpleuralnaht erstreckt (83a-1, 83a-3).
♂: Zunächst gelblich (83a-1, 83a-2), ausgefärbt Gesicht rötlich, Brust dunkelbraun (83a-3) und Hinterleib rot (83a-4), schwarze Zeichnung auf S8 und S9 fehlt oder ist reduziert.
♀: Gelb-braun gefärbt. Seiten des Hinterleibs mit schwacher schwarzer Längszeichnung. Legescheide klein, kaum abstehend und rundlich (83a-2, 83a-4).
.... **Südliche Heidelibelle**, *Sympetrum meridionale*

83a-1
unausgefärbt

83a-2
oben ♀ (unausgefärbt),
unten ♂ (unausgefärbt)

♂ 83a-3
ausgefärbt

83a-4
oben ♀ (ausgefärbt),
unten ♂ (ausgefärbt)

83 b Beine überwiegend schwarz mit gelben Streifen auf Schenkel und Schiene. Schwarze Zeichnung (Linie) im Gesicht zwischen Stirn und Scheitel meist gut sichtbar. S8–S9 oben immer mit schwarzer Zeichnung. Brustseiten mit gut sichtbaren schwarzer Nahtzeichnung, auch auf der Interpleuralnaht (83b-1–3). **84**

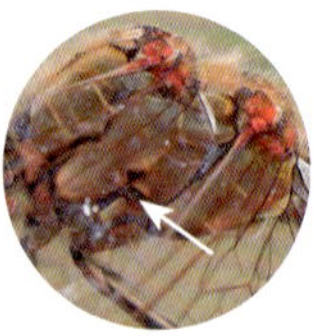

83b-1
ausgefärbt

83b-2
jung

83b-3
unausgefärbt

84 a Schwarze Zeichnung (Linie) im Gesicht zwischen Stirn und Scheitel, die sich noch ein Stück seitlich am Auge herabzieht (nicht immer gut erkennbar) (84a-1, 84a-2). Brustseiten ohne deutlich unterscheidbare helle Seitenstreifen (84a-5, 84a-7).

♂: Zunächst komplett gelblich-ockerfarben (84a-5, 84a-6), später Brust dunkelbraun (84a-7) und Hinterleib rot (84a-8). Hinterleibsende ganz leicht verbreitert.

♀: Gelb-braun gefärbt (84a-3, 84a-6), mit zunehmendem Alter dunkler werdend (84a-4, 84a-8), im Alter manchmal mit rötlicher Färbung auf der Oberseite des Hinterleibs. Legescheide erscheint groß und auffällig, deutlich sichtbar abstehend, vordere Kante verläuft nach hinten in einem Winkel von ≥ 45° zum Hinterleib, ähnelt in der Form der eines gleichseitigen Dreiecks (84a-3, 84a-4).

.... **Gemeine Heidelibelle**, *Sympetrum vulgatum*

84a-1

84a-2

♀ (unausgefärbt)
84a-3

♀ (ausgefärbt)
84a-4

84a-5
unausgefärbt

84a-6
oben ♀ (unausgefärbt),
unten ♂ (unausgefärbt)

84a-7
ausgefärbt

84a-8
oben und Mitte ♀ (ausgefärbt),
unten ♂ (ausgefärbt)

84 b Schwarze Zeichnung (Linie) im Gesicht auf den Bereich zwischen Stirn und Scheitel beschränkt (84b-1, 84b-2). Brustseiten mit zwei breiten langgestreckten gelben Streifen, die sich bei älteren Tieren zu sichelmondförmigen Flecken nahe den Beinen deutlich reduzieren und dann kaum noch sichtbar sind (84b-5 bis 84b-8).
♂: Zunächst gelblich (84b-9), später Brust dunkelbraun und Hinterleib rot (84b-10).
♀: Gelb-braun gefärbt (84b-9), später nachdunkelnd bis hin zu gräulicher Färbung (84b-10). Legescheide von der Seite unauffällig, nur wenig, meist schräg nach hinten vom Hinterleib abstehend, vordere Kante verläuft nach hinten schräg in einem Winkel von <45° zum Hinterleib, ähnelt in der Form der eines länglichen Dreiecks (84b-3, 84b-4).
. . . . **Große Heidelibelle**, *Sympetrum striolatum*

84b-1

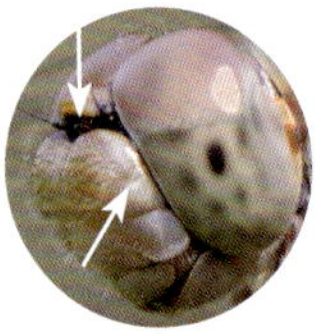

84b-2

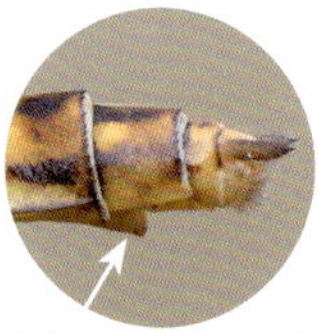

♀ (unausgefärbt)
84b-3

♀ (ausgefärbt)
84b-4

84b-5
unausgefärbt

84b-6
Übergangsfärbung

84b-7
ausgefärbt

84b-8
sehr alt

84b-9
oben ♀ (unausgefärbt),
unten ♂ (unausgefärbt)

84b-10
oben ♀ (ausgefärbt),
unten ♂ (ausgefärbt)

85 a Augen oben rotbraun, unten blaugrau (85a-1). Auffällig lange und zugespitzte Flügel, Hinterflügel breit, nahezu dreieckig, Flügelmale relativ klein und im Hinterflügel deutlich kürzer als im Vorderflügel (85a-2), Adern R_3 und IR_3 mit deutlich wellenartigem Verlauf (85a-3).Hinterleib zylindrisch mit schwarzer Strich- und Punktzeichnung (85a-4, 85a-5), auf S8–S10 oval, tropfen- oder kegelförmig (85a-4), nie blau bereift. Frisch geschlüpft gelblich, beim ausgefärbten ♂ Hinterleib orange, oben rot überlaufen (85a-5). Sehr lange Hinterleibsanhänge (85a-4).
.... **Wanderlibelle**, *Pantala flavescens*

85a-1

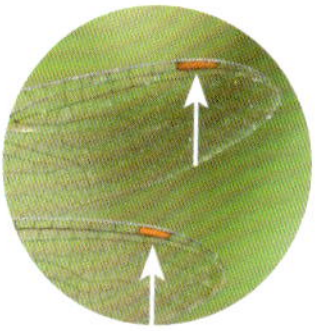

85a-2

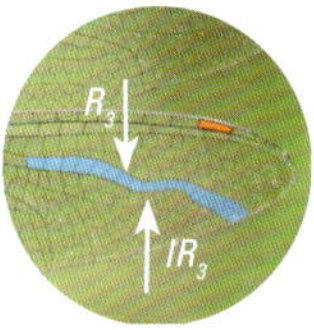

85a-3

85a-4
links ♀, rechts ♂

85a-5
oben ♀, unten ♂

85 b Flügel nicht auffällig lang und zugespitzt. ♀♀ und frisch geschlüpfte ♂♂ gelblich braun mit schwarzer Zeichnung oben auf den Hinterleibssegmenten, die aber nie aus ovalen, tropfen- oder kegelförmigen Punkten auf S8–S10 besteht (wie z. B. 85b-1). Hinterleib bei ausgefärbten ♂♂ mindestens teilweise blau bereift (wie z. B. 85b-2). Hinterleibsanhänge kurz.
.... **86**

85b-1

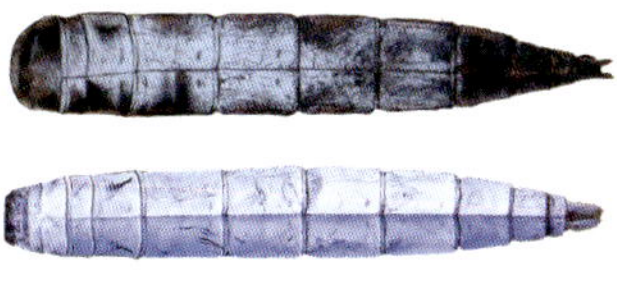

85b-2

86 a Flügelmal dunkelbraun bis schwarz (86a-1). Hinterleib bei jungen ♂♂ und ♀♀ gelblich braun mit deutlicher schwarzer Zeichnung (86a-2). Hinterleib bei ausgefärbten ♂♂ nicht vollständig blau bereift, hinteres Ende dunkel (86a-3). **87**

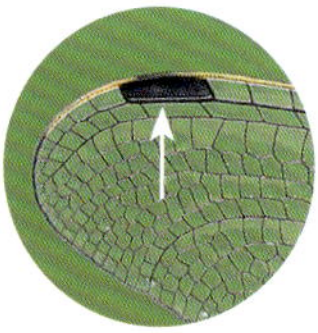

86a-1

86a-2

86a-3

86 b Flügelmal hellgelb bis rotbraun (86b-1). Hinterleib bei jungen ♂♂ und ♀♀ gelblich braun mit dünner schwarzer Zeichnung (86b-2), bei ausgefärbten ♂♂ vollständig blau bereift (86b-3). **88**

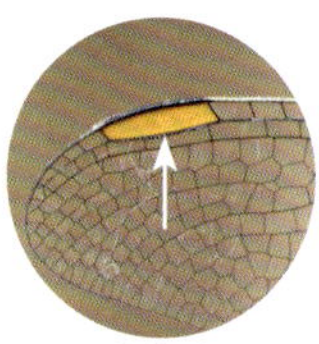

86b-1

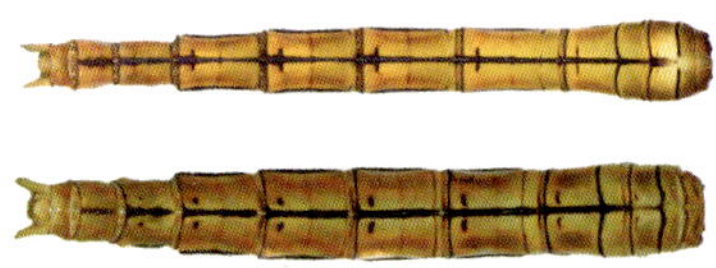

86b-2

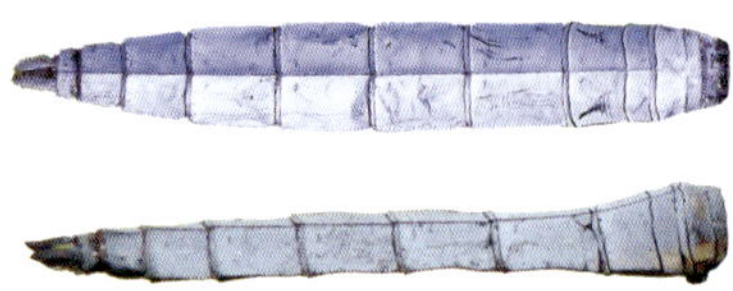

86b-3

87 a Hinterleibsanhänge schwarz (87a-1). Brustseite ohne helle seitliche Binden (87a-2). Auf dem Brustrücken kein heller Streifen.
♂: ausgefärbt blau bereift mit schwarzem Hinterleibsende (S8–S10) (87a-3).
♀♀ und junge ♂♂: mit schwarzen, relativ geraden Längslinien oben auf gelbem Hinterleib (87a-3). ♀♀ werden im Alter bräunlich-grau teilweise nahezu ohne erkennbare Zeichnung am Hinterleib.
. . . . **Großer Blaupfeil**, *Orthetrum cancellatum*

87a-1

87a-2

87a-3
oben ♂ (ausgefärbt), unten ♀

87 b Hinterleibsanhänge weiß (87b-1, 87b-2), im Alter dunkler. Brustseite braun mit zwei weißlichen seitlichen Binden (87b-3), Brustrücken zwischen den Flügeln mit hellem Streifen.
♂: ausgefärbt S3–S6 hellblau (fast weißlich) bereift, S7–S10 schwarz (87b-4).
♀♀ und junge ♂♂: Hinterleib gelb, oben mit deutlich gebogenen Längsstreifen (S2–S8) (87b-4). S10 weiß (87b-2).
. . . . **Östlicher Blaupfeil**, *Orthetrum albistylum*

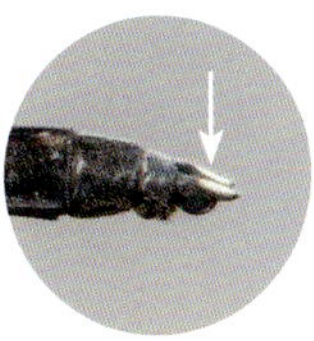
♂ 87b-1

♀ 87b-2

87b-3

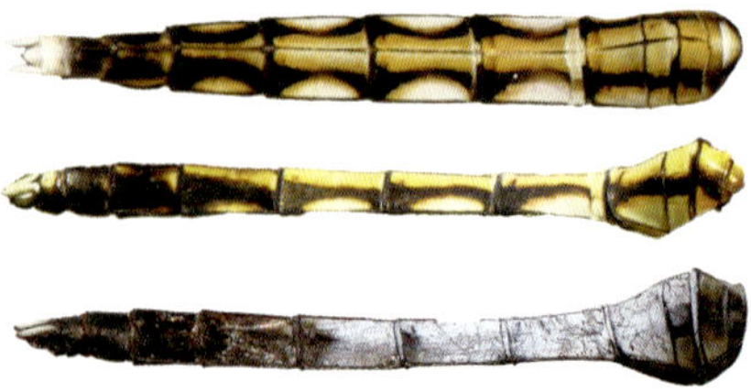

87b-4
oben ♀, Mitte ♂ (unausgefärbt), unten ♂ (ausgefärbt)

88 a In jedem Flügel zwischen IR_3 und Rspl eine einfache Zellreihe mit maximal 2 Zellverdoppelungen (88a-1). Helle Antehumeralstreifen vorhanden (88a-2, 88a-3).
♂: Gesicht und Brust braun (88a-2). Hinterleib zunächst gelb mit schwarzem Muster, später blau bereift (88a-4).
♀: Stirn gelb-braun (88a-3). Dünne schwarze Mittellinie auf dem Hinterleib mit kurzen Querstreifen (selten zu Punkten aufgelöst) auf S3–S7 (88a-4).
.... **Kleiner Blaupfeil**, *Orthetrum coerulescens*

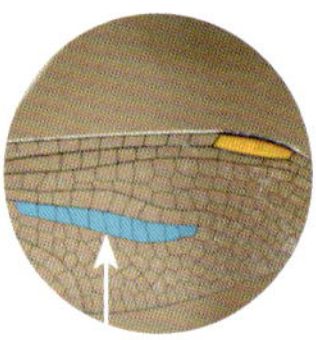

88a-1

♂ 88a-2

♀ 88a-3

88a-4
oben ♀, Mitte ♂ (unausgefärbt), unten ♂ (ausgefärbt)

88 b In mindestens einem Flügel zwischen IR_3 und Rspl eine doppelte Zellreihe mit mindestens 4 Zellverdoppelungen, Flügelmal bräunlich (88b-1). Antehumeralstreifen fehlen (88b-2).

♂: Gesicht weißlich-blassblau (88b-3). Körper zunächst braun, später Brust und Hinterleib komplett blau bereift (88b-2, 88b-4).

♀: Stirn weiß (88b-3). Hinterleib gelb-braun, oberseits mit schwarzer Mittellinie, beiderseits mit Punkten auf S3–S7 (selten zu Querstreifen verschmolzen) (88b-4).

. . . . **Südlicher Blaupfeil**, *Orthetrum brunneum*

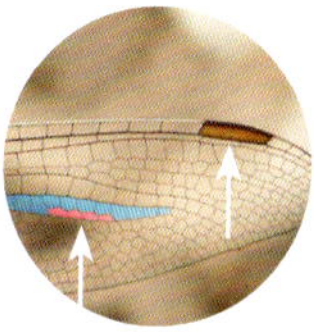

88b-1

♂ 88b-2

♂ 88b-3

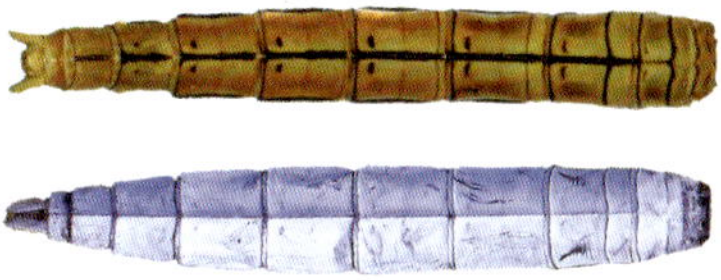

88b-4
oben ♀, unten ♂ (ausgefärbt)

KLEIN-LIBELLEN

Prachtlibellen

Calopterygidae (Selys, 1850)

Weltweit sind etwa 180 Arten aus 21 Gattungen beschrieben, in Europa ist lediglich die Gattung *Calopteryx* Leach, 1815 heimisch. Prachtlibellen sind gekennzeichnet durch ihre Größe, metallisch glänzende Körper sowie breite und, vor allem bei den Männchen, auffallend gefärbte Flügel. Die Flügelbasis trägt zahlreiche Queradern vor dem Knoten und ist nicht verengt wie bei anderen Familien der Kleinlibellen. Zudem haben Prachtlibellen keine Flügelmale (Pterostigmata) in den Flügeln, die Weibchen zeigen jedoch sogenannte Pseudoflügelmale (Pseudopterostigmata). Diese sind im Gegensatz zu Flügelmalen geadert und nicht deutlich umrissen.

In Deutschland kommen zwei Arten vor: Blauflügel-Prachtlibelle (*Calopteryx virgo*) und Gebänderte Prachtlibelle (*Calopteryx splendens*). Die Männchen sind anhand der Flügelfärbung leicht zu bestimmen, die Weibchen beider Arten sind hingegen etwas schwerer zu unterscheiden, besonders wenn sie nicht typisch gefärbt sind.

Beide Arten benötigen saubere Fließgewässer für die Reproduktion. Hier sind sie bei ihren Balzflügen zu beobachten, wo von den Männchen die farbigen Flügel und das sogenannte Schlusslicht (Unterseite der Segmente 9 und 10 des Hinterleibs) präsentiert werden. In Ruhehaltung sitzen die Tiere typischerweise mit erhobenem Hinterleib und zusammengeklappten Flügeln in der Vegetation entlang des Ufers. Im Flug wirken die Tiere eher behäbig, da der Flügelschlag deutlich langsamer als bei vielen Arten vergleichbarer Größe ist. Für die Eiablage in der Vegetation können die Weibchen auch unter Wasser tauchen.

Aus dem südlichen und östlichen Europa wurden, basierend auf der Ausdehnung der Flügelfärbung, zahlreiche Unterarten sowohl der Blauflügel- als auch der Gebänderten Prachtlibelle beschrieben (Sadeghi & Dumont 2014). Der Status dieser Unterarten ist jedoch umstritten. Dies betrifft auch die östliche Unterart *ancilla* der Gebänderten Prachtlibelle, welche zum Teil auch für den Nordosten und Osten Deutschlands genannt wird (Schmidt 2006).

Literatur: Rüppell et al. 2005; Sadeghi & Dumont 2014; Schmidt 2006

Blauflügel-Prachtlibelle (Calopteryx virgo)

Gebänderte Prachtlibelle

Calopteryx splendens (Harris, 1780)

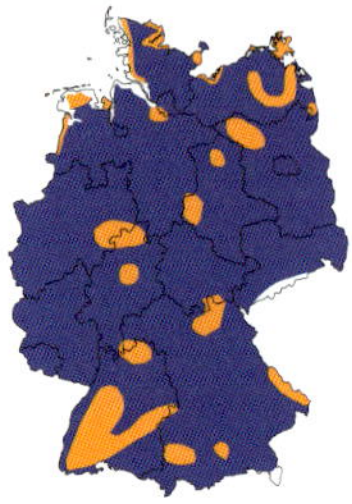

Merkmale: GL 45–48 mm, Ab 31–42 mm, HF 24–36 mm
♂♀: Körper beider Geschlechter metallisch grün-blau
♂: durch eine dunkelblaue Flügelbinde gekennzeichnet, die deutlich von der transparenten Flügelbasis und -spitze abgesetzt ist; Unterseite von S8–S10 („Schlusslicht") hell gelb bis weißlich gefärbt
♀: Flügel schlank, Verhältnis Flügellänge zu -breite > 3,3:1, in der Regel grünlich getönt, das weiße Pseudoflügelmal liegt eher in der Biegung der Flügelspitze; männchenfarbige ♀♀ (erkennbar durch den Eilegeapparat und das Pseudoflügelmal) kommen vor, sind aber selten.

Verwechslungsarten: nur die Blauflügel-Prachtlibelle (*C. virgo*)
♂: (fast) vollständig metallisch blau-schwarze Flügel; Schlusslicht ist rosa-rot bis bräunlich gefärbt
♀: Flügel meist bräunlicher getönt, in der Regel etwas breiter, Verhältnis von Flügellänge zu -breite < 3,3:1, das Pseudoflügelmal liegt tendenziell vor der Biegung der Flügelspitze.

Verhalten: ♂♂ besetzen Territorien, die sich bis zu 10 m oder mehr (je nach Beschaffenheit des Reviers) entlang des Gewässers erstrecken können und die von einer Sitzwarte aus bewacht werden. Eindringende Männchen werden abgewehrt, Weibchen sollen durch einen auffälligen Balzflug von der Qualität des Eiablageplatzes überzeugt werden.

Verbreitung und Lebensraum: nahezu flächendeckend verbreitet, mit Lücken im Küstenbereich und den höheren Gebirgslagen. Besiedelt vor allem nährstoffreiche, offene Fließgewässer, Altarme, Wiesengräben und Bäche unter 500 m ü. NN. Wichtig ist ein vegetationsreiches Ufer mit überhängenden Pflanzen oder Röhricht (Nutzung als Sitzwarten). Tritt vereinzelt auch an Stillgewässern oder ungewöhnlichen Orten (beispielsweise fliegend an belebten Straßen oder in Einkaufspassagen) auf.

Schlupf und Phänologie: Je nach Höhenlage und Witterung beginnt der Schlupf bereits Ende April und reicht bis Ende Juli. Hauptflugzeit zwischen Anfang Juni und Anfang August, zumindest in den wärmeren Regionen fliegen regelmäßig Tiere bis in den September und Oktober hinein.

Literatur: Rüppell et al. 2005; Sadeghi et al. 2009; Sadeghi & Dumont 2014; Sadeghi et al. 2010; Schmidt 2006; Seidenbusch 1994b, 1994c

Unterseite S8–S10
hellgelb-weiß
Flügel mit dunkler blau-
schwarzer Flügelbinde
♂

♀
Flügel grünlich
Pseudoflügelmal: von Adern durchsetzt

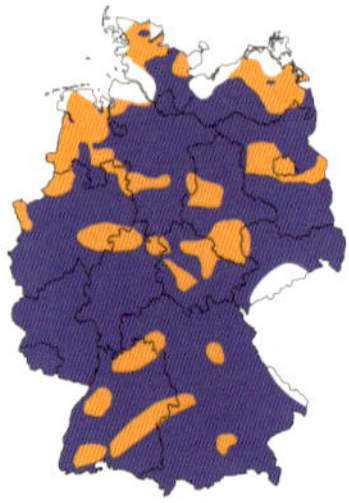

Blauflügel-Prachtlibelle

Calopteryx virgo (Linnaeus, 1758)

Merkmale: GL 45–49 mm, Ab 31–42 mm, HF 24–36 mm
♂♀: Körper beider Geschlechter metallisch grün-blau
♂: Flügel meist vollständig metallisch blau-schwarz gefärbt, lediglich Flügelspitzen und -basis können heller sein; Unterseite von S8–S10 („Schlusslicht") rosa-rot-bräunlich gefärbt
♀: Flügel in der Regel durchscheinend, bronze-braun, seltener auch grünlich getönt, das Pseudoflügelmal liegt tendenziell kurz vor der Biegung der Flügelspitze; Verhältnis Flügellänge zu -breite in der Regel < 3,3:1.

Verwechslungsarten: nur die Gebänderte Prachtlibelle (*C. splendens*)
♂: deutliche Flügelbinde, Flügelbasis und -spitze transparent; Schlusslicht ist weißlich.
♀: in der Regel etwas schlankere Flügel, Verhältnis Flügellänge zu -breite > 3,3:1, Flügel meist grünlicher getönt; das Pseudoflügelmal liegt mehr in der Biegung der Flügelspitze und nicht davor.

Verhalten: ♂♂ besetzen Reviere von mehreren Metern Uferlänge und verteidigen sie gegen Rivalen. Um einem ♀ einen Eiablageplatz zu präsentieren, landet das ♂ auf schwimmenden Wasserpflanzen und biegt das Ende des Hinterleibs unter Zeigen des roten Schlusslichtes mehrmals auf und ab.

Verbreitung und Lebensraum: in den waldreichen Mittelgebirgslagen und im Alpenvorland bis über 900 m ü. NN nahezu flächendeckend verbreitet, in den waldarmen Regionen des Norddeutschen Tieflandes deutlich seltener. Besiedelt werden vor allem von Gehölzen gesäumte, teilbeschattete und kühle Ober- und Mittelläufe von Bächen, gelegentlich auch langsam fließende Gräben und Kanäle. Breite Flüsse und gehölzfreie Fließgewässer werden hingegen gemieden.

Schlupf und Phänologie: Schlupf kann bei günstiger Witterung bereits Mitte April einsetzen, Hauptschlupfzeit erstreckt sich von Anfang Mai bis Anfang Juni. Flugzeit reicht bis Anfang September, bei sehr günstiger Witterung bis in den Oktober hinein.

	Feb.	März	Apr.	Mai	Juni	Juli	Aug.	Sept.	Okt.	Nov.
Schlupf										
Imagines										

Literatur: Kordges 2017; Koskimäki et al. 2009; Kull 1982; Rüppell et al. 2005; Seidenbusch 1994a

Flügel (fast) komplett
blau-schwarz
Unterseite S8–S10
rosa-rot bis bräunlich
♂

♀
Flügel bräunlich
Pseudoflügelmal,
von Adern durchsetzt

Teichjungfern

Lestidae Calvert, 1901

Die Familie der Teichjungfern ist mit neun Gattungen und über 150 Arten weltweit verbreitet. In Deutschland sind acht Arten, die zu folgenden drei Gattungen gestellt werden, nachgewiesen:

- Weidenjungfern (*Chalcolestes* Kennedy, 1920)
- Binsenjungfern (*Lestes* Leach, 1815)
- Winterlibellen (*Sympecma* Burmeister, 1839)

Alle Teichjungfern unterscheiden sich von anderen Kleinlibellen durch ein rechteckiges Flügelmal, welches länger als breit und nicht rautenförmig ist, sowie meist fünfeckige Flügelzellen und einer Ader R_4, die näher am Arculus beginnt und nicht unterhalb des Knotens. Im Gegensatz zu anderen Kleinlibellen stellen alle Arten die Flügel nicht senkrecht über dem Rücken auf, sondern sie werden seitlich schräg nach hinten ausgebreitet. Eine Ausnahme zu diesem Verhalten stellen die Winterlibellen dar. Sie legen die Flügel zusammengeklappt und interessanterweise immer komplett auf einer Seite des Hinterleibs ab, wobei keine signifikante Bevorzugung einer Seite festgestellt wurde. Sie unterscheiden sich weiterhin durch die unscheinbar grau-braune Färbung und ein Flügelmal, welches im Vorderflügel viel näher an der Flügelspitze liegt als im Hinterflügel. Bei zusammengeklappten Flügeln erscheint dies dann so, als ob die Flügelmale nebeneinander angeordnet sind.

Bei den Binsen- und Weidenjungfern ist der Abstand des Flügelmals zur Flügelspitze in allen Flügeln gleich und beide Geschlechter haben eine grün-bronzene Färbung. Geschlechtsreife Männchen der Binsenjungfern sind stellenweise blaugrau bereift, während Weidenjungfern keine Bereifung aufweisen.

Literatur: Jödicke 1997

Gemeine Winterlibelle (Sympecma fusca)

Westliche Weidenjungfer

Chalcolestes viridis (Vander Linden, 1825)

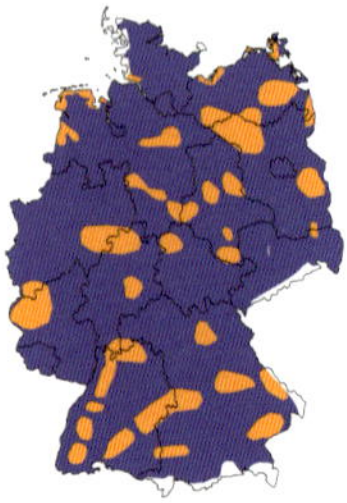

Merkmale: GL 39–48 mm, Ab 29–39 mm, HF 23–28 mm
♂♀: Große Teichjungfer; Oberseite des Hinterleibs und obere Hälfte der Brust metallisch grün-bronze ohne blaue Bereifung; Hinterkopf dunkel; Flügel mit hellem beige-braunem Flügelmal; mit auffälliger spornartiger, Richtung Kopf weisender Zeichnung entlang des unteren grün-bronzenen Randes der Brustseiten
♂: obere Hinterleibsanhänge an der Innenseite weißlich, untere Anhänge kurz und stumpf
♀: Legeapparat reicht über S10 hinaus, wirkt eher dunkel mit hellem Rand, 10–14 große Zähne am unteren Rand

Verwechslungsarten: alle Binsenjungfern (Gattung *Lestes*). Diese sind jedoch kleiner und haben als ausgefärbte Tiere dunklere oder zweifarbige Flügelmale und keine ausgeprägte, spornartige Zeichnung an der Brustseite.

Verhalten: ruht, wie alle Binsen- und Weidenjungfern (*Lestes* und *Chalcolestes*), im Gegensatz zu anderen Kleinlibellen meist mit halb ausgebreiteten Flügeln. Oft an höheren Strukturen wie Gebüschen und Bäumen zu finden. Eiablage erfolgt in die Rinde von überhängenden Ästen.

Verbreitung und Lebensraum: nahezu flächendeckend verbreitet, mit kleineren Verbreitungslücken Richtung Norden und in den höheren Lagen der Gebirge. Besiedelt diverse Still- und langsame Fließgewässer (z. B. Auen, Fischteiche, Kiesgruben, Moore, aber auch kleinere Tümpel und Weiher). Entscheidend sind Ufergehölze mit überhängenden Zweigen wie Weiden, Erlen, Birken und Faulbaum.

Schlupf und Phänologie: schlüpft in wärmebegünstigten Regionen ab Juni, ansonsten ab Juli bis in den September, Hauptflugzeit überwiegend im August und September, Einzeltiere bei milder Witterung noch bis in den November.

	Feb.	März	Apr.	Mai	Juni	Juli	Aug.	Sept.	Okt.	Nov.
Schlupf										
Imagines										

Literatur: Blischke 1999; Jödicke 1997; Fliedner 2004; Gyulavári et al. 2011; Martens 1997; Nowak 2013; Westermann 2003a, 2006, 2008

Flügelmal hell
beige-braun
Hinterleibsanhänge an
der Innenseite weißlich
spornartige
Zeichnung
♂

♀
10–14 große Zähne am unteren
Rand des Legeapparates

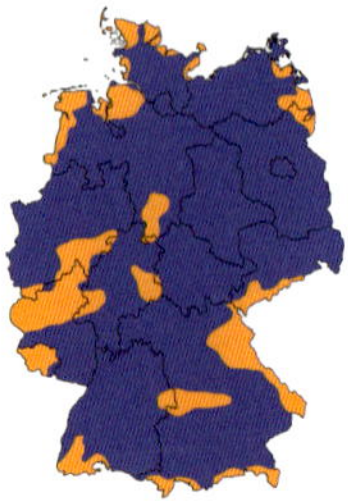

Südliche Binsenjungfer

Lestes barbarus (Fabricius, 1798)

Merkmale: GL 40–45 mm, Ab 26–35 mm, HF 20–27 mm
♂♀: Binsenjungfer mit grün-metallischer Oberseite und ohne blau-graue Bereifung; Unterseite des Hinterkopfs deutlich abgegrenzt (im Alter bräunlich), Antehumeralstreifen breiter als Rückenleiste, S9–S10 mit hellen Seiten; Flügelmal in der Regel zweifarbig, innen braun und außen hellgelb (bei frisch geschlüpften Tieren jedoch einfarbig hell); Beine oft heller als bei verwandten Arten; im Alter dominiert eine metallisch bronze-kupferfarbene Grundfärbung
♂: die Spitzen der unteren Anhänge sind nach außen gebogen; bei alten Tieren S10 mit blaugrauem Überzug und Flügelzwischenraum mit wachsblauer Färbung
♀: wie das ♂ gefärbt; Legeapparat mit abgerundetem Basalstück.

Verwechslungsarten: alle anderen Binsenjungfern, vor allem die Kleine Binsenjungfer (*L. virens*), außerdem die Weidenjungfer (*Chalcolestes viridis*)
♂♀ *L. virens*: Art ist kleiner, hat einen deutlich schmaleren Antehumeralstreifen (etwa so dünn wie die Rückleiste) und (in der Regel) ein nicht deutlich zweifarbiges Flügelmal
♂ *L. virens*: kurze, gerade untere Anhänge, bei ausgefärbten Tieren ist S9–S10 blau-grau bereift
♀ *L. virens*: leicht zugespitztes Basalstück des Legeapparates
L. sponsa, L. dryas und L. macrostigma: Hinterkopf komplett dunkel (bei frisch geschlüpften Tieren kann der Hinterkopf ebenfalls hell sein, jedoch nicht so kontrastreich; Hinterleibsanhänge und Legeapparat sind anders geformt oder gefärbt
Chalcolestes viridis: spornartige Zeichnung an der Brustseite; auffallend helles Flügelmal.

Verhalten: ruht, wie alle Binsen- und Weidenjungfern (*Lestes* und *Chalcolestes*), im Gegensatz zu anderen Kleinlibellen meist mit halb ausgebreiteten Flügeln.

Verbreitung und Lebensraum: bei uns vor allem in den Tieflagen und im Hügelland bis ca. 700 m ü. NN verbreitet. Spezialisiert auf gut besonnte, kleine bis kleinste, meist im Sommer austrocknende Flachgewässer mit dichtem Bewuchs an Sumpfpflanzen (Seggen und Binsen).

Schlupf und Phänologie: schlüpft ab Ende Mai, die Hauptflugzeit liegt zwischen Mitte Juni und Mitte September. Einzeltiere können bis Mitte Oktober beobachtet werden.

Literatur: Jödicke 1997; Ott 2006; Schiel & Kunz 2005; Utzeri et al. 1984; Utzeri et al. 1988; Wildermuth 2000

Spitzen der unteren Anhänge nach außen gebogen
Flügelmal zweifarbig, innen braun, außen hell
♂

♀
Basalstück abgerundet
Unterseite des Hinterkopfs gelb (im Alter bräunlich)
Antehumeralstreifen breiter als Rückenleiste

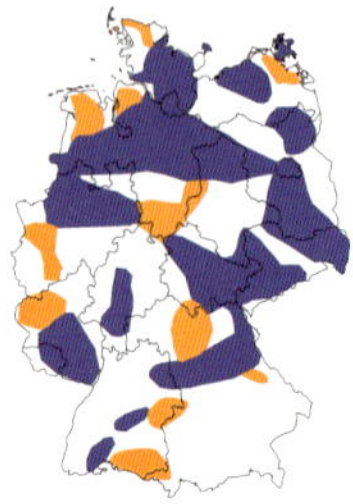

Glänzende Binsenjungfer

Lestes dryas (Kirby, 1890)

Merkmale: GL 35–40 mm, Ab 26–33 mm, HF 20–25 mm
♂♀: Oberseite des Hinterleibs und obere Hälfte der Brust metallisch grün-bronze, Hinterkopf ausgefärbt unten dunkel, wenn hell, nicht scharf abgesetzt; Flügel mit dunklem, rechteckigem Flügelmal
♂: ausgefärbt mit blau-grauer Bereifung an der unteren Hälfte der Brust, an S1, dem vorderen Drittel von S2 und an S9–S10; beim jungen ♂ sind diese Bereiche hell grau-ocker mit zwei metallisch grünen, viereckigen Flecken auf S2; unteren Anhänge sind an der Spitze löffelartig erweitert und nach innen gebogen
♀: in der Regel ohne blaue Bereifung, Seitenloben der Vorderbrust mit metallischem Fleck; S9–S10 mit metallisch grüner Brustoberseite, auf S2 befinden sich zwei metallisch grüne, viereckige Flecken; Legeapparat mit spitz zulaufendem Basalstück; Legeapparat reicht über S10 hinaus (nicht immer eindeutig und stark perspektivabhängig); männchenfarbige ♀♀ selten.

Verwechslungsarten: alle anderen Teichjungfern, vor allem die Gemeine Binsenjungfer (*L. sponsa*), und die Zwerglibelle (*Nehalennia speciosa*)
<u>♂ *L. sponsa*:</u> mit geraden, nach hinten gerichteten, unteren Anhängen; ausgefärbt ist S2 komplett blau-grau bereift (junge ♂♂ jedoch nicht!)
<u>♀ *L. sponsa*:</u> ohne metallischen Fleck der Seitenloben der Vorderbrust (sicheres Merkmal)
<u>♀ und junges ♂ *L. sponsa*:</u> metallisch grünen Flecken auf S2 dreieckig abgerundet
<u>*L. barbarus* und *L. virens*:</u> Hinterkopf unten scharf hell abgesetzt
<u>*Chalcolestes viridis*:</u> nicht blau bereift; spornartige Zeichnung an der Brustseite; auffallend helles Flügelmal
<u>*L. macrostigma*:</u> Brust einfarbig dunkel blau bereift; deutlich größeres Flügelmal
<u>*Nehalennia speciosa*:</u> deutlich kleiner (GL nur 24–26 mm); Flügelmal klein und hell; mit hellblauer Querlinie am Hinterkopf; nie mit halb ausgebreiteten Flügeln.

Verhalten: ruht, wie alle Binsen- und Weidenjungfern (Lestes und Chalcolestes), im Gegensatz zu anderen Kleinlibellen meist mit halb ausgebreiteten Flügeln.

Verbreitung und Lebensraum: in fast ganz Deutschland verbreitet. Die Mittelgebirge sind im Vergleich zur Norddeutschen Tiefebene spärlicher besiedelt. Bevorzugt kleinere, besonnte Flachgewässer, die temporär trocken fallen können, wie Wiesentümpel, Weiher, Moore, aber auch brackige Gewässer an den Küsten. Meist weisen sie einen dichten Bewuchs mit Sumpfpflanzen (Seggen und Binsen) auf.

Schlupf und Phänologie: Schlüpft ab Mitte Mai, Hauptflugzeit liegt zwischen Juni und August. Einzeltiere können bis September beobachtet werden.

Literatur: Jödicke 1997; Willigalla 1999, 2015

Spitzen der unteren Anhänge
löffelartig nach innen gebogen
nur ausgefärbt (!): vorderes Drittel bis
ca. Hälfte des S2 blau-grau bereift
Hinterkopf
ausgefärbt dunkel

♂

♀

Ende S10
spitz zulaufendes
Basalstück
Legeapparat reicht über
das Ende von S10 hinaus
(nicht immer eindeutig)
männchenfarbig mit
blauen Augen
Seitenloben der Vorderbrust
mit metallischem Fleck

Dunkle Binsenjungfer

Lestes macrostigma (Eversmann, 1836)

Merkmale: GL 39–48 mm, Ab 31–38 mm, HF 24–27 mm
♂♀: große Binsenjungfer mit vollständig dunkel blau-violett bereifter Brust; am Hinterleib sind die Segmente S1 und S2 und S8–S10 bereift, während S3–S7 eine grün-bronzene Färbung aufweisen; Flügelmal auffallend groß und grenzt an drei bis vier darunter liegende Zellen, bei frisch geschlüpften Tieren ist es hellbraun, bei ausgefärbten Tieren schwarz
♂: untere Hinterleibsanhänge kurz und gerade
♀: Legeapparat komplett dunkel (blau bereift).

Verwechslungsarten: alle anderen Binsen- und Weidenjungfern (*Lestes* und *Chalcolestes*)
Bei diesen haben jedoch selbst die ♂♂ nie eine vollständig blau bereifte Brust und das Flügelmal grenzt höchstens an etwa zwei darunterliegende Zellen.

Verhalten: ruht, wie alle Binsen- und Weidenjungfern (*Lestes* und *Chalcolestes*), im Gegensatz zu anderen Kleinlibellen meist mit halb ausgebreiteten Flügeln.

Verbreitung und Lebensraum: bei uns extrem selten und lediglich im südlichen Bayern nachgewiesen. Das nächstgelegene dauerhafte Vorkommen ist von den Salzlacken am Neusiedler See in Österreich bekannt. Besiedelt vor allem salzhaltige und gut besonnte Stillgewässer mit ausgedehnter Ufervegetation aus Seggen und Binsen, die im Sommer austrocknen können.

Schlupf und Phänologie: schlüpft am Neusiedler See ab Ende Mai, die Hauptflugzeit liegt im Juni bis Ende Juli. In Deutschland nachgewiesene Tiere wurden zwischen Anfang Juli bis Mitte August beobachtet.

	Feb.	März	Apr.	Mai	Juni	Juli	Aug.	Sept.	Okt.	Nov.
Schlupf										
Imagines										

Literatur: Bbenken 2015; Benken & Raab 2008; Jödicke 1997; Kuhn 1998; Lambret et al. 2015; Matushkina & Lambret 2011; Schweighofer et al. 2010

Flügelmal grenzt an 3–4
darunter liegende Zellen
dunkel blau-violett
bereifte Brust
♂

♀
Legeapparat ist komplett
dunkel (blau bereift)

Gemeine Binsenjungfer

Lestes sponsa (Hansemann, 1823)

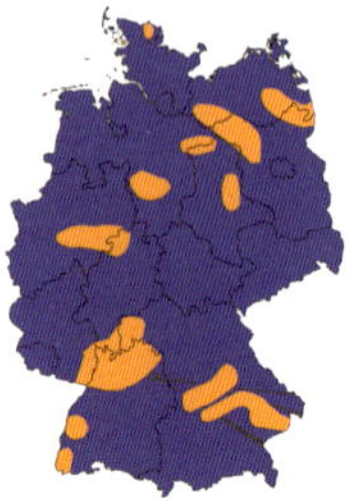

Merkmale: GL 35–39 mm, Ab 25–33 mm, HF 17–24 mm
♂♀: Oberseite des Hinterleibs und obere Hälfte der Brust metallisch grün-bronze; Hinterkopf ausgefärbt unten dunkel, wenn hell, nicht scharf abgesetzt; Flügel mit dunklem, rechteckigem Flügelmal
♂: vollständig ausgefärbt mit blau-grauer Bereifung an der unteren Hälfte der Brust sowie an S1–S2 und S9–S10; beim jungen ♂ sind diese Bereiche hell grau-ocker mit zwei metallisch grünen, dreieckig abgerundeten Flecken auf S2; unteren Anhänge gleichmäßig dünn, verlaufen gerade nach hinten
♀: in der Regel ohne blaue Bereifung (altes ♀ ja); Seitenloben der Vorderbrust ohne metallischen Fleck; S9–S10 mit einer metallisch grünen Oberseite, auf S2 befinden sich zwei metallisch grüne, dreieckig abgerundete, Flecken; Legeapparat mit spitz zulaufendem Basalstück, reicht nur bis zum Ende von S10 (nicht immer eindeutig und stark perspektivabhängig); männchenfarbige ♀♀ selten.

Verwechslungsarten: alle anderen Teichjungfern, vor allem die Glänzende Binsenjungfer (*L. dryas*), und die Zwerglibelle (*Nehalennia speciosa*)
♂ *L. dryas*: mit löffelartig erweiterten, an der Spitze nach innen gebogene, untere Anhänge; im ausgefärbten Zustand S2 nicht vollständig bereift
♀ *L. dryas*: Seitenloben der Vorderbrust mit metallischem Fleck (sicheres Merkmal)
junges ♂ und ♀ *L. dryas*: metallisch grüne Flecken an S2 viereckig
L. barbarus und *L. virens*: Hinterkopf unten gelb abgesetzt; männlichen Anhänge und weiblicher Legeapparat sind unterschiedlich
Chalcolestes viridis: nicht blau bereift; spornartige Zeichnung an der Brustseite; helles Flügelmal
L. macrostigma: Brust einfarbig dunkel blau bereift; deutlich größeres Flügelmal
Nehalennia speciosa: deutlich kleiner (GL nur 24–26 mm); Flügelmal klein und hell; mit hellblauer Querlinie am Hinterkopf; ruht nie mit ausgebreiteten Flügeln.

Verhalten: ruht, wie alle Binsen- und Weidenjungfern (Lestes und Chalcolestes), im Gegensatz zu anderen Kleinlibellen meist mit halb ausgebreiteten Flügeln.

Verbreitung und Lebensraum: nahezu flächendeckend verbreitet. Besiedelt gut besonnte Stillgewässer und Gräben mit ausgedehnter Vegetation aus Seggen und Binsen, auch kleine Teiche und Weiher, die temporär trocken fallen können.

Schlupf und Phänologie: schlüpft ab Mitte Mai, Hauptflugzeit zwischen Ende Juni und September, Einzeltiere bis Ende Oktober, in Extremfällen auch bis Anfang November.

	Feb.	März	Apr.	Mai	Juni	Juli	Aug.	Sept.	Okt.	Nov.
Schlupf										
Imagines										

Literatur: Jödicke 1997, 2000; Outomuro et al. 2014; Pickup et al. 1984; Śniegula et al. 2014; Stoks 1998

untere Anhänge gleichmäßig dünn, verlaufen gerade nach hinten
nur ausgefärbt: blau-graue Bereifung an S1–S2 und Brustunterseite

♂

♀

Ende S10
Basalstück spitz zulaufend
Legeapparat reicht nur bis zum Ende von S10 (nicht immer eindeutig)
Seitenloben der Vorderbrust ohne metallischen Fleck

Kleine Binsenjungfer

Lestes virens (Charpentier, 1825)

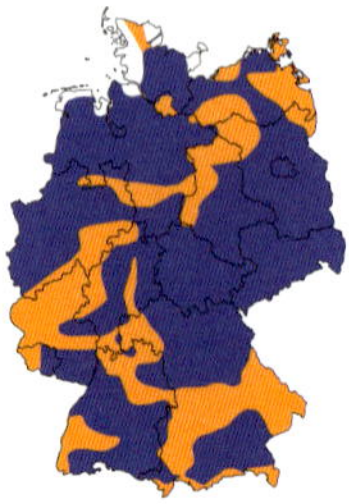

Merkmale: GL 30–39 mm, Ab 24–32 mm, HF 19–23 mm
♂♀: zierliche Binsenjungfer mit metallisch grün-bronzener Oberseite, dünnem Antehumeralstreifen (gleich oder schmaler als Rückenleiste), gelber Unterseite des Hinterkopfs (im Alter bräunlich) und braunem Flügelmal, das beidseitig von hellen, gelblich-weißen Queradern eingefasst ist
♂: lediglich S9–S10 blau-grau bereift; die unteren Hinterleibsanhänge sind kurz und gerade
♀: ähnlich dem ♂, doch ohne blau-graue Bereifung; der Legeapparat hat ein leicht zugespitztes Basalstück.

Verwechslungsarten: alle anderen Teichjungfern, vor allem die Südliche Binsenjungfer (*L. barbarus*) und die Zwerglibelle (*Nehalennia speciosa*)
♂♀ *L. barbarus*: Art ist größer, Antehumeralstreifen breiter als Rückenleiste und Flügelmal außer bei frisch geschlüpften Tieren deutlich zweifarbig
♂ *L. barbarus*: auch ausgefärbte Tiere nicht bereift; untere Hinterleibsanhänge an der Spitze nach außen zeigend
♀ *L. barbarus*: Basalstück des Legeapparates abgerundet
L. sponsa, *L. dryas* und *L. macrostigma*: Hinterkopf komplett dunkel (bei frisch geschlüpften Tieren kann der Hinterkopf ebenfalls hell sein, jedoch nicht so kontrastreich); Hinterleibsanhänge und Legeapparat sind anders geformt oder gefärbt
Chalcolestes viridis: spornartige Zeichnung an der Brustseite; auffallend helles Flügelmal
Nehalennia speciosa: deutlich kleiner (GL nur 24–26 mm); Flügelmal klein und hell; mit hellblauer Querlinie am Hinterkopf; ruht nie mit ausgebreiteten Flügeln.

Verhalten: ruht, wie alle Binsen- und Weidenjungfern (*Lestes* und *Chalcolestes*), im Gegensatz zu anderen Kleinlibellen meist mit halb ausgebreiteten Flügeln.

Verbreitung und Lebensraum: in ganz Deutschland verbreitet, jedoch mit einem Schwerpunkt in Nordwestdeutschland sowie der Uckermark und Lausitz. In Lagen über 700 m ü. NN zerstreut, besiedelt aber auch Höhenlagen bis über 1000 m ü. NN. Benötigt sonnige, oft meso- bis schwach eutrophe Stillgewässer mit ausgeprägter Verlandungszone und dichtem Bewuchs (Seggen und Binsen). Oft liegen die Gewässer in Waldnähe, sommerliches Austrocknen wird toleriert.

Schlupf und Phänologie: schlüpft ab Anfang Juni bis in den August mit Schwerpunkt Juli, die Hauptflugzeit liegt zwischen Ende Juli bis Anfang Oktober. Einzeltiere können bis Mitte November beobachtet werden.

	Feb.	März	Apr.	Mai	Juni	Juli	Aug.	Sept.	Okt.	Nov.
Schlupf										
Imagines										

Literatur: Jödicke 1997, 1998; Matushkina et al. 2016; Schmidt 2011; Utzeri et al. 1988

Flügelmal braun, beidseitig von hellen Queradern eingefasst
untere Hinterleibsanhänge kurz und gerade
Unterseite des Hinterkopfes deutlich gelb abgesetzt (im Alter bräunlich)
Antehumeralstreifen dünn (gleich oder schmaler als Rückenleiste)

♂

♀

Basalstück leicht zugespitzt
Unterseite des Hinterkopfes gelb abgesetzt (im Alter bräunlich)
Antehumeralstreifen dünn (gleich oder schmaler als Rückenleiste)

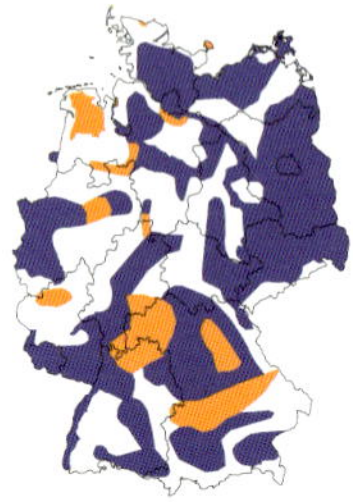

Gemeine Winterlibelle

Sympecma fusca (Vander Linden, 1820)

Merkmale: GL 34–39 mm, Ab 25–30 mm, HF 18–23 mm
♂♀: Grundfärbung hell grau-braun; Kopfoberseite dunkel; dunkler Mittelstreifen der Brust mit geradem unterem Rand, dunkler Brustseitenstreifen breit und nie unterbrochen; Hinterleib oben mit dunkler, torpedoförmiger Zeichnung. Tiere sind nach Überwinterung deutlich dunkler, Augenoberseite dann mit blauem Fleck, Flügelbasis jeweils mit blauem, wachsartigem Fleck (bei Flügelspreizung sichtbar)
♂: untere Hinterleibsanhänge lang und in Aufsicht bis über die basalen Zähne der oberen Anhänge hinausragend
♀: obere Anhänge länger als S10.

Verwechslungsarten: lediglich die Sibirische Winterlibelle (*S. paedisca*); diese hat jedoch eine Ausbuchtung am unteren Rand des dunklen Mittelstreifens der Brust, Brustseitenstreifen schmal und manchmal unterbrochen. Die unteren Hinterleibsanhänge des ♂ sind kürzer und erreichen in Aufsicht nicht den basalen Zahn der oberen Anhänge. Die Anhänge des ♀ sind bei *S. paedisca* etwa so lang wie S10.

Verhalten: Flügel in Ruhehaltung geschlossen und auf einer Seite des Körpers zusammengelegt. Die Tiere drücken sich oft eng an das Substrat, wodurch sie an trockenen Halmen und Ästen hervorragend getarnt sind. Winterlibellen sind die einzigen Libellen, die als ausgewachsene Tiere überwintern, oft weit vom nächsten Gewässer entfernt auf Waldlichtungen oder an geschützten Waldrändern.

Verbreitung und Lebensraum: kann in allen Bundesländern beobachtet werden, Schwerpunkte sind wärmebegünstigte Gebiete, die meist unter 500 m ü. NN liegen. Besiedelt werden gut besonnte Stillgewässer wie Seen, Teiche, Weiher und Regenrückhaltebecken, aber auch sehr träge fließende oder aufgestaute Gräben, in der Regel mit Uferröhrichten, einer ausgeprägten Unterwasserflora sowie oft Schwimmblattvegetation. Außerhalb der Reproduktionszeit werden beispielsweise sonnenexponierte Waldlichtungen, strukturreiche Ruderalflächen, Heidelandschaften oder auch naturnahe Gärten für die Überwinterung genutzt.

Schlupf und Phänologie: schlüpft von Ende Juni bis Ende August. Zunächst halten sich die Tiere in Gewässernähe auf, dann begeben sie sich etappenweise zu den Überwinterungsplätzen. Je nach Witterung erscheinen die ersten Tiere ab Ende März und Anfang April wieder an den Fortpflanzungsgewässern, wo Einzeltiere der alten Generation bis Anfang Juli beobachtet werden können.

	Feb.	März	Apr.	Mai	Juni	Juli	Aug.	Sept.	Okt.	Nov.
Schlupf										
Imagines										

Literatur: Jödicke 1997; Liechti & Jödicke 2011; Miller & Miller 2006; Seggewisse 2015; Stadler 2013; Stübing 2015; Tamm 2010; Wildermuth 1997; Wünsch et al. 2013

untere Hinterleibsanhänge in Aufsicht bis über die basalen Zähne der oberen Anhänge hinausragend
Mittelstreifen mit geradem unterem Rand
dunkler Brustseitenstreifen breit
nach Überwinterung: Augenoberseite mit blauem Fleck
♂

♀
Mittelstreifen mit geradem unterem Rand
dunkler Brustseitenstreifen breit
Flügelmale versetzt angeordnet wenn Flügel zusammengelegt
obere Anhänge länger als S10

Sibirische Winterlibelle

Sympecma paedisca (Brauer, 1877)

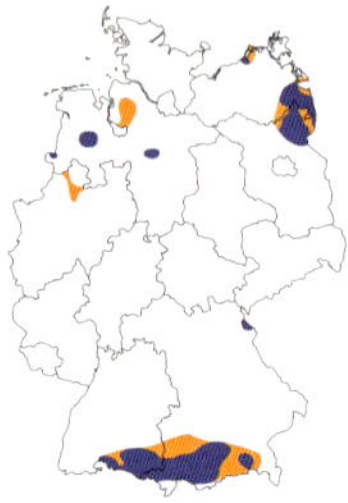

Merkmale: GL 36–39 mm, Ab 25–29 mm, HF 18–22 mm
♂♀: Grundfärbung hell grau-braun; Kopfoberseite dunkel; dunkler Mittelstreifen der Brust mit Ausbuchtung am unterem Rand; dunkler Brustseitenstreifen schmal und manchmal unterbrochen; Hinterleibsoberseite mit dunkler, torpedoförmiger Zeichnung; nach Überwinterung deutlich dunkler, Augenoberseite dann mit blauem Fleck
♂: untere Hinterleibsanhänge kurz und in Aufsicht nicht über die basalen Zähne der oberen Anhänge hinausragend
♀: obere Anhänge etwa so lang wie S10.

Verwechslungsarten: lediglich die Gemeine Winterlibelle (*S. fusca*), diese jedoch ohne Ausbuchtung am unteren Rand des dunklen Mittelstreifens der Brust, Brustseitenstreifen breit und immer durchgehend. Untere Hinterleibsanhänge des ♂ länger und reichen in Aufsicht bis bzw. über den basalen Zahn der oberen Anhänge hinaus. Obere Anhänge des ♀ sind länger als S10.

Verhalten: Flügel in Ruhehaltung geschlossen und auf einer Seite des Körpers zusammengelegt. Die Tiere drücken sich oft eng an das Substrat, wodurch sie an trockenen Halmen und Ästen hervorragend getarnt sind. Winterlibellen sind die einzigen Libellen, die als ausgewachsene Tiere überwintern, oft weit vom nächsten Gewässer entfernt auf Waldlichtungen oder an geschützten Waldrändern.

Verbreitung und Lebensraum: vor allem im Alpenvorland sowie dem nordöstlichen Brandenburg und südöstlichem Mecklenburg-Vorpommern verbreitet. Besiedelt werden sonnige Überflutungs- und Verlandungszonen mit Uferröhrichten oder Riedvegetation an Stillgewässern wie Seen, Teichen, Weihern und Mooren in Höhenlagen bis etwa 900 m ü. NN. Für die Überwinterung werden Gehölzbestände, Heidelandschaften und Moore aufgesucht.

Schlupf und Phänologie: Schlupf in der Regel ab Mitte Juli, vereinzelt bereits ab Ende Juni, bis mindestens Ende August. Anschließend verteilen sie sich auf die Überwinterungsplätze. Dort sind sie an milden Herbsttagen bis in den Oktober zu beobachten. Je nach Witterung können die ersten Tiere bereits Ende März wieder an den Reproduktionsgewässern erscheinen, in der Regel ist dies jedoch erst ab Ende April und Anfang Mai der Fall. Einzeltiere der alten Generation können bis Mitte Juni und ausnahmsweise auch bis Anfang Juli beobachtet werden.

Literatur: Brockhaus 2012; Hiemeyer et al. 2001; Hunger 2018; Hunger & Schiel 2014; Jödicke 1997; Manger & Dingemanse 2009; Mauersberger & Hunger 2015; Reinhardt & Gerighausen 2001; Sonntag 2005; Stalder 2013; Teske 2011

untere Hinterleibsanhänge in Aufsicht nicht über die basalen Zähne der oberen Anhänge hinausragend
nach Überwinterung: Augenoberseite mit blauem Fleck
Flügelmale versetzt angeordnet wenn Flügel zusammengelegt
Mittelstreifen mit einer Ausbuchtung am unteren Rand
dunkler Brustseitenstreifen schmal
♂

♀
obere Anhänge ca. gleichlang wie S10
Mittelstreifen mit einer Ausbuchtung am unteren Rand
dunkler Brustseitenstreifen manchmal unterbrochen

Federlibellen

Platycnemididae Jacobson & Bianchi, 1905

Federlibellen sind in Asien, Afrika und Europa mit über 430 Arten in derzeit 43 Gattungen verbreitet, kommen jedoch in Nordamerika und Australien nicht vor. Die meisten Arten bewohnen Fließgewässer, insbesondere schattige Waldbäche. In Europa kommen drei Arten bodenständig vor, die alle zur Gattung *Platycnemis* gehören. In Deutschland ist davon derzeit lediglich die Blaue Federlibelle (*Platycnemis pennipes*) heimisch.

In Europa unterscheiden sich Federlibellen von den anderen Familien, insbesondere von den Vertretern der Schlanklibellen (Coenagrionidae) durch den auffällig breiten Kopf und die damit weit voneinander getrennten Augen sowie durch die verbreiterten Beinschienen (Tibien) der Mittel- und Hinterbeine. Die langen („federartigen") Borsten an den Beinen sind bei den männlichen Tieren etwas stärker ausgeprägt als bei den Weibchen. Zudem ist das Quadrilateral im Flügel rechteckig statt spitz zulaufend. Die Form der Anhänge am letzten Hinterleibssegment des Männchens sowie der Bau der Vorderbrust des Weibchens unterscheiden sich ebenfalls deutlich von denen der anderen Familien. Diese Merkmale sind auch zur Differenzierung der drei europäischen Arten hilfreich.

Literatur: Martens 1996

Blaue Federlibelle (Platycnemis pennipes)

Blaue Federlibelle

Platycnemis pennipes (Pallas, 1771)

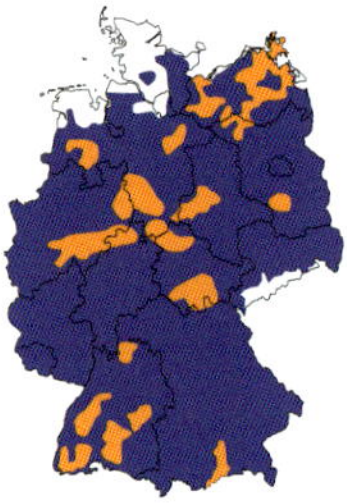

Merkmale: GL 35–37 mm, Ab 27–32 mm, HF 19–23 mm
♂♀: Art mit starker Variation von Färbung und Zeichnung; Kopf etwa 3–4 mal so breit wie die Augen, helles Gesicht; durch 2 helle Linien eingefasste Querbinde zwischen den Augen; Färbung direkt nach dem Schlupf durchscheinend rosa, über weiß zur ausgefärbten Form; „doppelter Antehumeralstreifen"; schwarzer Interpleuralstreifen kann an der Basis des mittleren Beinpaares mit dem schwarzen Antehumeralstreifen zusammenlaufen oder kurz davor enden, selten sehr undeutlich bräunlich-grau und kaum zu erkennen; Beine hell mit dunklem Längsstreifen an der Außenseite; Schienen des mittleren und des hinteren Beinpaares verbreitert und mit auffällig langen Borsten
♂: ausgefärbt hellblau, S1–S6 oberseits mit variabel ausgeprägter, länglicher, dunkler Zeichnung, breite schwarze Zeichnung auf S7–S10, die von einer hellen Mittellinie unterbrochen ist
♀: ausgefärbt gelblich-braun bzw. grünlich-braun, selten bläulich, Hinterleib oberseits oft mit dunkler Längszeichnung, unterbrochen von einer feinen hellen Mittellinie

Verwechslungsarten: Einige ebenfalls blau-schwarz gezeichnete Schlanklibellen (Coenagrionidae), diese jedoch meist dunkler blau mit schmalerem Kopf und ohne „doppelten" Antehumeralstreifen, Schienen nicht verbreitert und ohne auffällig lange Borsten.

Verhalten: Beide Geschlechter sind oft fernab vom Fortpflanzungsgewässer auf Wiesen, Waldlichtungen, Gehölz- und Wegrändern zu finden. Hier wird sowohl die Reifezeit verbracht, aber auch die Paarfindung erfolgt meist abseits der Gewässer.

Verbreitung und Lebensraum: In ganz Deutschland verbreitet, mit einem Schwerpunkt im Flachland, in den Küstengebieten sehr selten oder fehlend. Fortpflanzungsnachweise bis maximal 1000 m ü. NN. Vor allem an fischreichen Still- und Fließgewässern der Flussauen, aber auch strukturarmen Gewässern wie Kanälen und Speicherbecken, idealerweise mit angrenzenden Gras- und Hochstaudenfluren sowie Gehölzen; meidet temporäre Gewässer, schnell fließende Bergbäche und Moore.

Schlupf und Phänologie: ausgedehnte Schlupfphase von Anfang Mai bis Anfang August; Flugzeit bis Ende September, mit Schwerpunkt im Juni und Juli, gelegentlich bis in den Oktober hinein.

Literatur: Brockhaus 1993; Buchholtz 1956; Göcking 1999; Martens 1996; Martens et al. 2015; Westermann & Westermann 2006

verbreiterte Tibien
mit langen Borsten
Übergangsfärbung

♂

durch 2 helle Linien
eingefasste Querbinde
zwischen den Augen
„doppelter“
Antehumeralstreifen
Ausgefärbt

♂

Unausgefärbt ♀

♀ Übergangsfärbung

Interpleuralstreifen
nur schwach
Ausgefärbt

♀

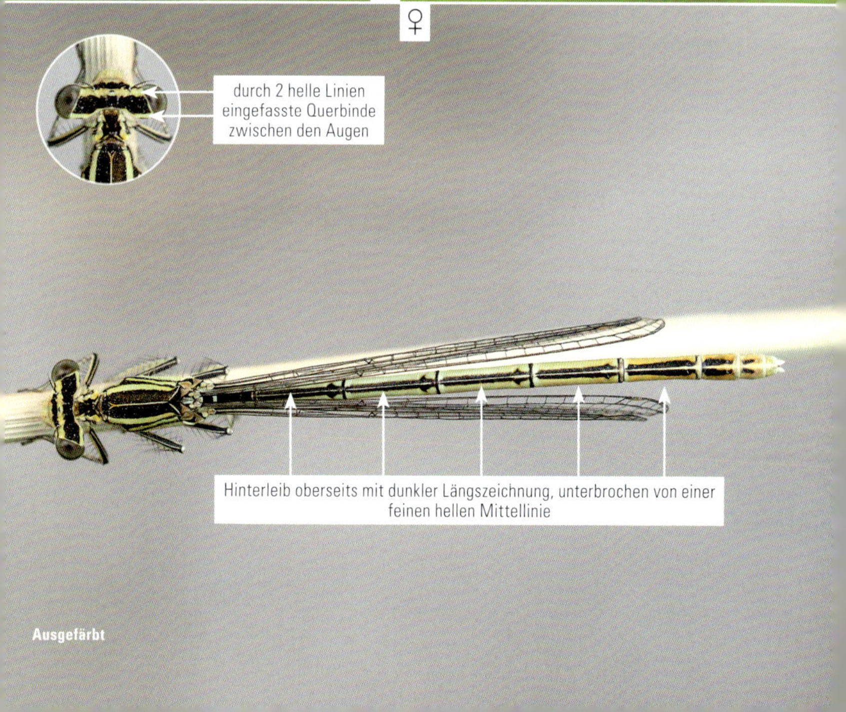
durch 2 helle Linien
eingefasste Querbinde
zwischen den Augen
Hinterleib oberseits mit dunkler Längszeichnung, unterbrochen von einer
feinen hellen Mittellinie
Ausgefärbt

♀

Schlanklibellen

Coenagrionidae Kirby, 1890

Die Familie der Schlanklibellen ist derzeit mit mehr als 110 Gattungen und über 1250 Arten weltweit verbreitet. In Deutschland sind bisher 18 Arten aus den folgenden sieben Gattungen nachgewiesen:

- Rubinjungfern (*Ceriagrion* Selys, 1876)
- Azurjungfern (*Coenagrion* Kirby, 1890)
- Becherjungfern (*Enallagma* Charpentier, 1840)
- Granataugen (*Erythromma* Charpentier, 1840)
- Pechlibellen (*Ischnura* Charpentier, 1840)
- Zwerglibellen (*Nehalennia* Selys, 1850)
- Adonislibellen (*Pyrrhosoma* Charpentier, 1840)

Die Schlanklibellen sind kleine bis mittelgroße Kleinlibellen. Der Kopf ist etwa doppelt so breit im Vergleich zu seiner Länge. Die Tiere sind durch farblose Flügel mit jeweils einem rautenförmigen Flügelmal, das vor 1–1½ Zellen steht, gekennzeichnet. Die überwiegende Anzahl der Flügelzellen ist viereckig. Bei den Männchen dominieren die blauen und roten Farben, die Weibchen sind oft weniger auffällig in ihrer Farbgebung. Darüber hinaus sind bei den Weibchen oft mehrere (zwei bis vier) verschiedene, z. T. altersunabhängige Farbformen innerhalb jeweils einer Art ausgebildet.

Große Pechlibelle (Ischnura elegans)

Zarte Rubinjungfer

Ceriagrion tenellum (de Villers, 1789)

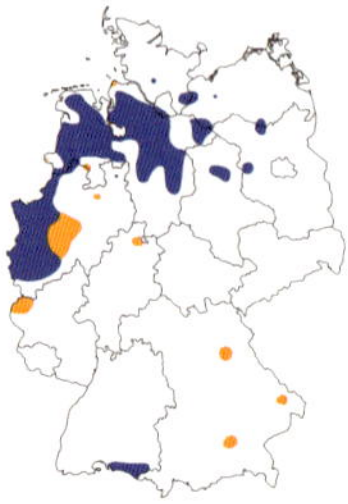

Merkmale: GL 25–35 mm, Ab 22–30 mm, HF 15–21 mm
♂♀: Grundfärbung rot, bei den ♀♀ unterschiedliche Farbformen mit variierendem dunklem Anteil; junge Tieren metallisch grün, dann über bronzefarben bis dunkelbraunschwarz metallisch; Beine rötlich bis hell rotbraun; Flügelmal klein, rötlich bis hell rotbraun; keine Hinteraugenflecken; Brustseite höchstens mit reduziertem oder sehr dünnem Antehumeralstreifen
♂: Augen zunächst bräunlich, später dann wie der Hinterleib komplett rot; Seitenzeichnungen und Oberseite Brust metallisch; bei sehr alten Tieren leicht blaue Bereifung der unteren Brust möglich
♀: vier verschiedene Farbformen bekannt:
(1) f. *typica*: S1–S3, S9–S10 größtenteils rot, S4–S8 schwarz; S4–S10 seitlich hell
(2) f. *erythrogastra*: S1–S10 komplett rot (männchenfarbig)
(3) f. *melanogastra*: Brustoberseite und S1–S10 schwarz, seitlich hell cremefarben; nicht rot, nur Haut zwischen den Segmenten S7 und S10 erscheint oft rötlich
(4) f. *intermedia*: zwischen (1) und (2), mit variierendem Rotanteil.

Verwechslungsarten: Vor allem die Frühe Adonislibelle (*Pyrrhosoma nymphula*), *C. tenellum f. melanogastra kann* mit den Binsenjungfern (Gattung *Lestes*) verwechselt werden
Pyrrhosoma nymphula: Beine schwarz, auf der Brustseite breite, gelbe bis rote Antehumeralstreifen, Hinterleib der ♂♂ mit schwarzer Zeichnung, nie komplett rot.
Gattung *Lestes*: das Flügelmal steht bei dieser Gattung über mindestens 2 Zellen.

Verhalten: Die wenig flugaktiven Tiere halten sich überwiegend in der Nähe der Entwicklungsgewässer in besonnter, strukturreicher Vegetation auf.

Verbreitung und Lebensraum: Schwerpunkt im westlichen Norddeutschen Tiefland, vor allem in Niedersachsen und im westlichen Nordrhein-Westfalen; in Baden-Württemberg im Bereich des Bodensees; zunehmend Nachweise in östlicher Richtung (Mecklenburg, Sachsen-Anhalt, Brandenburg). Im Westen in sonnigen, sauren, oligo- bis mesotrophen Stillgewässern, weiter östlich in durchströmten Quell-Heidemooren und vermoorten Bachoberläufen, in Süddeutschland an Verlandungsstadien von mesotrophen, sommerwarmen Seen mit Quellanschluss und Quell-Kalkflachmooren.

Schlupf und Phänologie: Schlupfbeginn frühestens ab Ende Mai, kann bis in den August andauern, Flugzeit bis Ende September, vereinzelt bis in den Oktober.

Literatur: Andrés & Cordero 1999; Brauner 2009; Breithaupt 2013; Clausnitzer et al. 2007a, 2007b; Clausnitzer 2015; Krüner 2003; Mauersberger 2007; Purse & Thompson 2003; Salcher 2007; Sy 2008; Weber & Trockur 2016

Frisch geschlüpft

♂

Ausgefärbt

Antehumeralstreifen dünn
Flügelmal bräunlich
Beine rötlich-braun
f. *typica*
♀

♀
f. *melanogastra*

f. *erythrogastra*

♀

♀

f. *intermedia*

Hauben-Azurjungfer

Coenagrion armatum (Charpentier, 1840)

Merkmale: GL 31–34 mm, Ab 20–27 mm, HF 16–21 mm
♂♀: dunkel gefärbte Art mit geringem Blau- bzw. Grünanteil; Flügelmal bräunlich; mittlere Hinterleibssegmente (S4–S7) oben vollständig schwarz, Hinterleibsbasis (S1–S3) und Hinterleibsende (S8, S9) mit olivgrünen bis graublauen Anteilen
♂: Augen grün; Brust eher grünlich als blau (wirkt oft türkisfarben), die Brustoberseite schwarz; keine oder nur sehr kurze Antehumeralstreifen; S2 mit schwarzer variabler „hauben“-förmiger Zeichnung, oberhalb links und rechts jeweils ein senkrechter Strich, der mit der „Haube“ verbunden sein kann; untere Hinterleibsanhänge groß und löffelförmig
♀: in verschiedenen Farbformen von grün-braun bis grau-blau; mit durchgehendem Antehumeralstreifen; S1 ohne, S2 mit einer schwarzen, variablen Zeichnung, an eine Zwiebel erinnernd oder auch rautenförmig, S8 ebenfalls mit schwarzer Zeichnung; Halsschildhinterrand seitlich stark abgerundet, in der Mitte mit schmalem, rechteckigem Lobus.

Verwechslungsarten: andere Azurjungfern (Gattung *Coenagrion*) und die Große Pechlibelle (*Ischnura elegans*)
I. elegans: S8 komplett hell, S2 und S9, von oben betrachtet, komplett schwarz. Beim ♂ Flügelmal der Vorderflügel auffällig zweifarbig, untere Hinterleibsanhänge unauffällig
♀ Gattung *Coenagrion*: Verwechslungsgefahr mit anderen dunkel gefärbten ♀♀, z. B. der Mond-Azurjungfer (*C. lunulatum*) oder die dunkle Form der Fledermaus-Azurjungfer (*C. pulchellum*), hier ist die Form des Halsschildhinterrandes heranzuziehen.

Verhalten: ♂♂ bleiben während der Reifungsphase meist am Schlupfgewässer, ♀♀ in ufernahen Bereichen der Binsen- und Riedvegetation, die Tiere halten sich niedrig in der Vegetation verborgen auf. Bei Störungen lassen sie sich fallen („Totstell-Reflex“).

Verbreitung und Lebensraum: derzeit nur Vorkommen im Norden Schleswig-Holsteins, aus den Kreisen Nordfriesland und Schleswig-Flensburg bekannt. Besiedelt werden aktuell flache Niedermoore, Torfstiche, Weiher und Kleingewässer in abgetorften Hoch- und Übergangsmooren sowie in Dünen- und Heidegebieten mit überwiegend mesotrophem Charakter.

Schlupf und Phänologie: Schlupf beginnt in Schleswig-Holstein Mitte bis Ende April, Flugzeit endet bereits Anfang bis Mitte Juni.

	Feb.	März	Apr.	Mai	Juni	Juli	Aug.	Sept.	Okt.	Nov.
Schlupf										
Imagines										

Literatur: Bouwmann & Ketelaar 2008; Masius 2019; Popova & Haritonov 2014; Winkler 2015a, 2015b; Winkler et al. 2009

reduzierte, kurze punktartige Antehumeralstreifen
untere Anhänge lang und löffelförmig
♂

♂
Antehumeralstreifen können auch komplett fehlen
S2: „hauben"-förmige Zeichnung, oberhalb links und rechts senkrechter Strich

♀

♀
Unausgefärbt

♀
Halsschild-Hinterrand: seitlich stark abgerundet, in der Mitte mit schmalem, rechteckigem Lobus
S8 mit schwarzer Zeichnung
Unausgefärbt

Ausgefärbt

♀

♀

Ausgefärbt

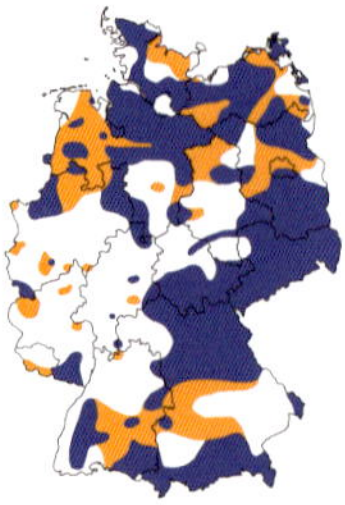

Speer-Azurjungfer

Coenagrion hastulatum (Charpentier, 1825)

Merkmale: GL 31–33 mm, Ab 22–26 mm, HF 16–22 mm
♂: überwiegend hellblau mit grünlicher Tönung an der Körper- und Augenunterseite; Hinterleib mit schwarzer Zeichnung, S2 sehr variabel, erinnert an einen stumpfen Speer oder spitzen Pilz, Basalstiel kann fehlen, ebenso die nach oben versetzten Seitenstriche, die selten mit dem „Speer“ verbunden sind, schwarze Zeichnung auf S3 lang ausgezogen speer- oder lanzettartig, nimmt auf S3–S5 höchstens 50 % der Segmentlänge ein; zwischen den Hinteraugenflecken ein blauer Querstrich; obere Hinterleibsanhänge kürzer als die unteren
♀: grün gefärbt, mit durchgehenden, kräftigen, schwarzen Zeichnungen auf S2–S10, zur Basis hin (S2–S4) etwas schmaler werdend, grün dadurch seitlich deutlicher sichtbar; selten auch in einer blauen (männchenfarbigen) Form; Augen grün, scheinen von der Unterseite grüngelb; Hinterrand des Halsschilds schwach gewinkelt (Form eines weit geöffneten „V“).

Verwechslungsarten: andere Azurjungfern (Coenagrionidae), vor allem die Mond- (*C. lunulatum*) und die Hufeisen-Azurjungfer (*C. puella*), auch die ♀♀ der Gemeinen Becherjungfer (*E. cyathigerum*)
♂ *C. lunulatum*: kein blauer Querstrich zwischen den Hinteraugenflecken, schwarze Zeichnung des S3–S5 deutlich länger als die halbe Segmentlänge
♀ *C. lunulatum*: Basis S8 auffällig blau mit glockenförmiger schwarzer Zeichnung
♀ *C. puella*: die schwarze Zeichnung an der Basis des Hinterleibs (S2–S3) verschmälert sich nicht
E. cyathigerum: es fehlt der typische Interpleuralstreifen an der Brustseite, Antehumeralstreifen mindestens so breit wie Humeralstreifen.

Verhalten: während der Reifung in der Nähe der Entwicklungsgewässer, in niedriger Vegetation. Flug wirkt langsam und nicht kräftig.

Verbreitung und Lebensraum: Verbreitungsschwerpunkt im norddeutschen Tiefland, dem östlichen Mittelgebirge, dem südwestdeutschen Stufenland und im Alpenvorland, im süddeutschen Raum meist in höheren Lagen (900–1900 m ü. NN). Entwickelt sich in stehenden mesotrophen bis leicht eutrophen Gewässern, bevorzugt in Süddeutschland Moore oder anmoorige Gewässer.

Schlupf und Phänologie: Schlupf beginnt ab Anfang Mai, Hauptflugzeit liegt in der zweiten Maihälfte und im Juni, Einzeltiere können dann bis Anfang August beobachtet werden, in Extremfällen bis Anfang September.

	Feb.	März	Apr.	Mai	Juni	Juli	Aug.	Sept.	Okt.	Nov.
Schlupf										
Imagines										

Literatur: Benken & Olthoff 2015; Döler & Ehret 2014; Dolmen & Pedersen 2018; Johansson & Norling 1994; Kaunisto et al. 2015; Kunz 2007; Norling 1984; Rolff et al. 1997; Westermann & Westermann 2014

S2: stumpfer oder spitzer Speer mit Seitenflecken
S3: Zeichnung spitz auslaufend, ca. 50 % der Segmentlänge
Querstrich zwischen Hinteraugenflecken
Halsschildhinterrand: schwach gewinkelt

♂

♀

Halsschildhinterrand: schwach gewinkelt

Sibirische Azurjungfer (Bileks Azurjungfer)

Coenagrion hylas (Trybom, 1889)

Merkmale: GL 33–38 mm, Ab 25–32 mm, HF 19–28 mm.
♂♀: Größte *Coenagrion*-Art in Europa; wirkt sehr kräftig; sowohl die Seiten als auch Unterseite des Hinterleibs schwarz; Hinteraugenflecken rundlich; Antehumeralstreifen nach hinten durchgehend konisch, verjüngend; als einzige Azurjungfer mit schwarz gezeichneter Hinterbeinbasis
♂: „U“- oder „W“-förmige schwarze Zeichnung auf S2
♀: ausgefärbt typisch dreifarbig mit grüner (unausgefärbt zunächst hellblauer) Brust und blauen Hinteraugenflecken; Grundfarbe des Hinterleibs blau, oben auf S2 ein gestieltes schwarzes Dreieck, S4–S7 mit ausgedehntem schwarzem, turmförmigem Muster.

Verwechslungsarten: andere Arten der Gattung *Coenagrion*, jedoch ist *Coenagrion hylas* auf Grund der Schwarzzeichnung der Hinterleibseite und der Hinterbeinbasis sowie der Form des Antehumeralstreifens unverwechselbar.

Verhalten: zeigt eine recht spezifische Tagesaktivität, bevorzugt am Fortpflanzungsgewässer die Mittagsstunden. Südexponierte Auenbereiche, die sich in einiger Entfernung vom eigentlichen Entwicklungsgewässer befinden können, werden zur Reifung, Jagd und Übernachtung aufgesucht.

Verbreitung und Lebensraum: der einzige Fundort in Deutschland lag in den bayrischen Kalkalpen (am Zwingsee bei Inzell), wo die Art seit 50 Jahren verschollen ist und das Vorkommen somit als erloschen gilt. Derzeit in Mitteleuropa nur wenige Vorkommen im österreichischen Lech- und Oberinntal in Nordtirol in 800 – 1500 m ü. NN. Besiedelt werden hier kalkreiche, oligotrophe Bergseen mit oberirdischem Quellzufluss.

Schlupf und Phänologie: Schlupf beginnt Mitte bis Ende Mai und geht bis in den Juni, eventuell noch Anfang Juli; Flugzeit reicht von Mai bis August, mit einem Höhepunkt von Juni bis Juli.

	Feb.	März	Apr.	Mai	Juni	Juli	Aug.	Sept.	Okt.	Nov.
Schlupf										
Imagines										

Literatur: Bilek 1954, 1955; Heidemann 1974; Lohmann 1992; Müller 2001; Müller 2015; Schmidt 1991

Hinterleibseite
schwarz
Antehumeralstreifen
konisch
Hinteraugenflecken
rundlich
Hinterbeinbasis
schwarz gezeichnet
♂

♀
Brust jung: hell, bläulich
Antehumeralstreifen konisch
Hinterbeinbasis
schwarz gezeichnet
Brust
ausgefärbt:
grünlich

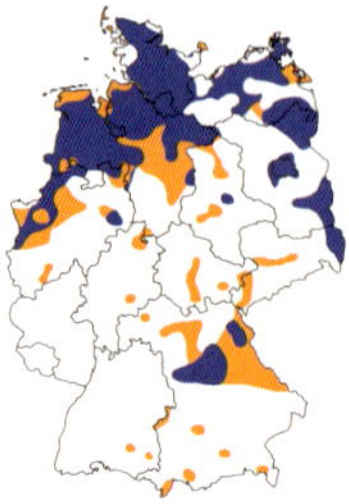

Mond-Azurjungfer

Coenagrion lunulatum (Charpentier, 1840)

Merkmale: GL 30–33 mm, Ab 22–26 mm, HF 16–26 mm
♂♀: Azurjungfer mit kräftigerem Körperbau, grün-blauer Färbung und relativ dunklem Hinterleib
♂: Augen grünlich; zwischen den Hinteraugenflecken kein Querstrich; Brust- und Hinterleibsunterseite leicht grün getönt; S2 mit dreigeteilter schwarzer Zeichnung aus liegendem Halbmond und seitlichen Längsstrichen (diese können reduziert sein oder fehlen), S3–S5 überwiegend (≥ 2/3), S6–S7 fast komplett schwarz gefärbt; obere Hinterleibsanhänge mindestens so lang wie die unteren
♀: mehre Farbformen 1) grün-braun (braune Hinteraugenflecken), 2) grün-braun-blau (blaue Hinteraugenflecken), 3) selten überwiegend blau (blaue Hinteraugenflecken); S8 oben blau mit schwarzer Zeichnung in Form einer Glocke oder Pickelhaube; Augen blaugrün bis grün; Hinterrand des Halsschilds mit zweizipfeligem Mittellobus und flachen, kaum hervorstehenden Seitenloben.

Verwechslungsarten: alle andere Arten der Gattung *Coenagrion*, vor allem die Speer-Azurjungfer (*C. hastulatum*), die im gleichen Lebensraum auftreten kann, beim ♀ auch die blaue Form der Gemeine Becherjungfer (*E. cyathigerum*)
♂ *C. hastulatum*: Zeichnung auf S2 ähnlich, aber mit blauem Querstrich zwischen den Hinteraugenflecken, schwarze Zeichnungen auf S3–S5 nehmen max. 50 % der Segmentlänge ein
♀ *C. hastulatum*: S8 ohne auffällige helle Basiszeichnung und „Pickelhauben"-Muster, Halsschildhinterrand gerundet mit kleiner Spitze
E. cyathigerum: es fehlt der typische Interpleuralstreifen an der Brustseite, Antehumeralstreifen mindestens so breit wie der Humeralstreifen.

Verhalten: ♂♂ halten sich überwiegend wasserseitig am Rand der Röhrichte auf, ♀♀ sind nur bei Paarung und Eiablage am Gewässer zu finden.

Verbreitung und Lebensraum: die aktuellen Vorkommen in Deutschland liegen fast alle in der Norddeutschen Tiefebene. Im Nordwesten an meso- bis oligotrophen Moor- und Heidegewässern, die hier kontinental geprägte Kleinklimate aufweisen; im Nordosten auch Vorkommen an Kleingewässern (vor allem an Feldsöllen) mit zum Teil eutrophem Charakter und einer nicht zu weit fortgeschrittenen Sukzession.

Schlupf und Phänologie: Emergenz je nach Frühjahrsverlauf Ende April bis Mitte Mai; kurze Flugzeit, in der Regel bis Mitte Juni, in süddeutschen Höhenlagen in Ausnahmen bis Anfang Juli.

	Feb.	März	Apr.	Mai	Juni	Juli	Aug.	Sept.	Okt.	Nov.
Schlupf										
Imagines										

Literatur: Borkenstein & Jödicke 2022; Borkenstein et al. 2021; Mikolajewski et al. 2016; Samu 1997, 1998; Schmidt 1985; Speight & Legrand 1984

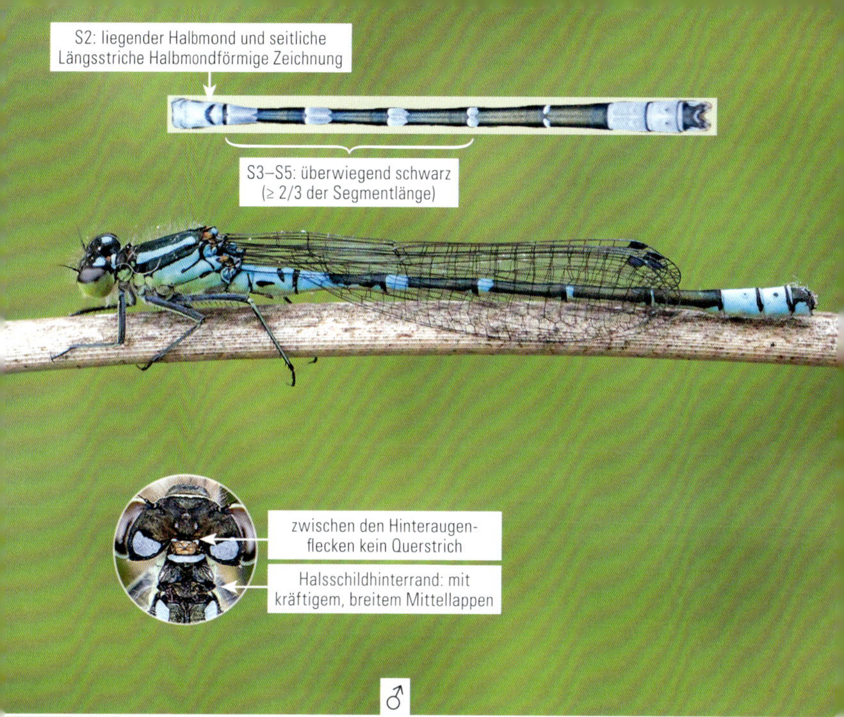
S2: liegender Halbmond und seitliche Längsstriche Halbmondförmige Zeichnung
S3–S5: überwiegend schwarz (≥ 2/3 der Segmentlänge)
zwischen den Hinteraugenflecken kein Querstrich
Halsschildhinterrand: mit kräftigem, breitem Mittellappen
♂

♀
S8: Zeichnung einer Glocke oder Pickelhaube
Halsschildhinterrand mit zweizipfeligem Mittellappen
Grün-braun-blaue Form

♂

♀

Grün-braune Form, alt

Grün-braune Form, Übergangsfärbung

♀

♀

Grün-braune Form, ausgefärbt

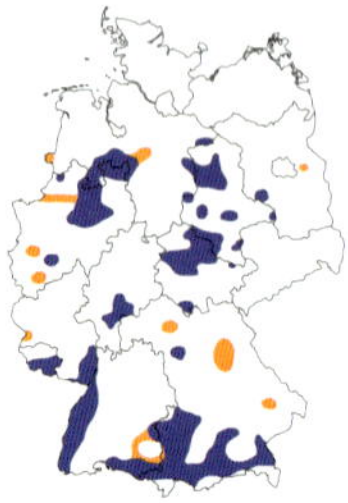

Helm-Azurjungfer

Coenagrion mercuriale (Charpentier, 1840)

Merkmale: GL 27–31 mm, Ab 19–27 mm, HF 12–21 mm
♂♀: relativ kleine Azurjungfer mit schwarzer Zeichnung auf blauem oder grünem Grund. Hinteraugenflecken glattrandig; Flügelmal rautenförmig, innen dunkel
♂: mit schwarzen Zeichnungen auf dem blauen Hinterleib; Zeichnung auf S2 variabel, ähnelt einem geflügeltem bzw. gehörntem Helm, S3–S6 selten mehr als zur Hälfte schwarz gefärbt, nicht seitlich zu langen dünnen Streifen ausgezogen, S7 mit blauer Basis, S9 mit ausgedehnter schwarzer Basalzeichnung
♀: zwei Farbformen, gelbgrün, seltener hellblau (männchenfarbig); Hinterleib von oben überwiegend schwarz; bei der gelbgrünen Form schwarze Zeichnungen auf S8–S10 blau eingefasst, was mit zunehmendem Alter nachdunkelt (dann kaum noch zu erkennen); blaue Form zunächst grau bis grau-violett und dann komplett blau; Brust- und Hinterleibsunterseite bei älteren Tieren grünlich; Hinterrand des Halsschilds gerade mit einer winzigen Ausbuchtung in der Mitte.

Verwechslungsarten: andere Arten der Gattung *Coenagrion*, vor allem Hufeisen- (*C. puella*), Gabel- (*C. scitulum*) und Vogel-Azurjungfer (*C. ornatum*)
♂ *C. puella*: seitlich an S3–S6 schwarze Verlängerungslinien der dunklen Zeichnung
♂ *C. scitulum*: S6 und S7 vollständig schwarz; Flügelmal hell, langgezogen
♂ *C. ornatum*: S3 und S4 mit stärker lanzettartiger Zeichnung (≥ 50 % der Segmentlänge); Hinteraugenflecken mit „ausgefranstem" Hinterrand
♀♀ Gattung *Coenagrion*: an der Form des Halsschildhinterrands zu unterscheiden.

Verhalten: ernährt sich von Mücken, Kleinschmetterlingen, Eintags-, Köcher- und Steinfliegen sowie von Pflanzenläusen, die sie im Flug von Pflanzen absammelt.

Verbreitung und Lebensraum: Verbreitungsschwerpunkt in den Niederungsgebieten Nordrhein-Westfalens, Hessens, Thüringens und Sachsen-Anhalts, in der Oberrheinebene, in der Vorderpfalz sowie im voralpinen Moor- und Hügelland Baden-Württembergs und Bayerns, fehlt im Norden Deutschlands. Besiedelt schmale, gut besonnte Fließgewässer wie kalkreiche, grundwasserbeeinflusste Wiesengräben und -bäche, durchströmte Bereiche von Kalkquellmooren oder Quellen und deren Abflüsse in Niederungsgebieten.

Schlupf und Phänologie: schlüpft von Mitte Mai bis Mitte Juni; die Flugzeit dauert bis Ende August, ausnahmsweise Einzelnachweise bis in den Oktober.

	Feb.	März	Apr.	Mai	Juni	Juli	Aug.	Sept.	Okt.	Nov.
Schlupf										
Imagines										

Literatur: ALLEN & THOMPSON 2014; BUCHWALD 1994; BURBACH et al. 2015; HASALL & THOMPSON 2012; HUNGER & RÖSKE 2001; KASTNER & BUCHWALD 2016; KOCH et al. 2009; SALCHER & SCHIEL 2015; SCHULZE & SY 2017; SERFLING et al. 2004; SY & SCHULZE 2005; WINKEL & KUPRIAN 2007; ZIMMERMANN & BUTTSTEDT 2003

Unausgefärbt
♂

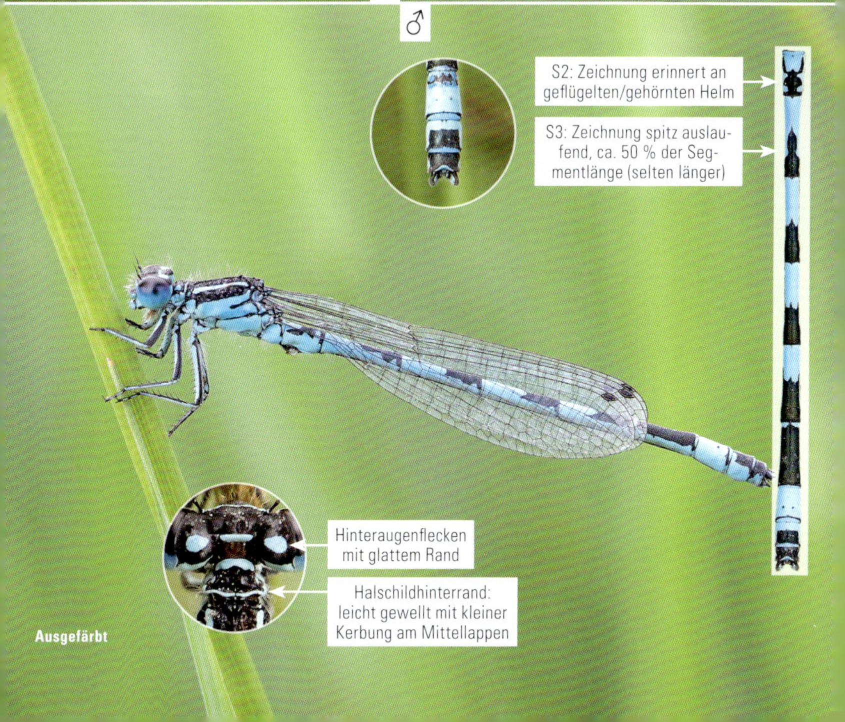
♂
S2: Zeichnung erinnert an geflügelten/gehörnten Helm
S3: Zeichnung spitz auslaufend, ca. 50 % der Segmentlänge (selten länger)
Hinteraugenflecken mit glattem Rand
Halschildhinterrand: leicht gewellt mit kleiner Kerbung am Mittellappen
Ausgefärbt

♀

Halsschildhinterrand:
gerade mit einer winzigen
Ausbuchtung in der Mitte

♀

♀

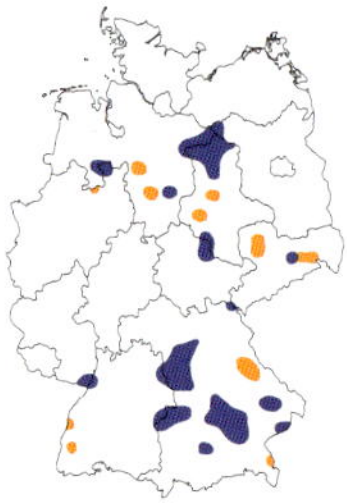

Vogel-Azurjungfer

Coenagrion ornatum (Selys, 1850)

Merkmale: GL 30–31 mm, Ab 20–27 mm, HF 17–24 mm
♂♀: blaue Grundfärbung mit schwarzer Zeichnung auf dem Hinterleib; Hinterrand der blauen Hinteraugenflecken gezähnt
♂: auf S2 schwarzes Muster in der Form eines gestielten W, S3–S7 mit lanzettförmiger Zeichnung, Spitze in der Mitte lang ausgezogen
♀: Hinterrand des Halsschilds mit schwach ausgeprägtem, leicht eingekerbtem Mittellobus; Basis der Hinterleibssegmente mit relativ hohem blauen Anteil, schwarzes Muster geht auf S4–S7 oben und seitlich in lange Striche über, wobei die zentrale Spitze länger ausgezogen ist als die seitlichen.

Verwechslungsarten: alle anderen Azurjungfern (Gattung *Coenagrion*), vor allem die im gleichen Lebensraum vorkommende Helm- (*C. mercuriale*) und die Fledermaus-Azurjungfer (*C. pulchellum*)
C. mercuriale: Hinterrand der Hinteraugenflecken glatt
C. pulchellum: Hinterrand der Hinteraugenflecken unregelmäßig, nicht deutlich gezähnt; schwarzes Muster auf dem Hinterleib (S3–S6) des ♂ mit seitlich ausgezogenen Spitzen; für das ♀ ist der Hinterrand des Halsschilds (Form: geschwungenes „M“) charakteristisch.

Verhalten: gilt als relativ standorttreu. Die Eiablage erfolgt zusammen mit dem Männchen in Blätter und Stängel verschiedener Wasserpflanzen.

Verbreitung und Lebensraum: vor allem in Bayern, im Grenzraum Niedersachsen/Sachsen-Anhalt/Brandenburg sowie inselartig in fünf weiteren Bundesländern, Fundorte liegen meist unter 150 m ü. NN. Bevorzugt flache, langsam fließende, saubere, sonnenexponierte, dauerhaft wasserführende, eisfreie Bäche und Gräben in Grünlandgebieten mit guter Sauerstoffsättigung und eine ausgeprägte, aber nicht zu dichte Gewässervegetation.

Schlupf und Phänologie: Schlupf kann bereits Anfang Mai beginnen und sich bis in den Juli erstrecken, Hauptflugzeit liegt zwischen Ende Mai und Mitte Juli, einzelne Tiere fliegen bis Mitte August.

Literatur: Beutler 2006; Burbach et al. 1996; Buttstedt & Zimmermann 1998; Clausen 2003; Harabiš et al. 2015; Kipping 2014; Kunz 2002; Messlinger & Faltin 2003; Schmidt et al. 2008; Schulze & Sy 2017; Serfling et al. 2004; Tichanek & Tropek 2016

Hinteraugenflecken am Hinterrand „gezähnt“
Halsschildhinterrand: leicht gewellt mit schwach ausgeprägtem Mittellappen
Frisch geschlüpft
♂

♂
S2: Zeichnung eines gestielten W
S3: Zeichnung kerzenförmig, sehr lang und spitz ausgezogen (> 70 % der Segmentlänge)
Ausgefärbt

Frisch geschlüpft

♀

♀

Unausgefärbtes Tier mit Noch-Rosafärbung der Brust

Blaue Form

♀

♀

Grün-blaue Form

Hufeisen-Azurjungfer

Coenagrion puella (Linnaeus, 1758)

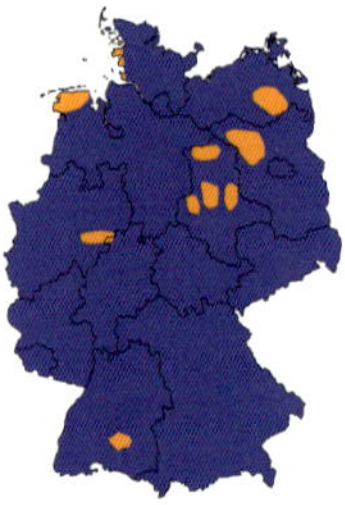

Merkmale: GL 30–31 mm, Ab 20–26,5 mm, HF 17–24 mm
♂: frisch geschlüpft zunächst rosa, dann grau und violett, im ausgefärbten Zustand mit blauer Grundfärbung und schwarzer Zeichnung auf dem Hinterleib; S2 mit schwarzem U- bzw. Hufeisen-förmigen Muster, schwarze „Ringe" auf S3 bis S6 seitlich zu zwei Spitzen ausgezogen, von oben Hinterleib relativ blau, das Ende von S6 und S7 vollständig dunkel, S8 und S9 wiederum überwiegend hellblau, S10 schwarz gefärbt; Antehumeralstreifen schmal, nicht unterbrochen
♀: Halsschildhinterrand geschwungen mit drei schwach ausgeprägten, breiten Loben, aus denen höchstens der Mittellappen leicht hervorsticht; zwei allgemeine Varianten mit unterschiedlichem Schwarzanteil auf dem Hinterleib, Typ I Hinterleib oberseits bis auf S2 komplett schwarz, diese in blauer und gelbgrüner Form, ebenso auch mehrere Zwischenformen mit grünen und blauen Farbanteilen bekannt; Typ II seltener, S3–S7 oberseits mit reduzierten Schwarzanteilen, sodass diese Segmente anteilig je nach Grundfärbung blau oder grün bzw. auch kombiniert erscheinen, im Alter oft mit bräunlichen Anteilen.

Verwechslungsarten: andere blau schwarz gefärbte Azurjungfern (Gattung *Coenagrion*), insbesondere die Fledermaus-Azurjungfer *C. pulchellum*
♂ *C. pulchellum*: wirkt insgesamt dunkler; S2 mit Y- bzw. „Fledermaus"-Zeichnung, diese durch Stiel mit der Segmentgrenze verbunden; Antehumeralstreifen meist unterbrochen (blaues Ausrufezeichen)
♀ *C. pulchellum*: Halsschildhinterrand mit drei ausgeprägten Loben.

Verhalten: ♂♂ fliegen kurze Strecken am Ufer auf der Suche nach ♀♀. Bei der Eiablage in Pflanzenteile, die direkt an oder unter der Wasseroberfläche schwimmen, bleibt das ♂ angekoppelt. Es bilden sich dabei größere Gruppen.

Verbreitung und Lebensraum: in fast ganz Deutschland regelmäßig und oft in hoher Individuenzahl. Besiedelt alle stehenden Gewässer vom Kleingewässer bis zum großen See, sowohl in naturnahen als auch intensiv genutzten Gewässern mit dauerhafter Wasserführung, submerser, aquatischer Vegetation und offenen besonnten Uferbereichen, auch in Fließgewässern mit geringer Fließgeschwindigkeit oder strömungsarmen Buchten bzw. Uferabschnitten.

Schlupf und Phänologie: schlüpft von Ende April bis Anfang September, mit Höhepunkt im Mai und Juni, Hauptflugzeit zwischen Mitte Mai und Anfang August, einzelne Individuen fliegen noch im Oktober.

Literatur: Banks & Thompson 1985; Joop et al. 2007; Kastner & Baumann 2021; Laister et al. 1996; Martens 1994; Mikolajewski et al. 2016; Parr 2017; Westermann 2003c; Wildermuth 2007, 2012, 2019

S3–S7: schwarze Zeichnungen seitlich
jeweils zu Spitzen ausgezogen
Unausgefärbt
♂

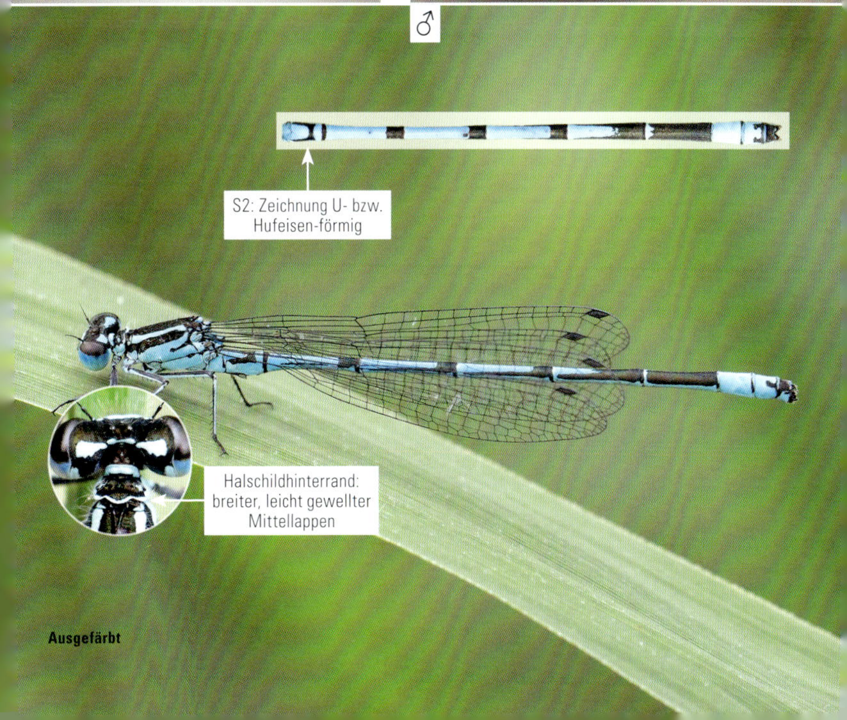
♂
S2: Zeichnung U- bzw.
Hufeisen-förmig
Halschildhinterrand:
breiter, leicht gewellter
Mittellappen
Ausgefärbt

Typ I frisch geschlüpft

Typ I mit blauer Färbung

Typ II

♀

♀

Typ I mit grüner Grundfärbung

Fledermaus-Azurjungfer

Coenagrion pulchellum (Vander Linden, 1825)

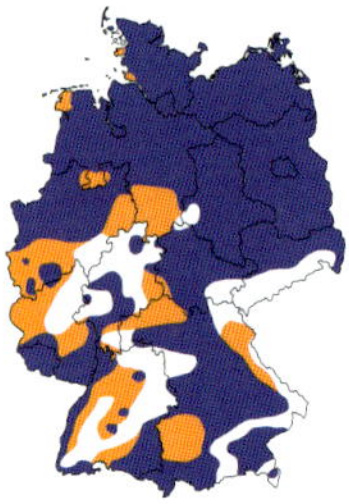

Merkmale: GL 34–38 mm, Ab 23–32 mm, HF 16–23 mm
♂: Hinterleib lang schmal, mit ausgedehnter Schwarzfärbung und weniger leuchtendem Blau, insgesamt dunkel wirkend; Hinterleib von oben überwiegend schwarz, S2 mit schwarzem Y- bzw. Fledermaus-förmigen Muster, S3 bis S6 mit ausgedehnten schwarzen Flecken, seitlich weit nach vorn gezogen und mittig mit kleiner Spitze, S8 überwiegend und S9 teilweise hellblau, S10 oben schwarz gefärbt; Antehumeralstreifen unterbrochen (blaues Ausrufezeichen) oder eingeschnürt
♀: stark gebuchteter Halsschildhinterrand bildet drei deutliche Loben aus (Form: geschwungenes „M"), Mittellobus immer eckig, Außenloben abgerundet; zwei Haupttypen mit variablen Schwarzanteilen auf dem Hinterleib; Typ I: Färbung blau oder grün, durchgängig schwarze Hinterleibsoberseite von S3-S7, nur Segment-Vorderränder hell; Typ II: Färbung blau oder grün-blau, Schwarzanteile im vorderen Teil von S3-S7 reduziert und variabel mit sich nach vorn ziehenden, schmalen Seitenstreifen; S8 bei beiden Typen blau, grün oder beigebraun mit schwarzen Elementen; es gibt verschiedene Zwischenformen.

Verwechslungsarten: andere blau schwarz gefärbte Schlanklibellen (Coenagrionidae), insbesondere *C. puella* sowie ♀♀ von *C. armatum* und *I. elegans*
<u>♂ *C. puella*:</u> insgesamt heller (weniger Schwarzfärbung); Muster auf S2 erinnert an ein U oder Hufeisen, ist nicht mit der Segmentgrenze verbunden; Antehumeralstreifen schmal, durchgehend
<u>♀ *C. puella*:</u> Halsschildhinterrand mit drei nur sehr schwach ausgeprägten Loben
<u>♀ *C. armatum*:</u> S2 mit zwiebelartiger/rautenförmiger Zeichnung; Hinterrand des Halsschilds in der Mitte mit schmalem, rechteckigem Lobus
<u>♀ *I. elegans*:</u> S8 komplett blau ohne schwarze Zeichnungsfragmente; Hinteraugenflecken klein und punktartig; helles, bräunliches Flügelmal.

Verhalten: ♂♂ sitzen auf Schwimmblättern, an Röhrichtpflanzen oder in der Umgebung der Gewässer. Die Eiablage erfolgt oft in Gruppen von mehreren Paaren.

Verbreitung und Lebensraum: Schwerpunktmäßig in der norddeutschen Tiefebene verbreitet. In Süddeutschland in den Tälern der größeren Flüsse sowie im nördlichen Alpenvorland. Vor allem in größeren Stillgewässern wie Seen, Altwässern und größeren Weihern, aber auch in naturnahen Teichen. Bevorzugt nährstoffreiche Gewässer mit Tauch- und Schwimmblattpflanzen, Röhrichten und Ufergehölz.

Schlupf und Phänologie: Emergenzperiode von Ende April bis Anfang September; Hauptflugzeit Mai bis Juli, maximal bis Anfang Oktober.

	Feb.	März	Apr.	Mai	Juni	Juli	Aug.	Sept.	Okt.	Nov.
Schlupf										
Imagines										

Literatur: Bruens & Röbbelen 2015; Jäckel et al. 2014; Martens 1989; Mikolajewski et al. 2016; Parr 2017; Rademacher 1998

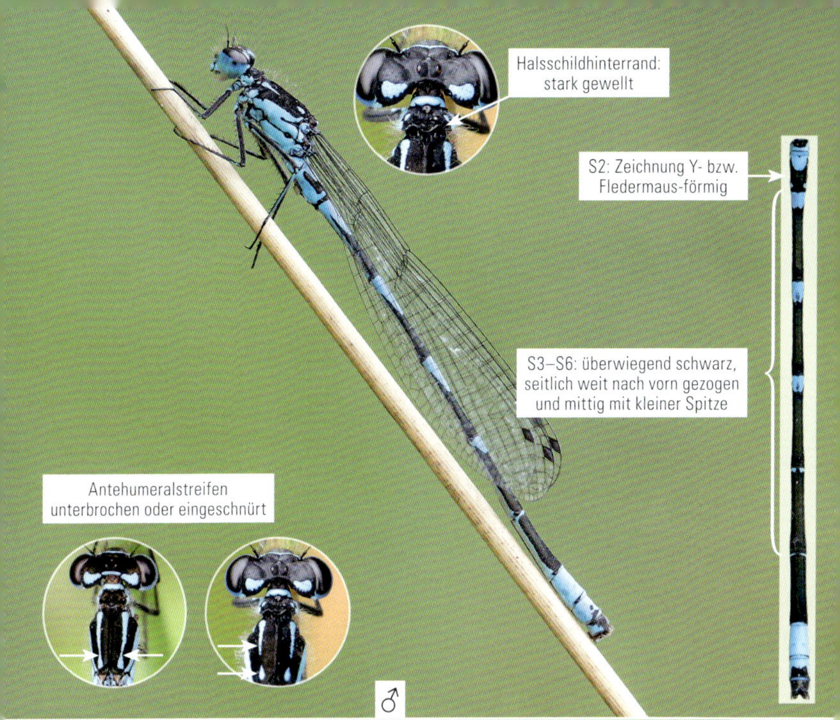

Typ II – unausgefärbt

♀

♀

Typ I – ausgefärbt
♀

♀
Typ I – ausgefärbt

Gabel-Azurjungfer

Coenagrion scitulum (Rambur, 1842)

Merkmale: GL 30–33 mm, Ab 20–27 mm, HF 14–20 mm
♂♀: Flügelmal hell gelb-braun
♂: im ausgefärbten Zustand blaue Grundfärbung mit schwarzer Zeichnung auf dem Hinterleib; S2 mit variabler schwarzer, an Stimmgabel oder Kelch erinnernder Zeichnung, S3–S5 mindestens zur Hälfte blau gefärbt, S6 und S7 komplett schwarz (mit dünnen blauen Basalringen), S8–S9 nahezu komplett blau (Kombination von Zeichnung und Färbung auf S2, S5–S7, S8–S9 und Farbe des Flügelmals charakteristisch); Antehumeralstreifen breit und durchgehend blau
♀: zunächst gelb-grünlich mit wenig Blauanteilen, die dann bis zur kompletten Blaufärbung zunehmen; vorderer Brustbereich und Augenunterseite lange gelblich; Halsschildhinterrand leicht geschwungen mit ausgezogenem Mittellobus.

Verwechslungsarten: alle andere blau-schwarz gefärbten *Coenagrion*-Arten, vor allem die insgesamt dunkel wirkenden ♂♂ von *C. mercuriale*, *C. ornatum* und *C. pulchellum*; außerdem das ♀ von *E. cyathigerum*.
♂♂ Gattung *Coenagrion*: *C. mercuriale* und *C. ornatum* haben kein komplett schwarz gefärbtes S6; bei *C. pulchellum* ist die Zeichnungen auf S3–S5 seitlich ausgezogen und wenn bei dieser Art S6 und S7 durchgehend dunkel sind, sind auch S3–S5 fast vollständig schwarz
♀♀ Gattung *Coenagrion*: sicher nur an der Form des Halsschildhinterrands zu bestimmen, jedoch sind die im Übergangsstadium deutlichen Gelbanteile von *C. scitulum* bei keiner anderen Art so ausgeprägt
♀ *E. cyathigerum*: es fehlt der typische Interpleuralstreifen an der Brustseite.

Verhalten: Tiere halten sich auch während der Reifeperiode in Gewässernähe auf; ♂♂ fliegen flach über der Wasseroberfläche und setzen sich zwischendurch in geringer Höhe an Wasserpflanzen ab.

Verbreitung und Lebensraum: vor allem im Südwesten Deutschlands mit Schwerpunkten im Saarland, Rheinland-Pfalz, Hessen und Nordrhein-Westfalen, weitere Populationen in Baden-Württemberg und Bayern, breitet sich aktuell weiter nach Norden aus und hat inzwischen Niedersachsen erreicht. Überwiegend an natürlichen oder auch Kleingewässern mit sonnenexponierten Flachwasserbereichen und dichter Tauchblattvegetation.

Schlupf und Phänologie: schlüpft in der Regel von Mitte Mai bis Ende Juni. Die Hauptflugzeit liegt zwischen Ende Mai und Anfang Juli.

	Feb.	März	Apr.	Mai	Juni	Juli	Aug.	Sept.	Okt.	Nov.
Schlupf										
Imagines										

Literatur: Ler 2011; Bühler & Hunger 2012; Busch 2012; Folz 2010; Glitz 2008; Grebe et al. 2006; Günther et al. 2021b; Hunger 2011; Lingenfelder 2008, 2011; Schiel & Hunger 2013, 2015; Stübing 2016; Weihrauch et al. 2011

S2: an Stimmgabel oder Kelch erinnernd
S5 hälftig, S6–S7 komplett schwarz
♂

♀
Halsschildhinterrand: leicht geschwungen mit ausgezogenem Mittellobus
Flügelmal hell gelb-braun
Übergangsfärbung

Übergangsfärbung

♀

♀

Unausgefärbt

♀

Ausgefärbt

Gemeine Becherjungfer

Enallagma cyathigerum (Charpentier, 1840)

Merkmale: GL 29–36 mm, Ab 22–28 mm, HF 15–21 mm
♂♀: Antehumeralstreifen mindestens so breit wie der Humeralstreifen, Interpleuralstreifen auf den Brustseiten fehlen oder nur angedeutet; Hinteraugenflecken groß
♂: blau-schwarz, wirkt aufgrund der geringen Ausdehnung der Schwarzfärbung insgesamt hell; S2 mit schwarzem, an einen Punkt, Pilz oder Kelch erinnerndem Muster, S3 bis S5 nur basal schwarz gefärbt, S8 und S9 komplett blau
♀: zwei Farbformen, grünlich-beige und blau; Hinterleib mit ausgedehnter schwarzer torpedoförmige Zeichnung auf S4 bis S7 und einem kleinen Vulvardorn auf der Unterseite von S8.

Verwechslungsarten: vor allem Azurjungfern (Gattung *Coenagrion*) und das ebenfalls insgesamt sehr hell wirkende Saphirauge (*Erythromma lindenii*), außerdem Pechlibelle (Gattung *Ischnura*) und Weibchen der Winterlibellen (Gattung *Sympecma*), ebenfalls mit torpedoartiger Zeichnung
Gattung *Coenagrion*: mit Interpleuralstreifen auf der Brustseite
E. lindenii: mit Interpleuralstreifen auf der Brustseite; langes helles Flügelmal
Gattung *Ischnura*: ist anhand der Schwarzfärbung auf S2–S7 und den komplett anders gefärbten S8–S9 auszuschließen
♀♀ Gattung *Sympecma*: haben ein langes braunes Flügelmal, komplett abweichend gefärbte Brustseiten und auffällige Hinterleibsanhänge.

Verhalten: ♂♂ fliegen bevorzugt über offenen Wasserflächen und rasten auf flutenden Pflanzen oder an Binsen oder Seggen. Die Paarung erfolgt in der Regel direkt in der Ufervegetation. Eiablage im Tandem in untergetauchte Pflanzen oder flutende Torfmoose, teilweise auch untergetaucht, dann ohne Begleitung des Partners.

Verbreitung und Lebensraum: fast überall in Deutschland regelmäßig und zahlreich; erreicht dabei alle Höhenstufen. Besiedelt größere Stillgewässer mit ausgedehnter offener Wasserfläche, teilweise mit Tauchblattpflanzen, z. B. natürliche und künstliche Seen, Weiher und Teiche mit geringem Bewuchs, Rückhaltebecken, Kanäle und breite Gräben. In hoher Individuenzahl auch in wenig verwachsenen Moorgewässern, seltener an strömungsberuhigten Buchten von Flüssen und neu angelegten Kleingewässern in extensiv genutzter Umgebung.

Schlupf und Phänologie: Emergenzperiode beginnt Ende April, die letzten Tiere verwandeln sich Anfang September, mit Höhepunkt von Mai bis Juli; Hauptflugzeit von Ende Mai bis Ende August, einzelne Tiere bis Ende September.

Literatur: Burbach 2000; Fischer 2009; Johansson 2003; Laister et al. 1996; Wildermuth2012

Unausgefärbt

♂

♂

Ausgefärbt

Unausgefärbt

♀

♀

Übergangsfärbung

Blaue Form ausgefärbt

♀

♀

Grün-beige Form ausgefärbt

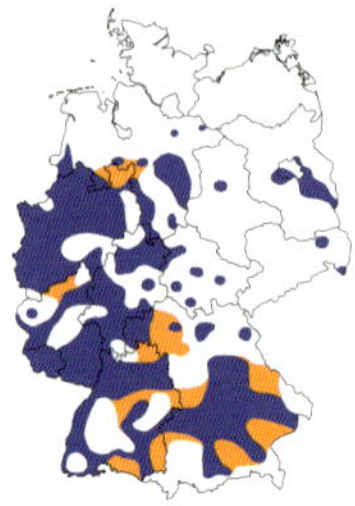

Saphirauge (Pokaljungfer)

Erythromma lindenii (Selys, 1840)

Merkmale: GL 30–36 mm, Ab 24–29 mm, HF 19–21 mm
♂♀: mit hellem Flügelmal; blauer Querverbindung zwischen den Augen und strichförmigen Hinteraugenflecken (die manchmal auch ganz fehlen können); heller Antehumeralstreifen breiter als dunkler Humeralstreifen;
♂: ausgefärbt blau mit schwarzer, auf S2 pokalförmiger und auf S3–S6 lanzettförmiger Zeichnung, blaues Schlusslicht auf S9–S10; leuchtend blaue Augen ohne schwarze „Kappe"; oberen Anhänge sehr lang und nach innen gebogen
♀: typischerweise dreifarbig, Kopf, Brust und Hinterleibsbasis gelblich-braun bis grünlich, S4–S6 mit blauer Färbung und Hinterleibsende grün-hellbraun inklusive heller Anhänge; Grünanteile werden im Alter zunehmend bräunlich, auch an S4–S6 zu finden; Oberseite des Hinterleibs mit schwarzer Zeichnung; Brust hinter dem Halsschild seitlich jeweils mit einem runden Höcker.

Verwechslungsarten: vor allem Azurjungfern (Gattung *Coenagrion*) und die Gemeine Becherjungfer (*Enallagma cyathigerum*); diese Arten haben jedoch runde Hinteraugenflecken
♂♂ Gattung *Coenagrion*: S8 immer blau und, mit Ausnahme der Helm- und der Vogel-Azurjungfer, ohne deutliche lanzettförmige Zeichnung auf S3–S6
♀♀ Gattung *Coenagrion*: hinter dem Halsschild seitlich kein runder Höcker
E. cyathigerum: ohne Interpleuralstreifen auf der Brustseite; S8 des ♂ komplett blau; ♀ mit Vulvardorn.

Verhalten: oft entfernt vom Ufer knapp über der Wasseroberfläche fliegend, bevorzugten „Sitzwarten" an pflanzlichen Strukturen einige Zentimeter über dem Wasser; wird daher, vor allem an großen Gewässern, leicht übersehen.

Verbreitung und Lebensraum: vor allem in wärmebegünstigten Niederungen des westlichen Süd- und Mitteldeutschlands, nördlich bis Niedersachsen, Sachsen-Anhalt und Thüringen sowie in Berlin, Mittel- und Ostbrandenburg verbreitet; die meisten Vorkommen unter 200 m ü. NN, Schlupfnachweise bis 845 m ü. NN. Besiedelt werden gut besonnte stehende und langsam fließende Gewässer wie Altarme, Kiesgruben und Abbaugewässer mit ausgedehnter Unterwasservegetation, deren Stängel oder Schwimmblätter die Wasseroberfläche erreichen.

Schlupf und Phänologie: Schlupf ab Anfang Mai, überwiegend ab Juni bis Mitte Juli; Hauptflugzeit von Juni bis Mitte August, Einzeltiere bis Ende September.

Literatur: Berthelmann 1989; Beutler 1985; Günther et al. 2021a; Hunger 1998a; Lohr 2015, 2021; Müller 2004; Schiel 2006; Westermann 2003b; Westermann 2003c; Seggewisse 2008; Xylander & Richter 2002

Unausgefärbt
♂

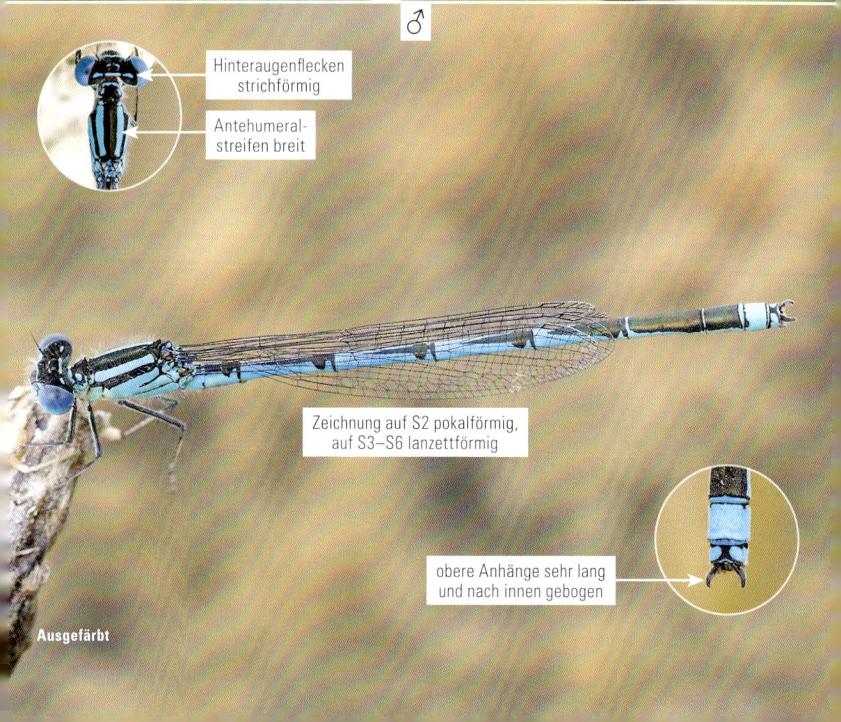
♂
Hinteraugenflecken strichförmig
Antehumeral-streifen breit
Zeichnung auf S2 pokalförmig, auf S3–S6 lanzettförmig
obere Anhänge sehr lang und nach innen gebogen
Ausgefärbt

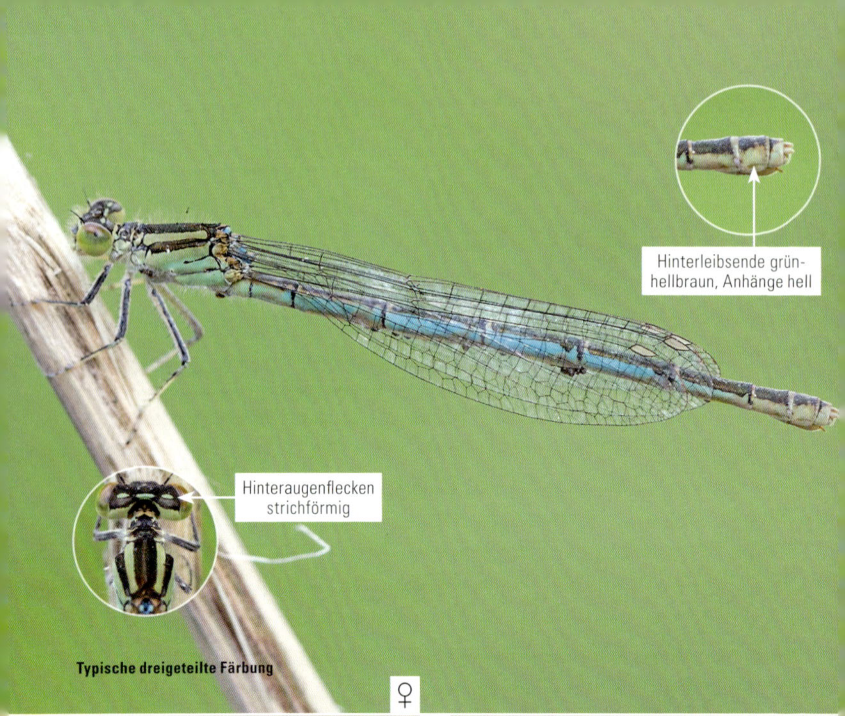

Typische dreigeteilte Färbung

Sehr altes Tier mit deutlichen Braunanteilen

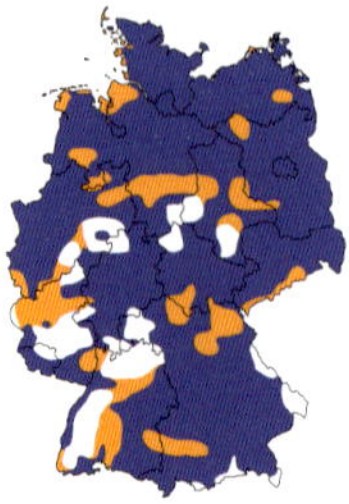

Großes Granatauge

Erythromma najas (Hansemann, 1823)

Merkmale: GL 30–36 mm, Ab 24–31 mm, HF 19–24 mm
♂: ausgefärbt mit auffallend roten Augen, schwarzem Kopf; blauer Brust mit schwarzer Oberseite in der Regel ohne Antehumeralstreifen (kann andeutungsweise vorhanden sein), aber mit schwarzen seitlichen Streifen; Hinterleib überwiegend grauschwarz mit hellblauem S1 und S9–S10; Oberseite von S10 ohne x-förmige Zeichnung; obere Hinterleibsanhänge breit und gerade nach hinten gerichtet
♀: Augen rötlich-braun; Brust und Hinterleibsunterseite gelblich-grün, Brustoberseite vollständig dunkel; im Gegensatz zum ♂ mit kurzen gelblichen Antehumeralstreifen (im Alter dunkel); Hinterrand des Halsschilds mit vorstehendem, dreieckigem Lobus.

Verwechslungsarten: vor allem das Kleine Granatauge (*E. viridulum*)
♂ *E. viridulum*: in der Regel mit vollständigem Antehumeralstreifen; das Blau auf S1 und S9–S10 erstreckt sich seitlich auch auf S2–S3 und S8, S10 oben mit x-förmiger schwarzer Zeichnung; obere Hinterleibsanhänge hakenförmig zulaufend, nach innen gebogen
♀ *E. viridulum*: Antehumeralstreifen vollständig; Halsschildhinterrand gerundet.

Verhalten: ♂♂ halten sich gerne auf Schwimmblatt- und flutender Submersvegetation auf.

Verbreitung und Lebensraum: in allen Bundesländern zu beobachten, wobei der Nordosten und der Süden Deutschlands deutliche Verbreitungsschwerpunkte bilden und sich dazwischen einige Lücken zeigen; in Lagen über 500 m ü. NN seltener, jedoch bis etwa 1000 m ü. NN nachgewiesen. Besiedelt Gewässer mit einer ausgeprägten Schwimmblattvegetation wie Seen, Teiche, Weiher und Altwässer, aber auch langsam fließende Bäche und Gräben.

Schlupf und Phänologie: schlüpft ab Ende April, in der Regel jedoch ab Anfang Mai bis in den Juli hinein; Flugzeit erstreckt sich bis Mitte oder Ende August, Einzeltiere in Ausnahmefällen bis Ende September oder Anfang Oktober.

Literatur: Cham 2004; Grunert 1995; Schiel 1998, 2006

S8 seitlich schwarz
S10 ohne „x"-Zeichnung
Ausgefärbt
♂

♀
unvollständiger Antehumeralstreifen
Ausgefärbt

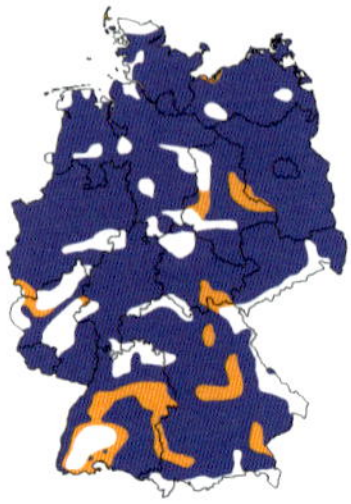

Kleines Granatauge

Erythromma viridulum (Charpentier, 1840)

Merkmale: GL 26–32 mm, Ab 22–28 mm, HF 16–20 mm
♂: ausgefärbt mit roten Augen, schwarzem Kopf, blauer Brust mit schwarzer Brustoberseite und vollständigen oder unterbrochenen hellen (im Alter nachgedunkelten) Antehumeralstreifen; Hinterleib oberseits von S2–S8 schwarz, die Seiten von S2–S3 und S8 jedoch bläulich und mit dem Blau von S1 bzw. S9–S10 verbunden, auf der Oberseite von S10 schwarze „x"-Zeichnung; obere Hinterleibsanhänge hakenförmig zulaufend mit nach innen gebogenen Spitzen
♀: Augen unten grünlich-gelb, oben rotbraun; Brust gelblich-blau mit schwarzer Oberseite, vollständigem Antehumeralstreifen; Halsschildhinterrand gerundet; Hinterleib dunkel, S1–S2 an der Seite vollständig, S3 in der vorderen Hälfte blau, S8–S10 mit blauen Anteilen.

Verwechslungsarten: vor allem das Große Granatauge (*E. najas*)
♂ *E. najas*: Blau des Hinterleibs auf S1 und S9–S10 begrenzt, S8 seitlich schwarz, S10 ohne x-förmige Zeichnung; Antehumeralstreifen fehlt in der Regel; obere Hinterleibsanhänge sind breit und gerade
♀ *E. najas*: Antehumeralstreifen kurz; Hinterrand des Halsschilds mit vorstehendem eckigem Lobus.

Verhalten: ♂♂ halten sich gerne auf Schwimmblatt- und flutender Submersvegetation sowie Algenwatten auf.

Verbreitung und Lebensraum: in ganz Deutschland verbreitet, doch zum Teil recht lückenhaft. Besiedelt werden Gewässer mit ausgeprägter Submers- und Tauchblattvegetation und Algenwatten bis etwa 650 m ü. NN, darunter Seen, Teiche, Altwässer und langsam fließende Gräben.

Schlupf und Phänologie: Schlupf beginnt in der Regel Anfang Juni und reicht bis in den Juli hinein; Flugzeit erstreckt sich bis September, selten auch bis Anfang Oktober.

	Feb.	März	Apr.	Mai	Juni	Juli	Aug.	Sept.	Okt.	Nov.
Schlupf										
Imagines										

Literatur: Bönsel 2001; Buchholz 1950; Cham 2004; Haacks et al. 2015; Hassall et al. 2014; Hunger 1998b; Mikołajczuk 2016;

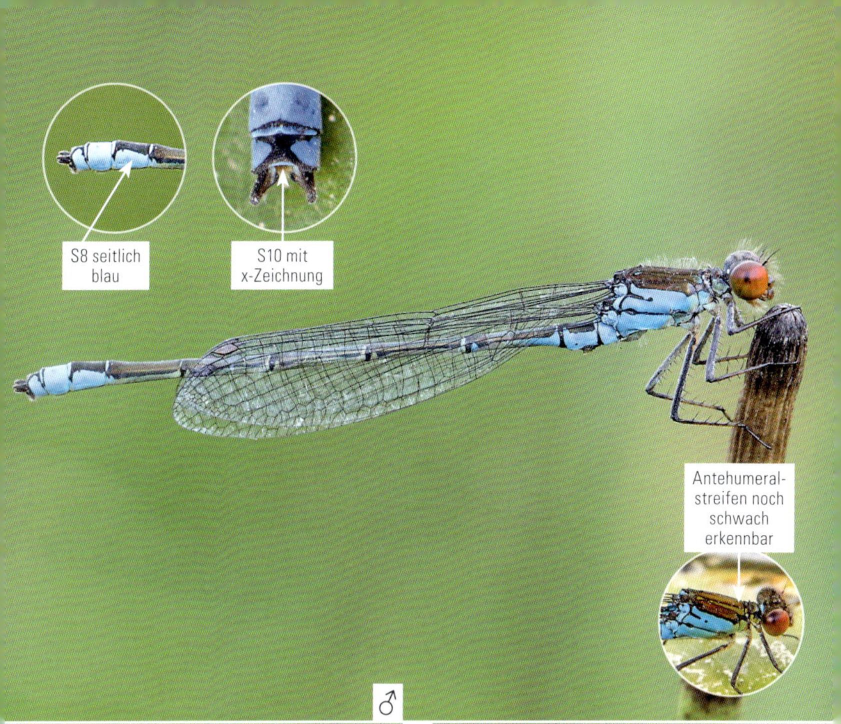
S8 seitlich blau
S10 mit x-Zeichnung
Antehumeralstreifen noch schwach erkennbar

♂

♀

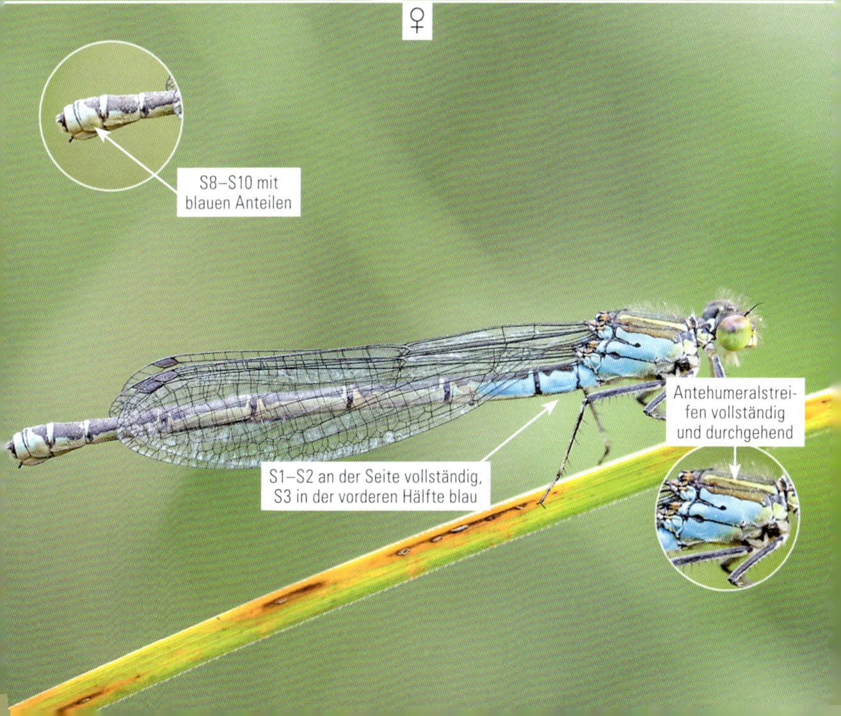
S8–S10 mit blauen Anteilen
Antehumeralstreifen vollständig und durchgehend
S1–S2 an der Seite vollständig, S3 in der vorderen Hälfte blau

Große Pechlibelle

Ischnura elegans (Vander Linden, 1820)

Merkmale: GL 30–34 mm, Ab 21–29 mm, HF 14–21 mm
♂♀: Kopf mit runden Hinteraugenflecken; oben auf Brust und Hinterleib mit schwarzer Färbung, nur S8 heller; untere Hälfte des Hinterleibs von S3–S6 (S7) gelblich, helle Färbung an S1–S2 und S8–10 sowie der Brustseiten variabel; langer mittlerer Fortsatz am hinteren Rand des Halsschilds, von der Seite betrachtet deutlich aufgerichtet (kann bei ♀♀ fehlen)
♂: zweifarbiges Flügelmal im Vorderflügel; Färbung der Brustseiten und der unteren Hälfte von S1–S2 je nach Alter grünlich, türkis bis blau, S8–S10 seitlich hellblau, untere Hinterleibsanhänge lang und spitz zulaufend, in Aufsicht deutlich nach außen zeigend
♀: tritt in 5 typischen Farbformen (2 unausgefärbt, 3 ausgefärbt) auf
a) f. *rufescens*: Brust rosa bis orange, S8 hellblau, Humeralstreifen schwach oder fehlend
b) f. *rufescens-obsoleta*: Brust grün-bräunlich, S8 braun, Humeralstreifen schwach oder fehlend
c) f. *violacea*: Brust violett, S8 hellblau, Humeralstreifen deutlich
d) f. *infuscans*: Brust olivgrün, S8 braun, Humeralstreifen deutlich
e) f. *typica*: Brust blau, S8 hellblau (männchenfarbige Form), Humeralstreifen deutlich.

Verwechslungsarten: vor allem die Kleine Pechlibelle (*I. pumilio*)
♂ *I. pumilio*: S8 überwiegend schwarz, max. letztes Drittel und das S9 sind hell (ausgefärbt blau)
♀ *I. pumilio*: S8–S9 schwarz, die Grundfarbe von leuchtend orange bis grünlich und blau, Humeralstreifen fehlt oder ist nur schwach ausgeprägt, Halsschildhinterrand breit gerundet.

Verbreitung und Lebensraum: Eine der häufigsten Libellenarten, flächendeckend bis etwa 1100 m ü. NN, besiedelt unterschiedlichste stehende und fließende Gewässer von kleinsten Tümpeln und Parkteichen bis zu großen Seen, langsam fließenden Gräben, Bächen und Flüssen sowie brackigen Küstengewässern. Meidet Hochmoore, schattige Bachoberläufe und schnell fließende Gewässer.

Schlupf und Phänologie: Schlupf frühestens ab Mitte April, normalerweise ab Anfang Mai bis in den September hinein, Hauptflugzeit bis Ende August, Einzeltiere fliegen bis Ende Oktober.

Literatur: Abbott & Gosden 2009; Förster 1995; Hammers et al. 2009; Henze et al. 2019; Hinnekint, B. O. N. 1987; Inden-Lohmar 1997; Jäckel et al. 2014; Martens et al. 2017;

Übergangsfärbung

♂

♀

f. *violacea* – unausgefärbt

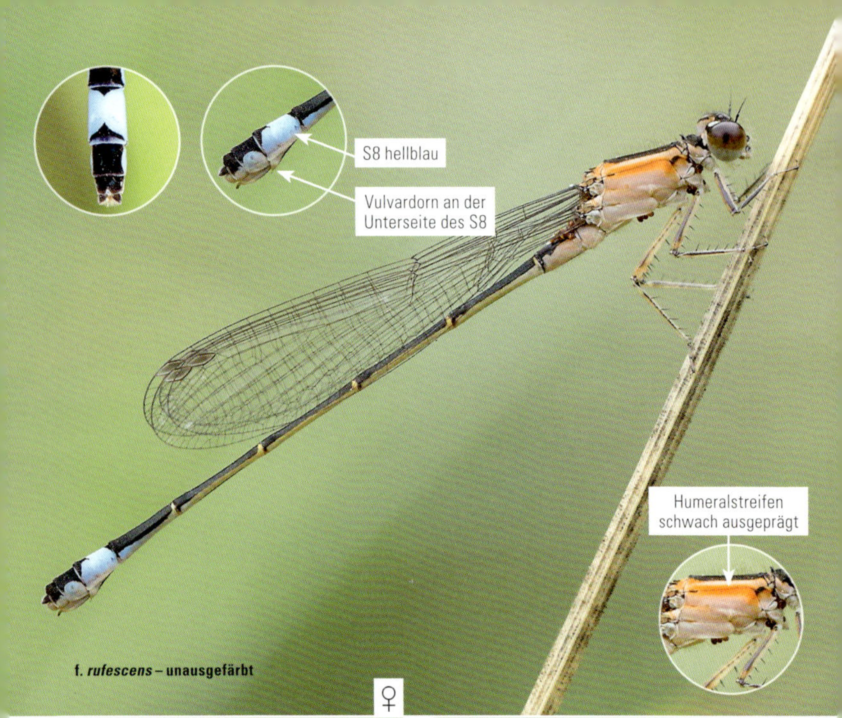

f. ***rufescens*** **– unausgefärbt**

♀

f. ***rufescens-obsoleta*** **– ausgefärbt**

f. *typica* – ausgefärbt

f. *infuscans* – ausgefärbt

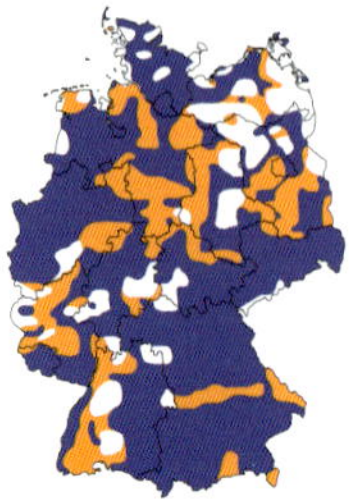

Kleine Pechlibelle

Ischnura pumilio (Charpentier, 1825)

Merkmale: GL 26–31 mm, Ab 21–25 mm, HF 14–18 mm
♂♀: kleine, insgesamt überwiegend dunkel wirkende Art, die in verschiedenen Farbformen auftritt; Flügelmal im Vorderflügel größer als im Hinterflügel; hinterer Rand des Halsschilds in der Mitte leicht gerundet
♂: helle Bereiche färben sich von weißlich-gelb bis grünlich nach blau; Brust oberseits schwarz mit deutlichem Humeralstreifen; Hinterleib (S1–S8, S10) oberseits schwarz, hinteres Drittel von S8 und S9 bilden helles Schlusslicht, kann manchmal auch deutlich reduziert sein
♀: unausgefärbt leuchtend orange, später grünlich-ocker, seltener auch kräftig blau; Hinteraugenflecken zunächst auffallend groß, können gesamte Rückseite des Kopfes einnehmen, im Alter verkleinern sie sich zu runden Flecken; Brust oberseits mit schwarzem Mittelstreifen und in der Regel nur sehr unauffälligem oder fehlendem schwarzem Humeralstreifen; Oberseite des Hinterleibs von S3–S10 schwarz, S1–S2 zunächst hell, im Alter schwarz, S8 mit Vulvardorn

Verwechslungsarten: vor allem die wesentlich häufigere Große Pechlibelle (*Ischnura elegans*), diese mit gleichgroßen Flügelmalen in Vorder- und Hinterflügel, hinterer Rand des Halsschilds mittig mit einem eckigen, meist aufgerichteten Fortsatz
♂ *I. elegans*: S8 komplett blau, S9 komplett schwarz
♀ *I. elegans*: in der Regel S8 hell gefärbt (rosa, gelblich-braun, grünlich, violett bis blau je nach Alter und Farbform), Brust mit deutlicherem Humeralstreifen.

Verbreitung und Lebensraum: deutschlandweit vorkommend, jedoch mit lückenhafter Verbreitung. Überwiegend im Flachland bis 300 m ü. NN, Reproduktion jedoch bis etwa 900 m ü. NN nachgewiesen. Pionierart flacher, stark besonnter und vegetationsarmer Kleingewässer wie größere Pfützen, Wagenspuren, Gräben, Tümpel, Schlenken, Flutmulden und Überschwemmungszonen von Seen und Auen; toleriert dabei starke Wasserschwankungen bis hin zu kurzfristiger Austrocknung.

Schlupf und Phänologie: Schlupf beginnt frühestens Ende April, in der Regel von Mitte Mai bis Ende August, Hauptflugzeit bis Mitte September, Einzeltiere bis Anfang Oktober.

Literatur: Allen & Thompson 2014; Allen et al. 2010; Burbach 2000; Inden-Lohmar 1997; Jurzitza 1970; Langenbach 1993; Martens et al. 2017;

Übergangsfärbung

Unausgefärbt, orangefarben

Brust ohne deutlichen Humeralstreifen
Anhänge hell, S8–S10 oben schwarz (ohne Schlusslicht)
Ausgefärbt, grüne Form

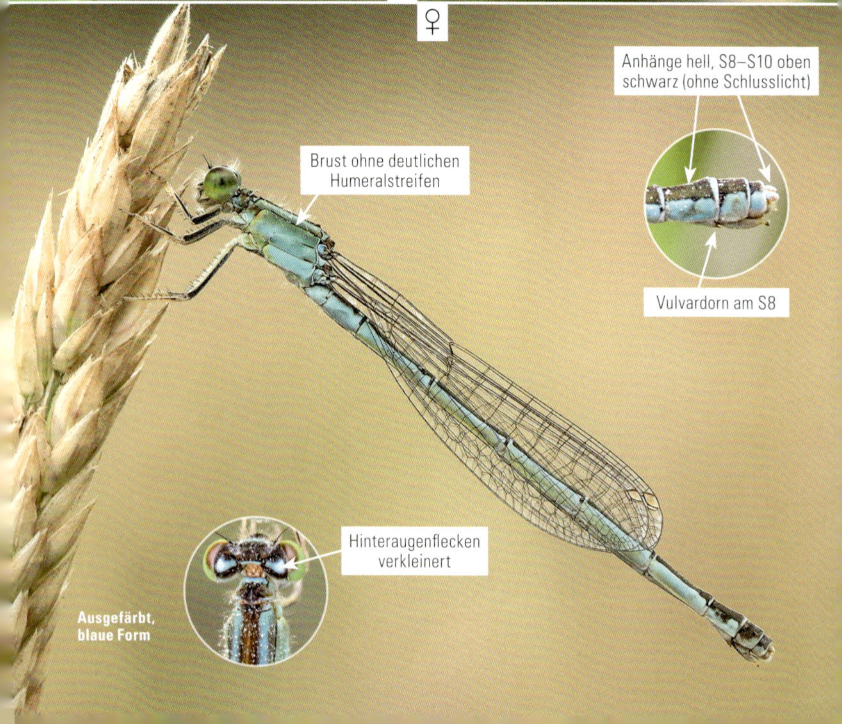
♀
♀
Anhänge hell, S8–S10 oben schwarz (ohne Schlusslicht)
Brust ohne deutlichen Humeralstreifen
Vulvardorn am S8
Hinteraugenflecken verkleinert
Ausgefärbt, blaue Form

♀

Übergangsform

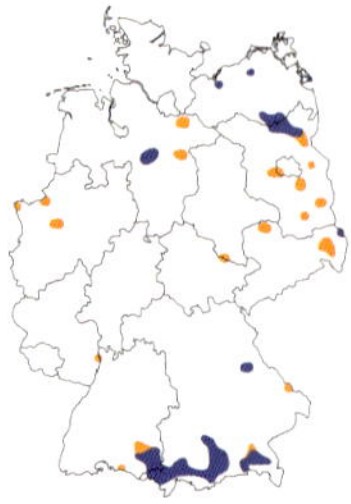

Zwerglibelle

Nehalennia speciosa (Charpentier, 1840)

Merkmale: GL 24–26 mm, Ab 19–25 mm, HF 11–16 mm
♂♀: kleinste Libellenart Europas, auffällig kurzflügelig; geschlechtsreife Tiere leuchtend metallisch grün gefärbt; Brust unterhalb der Interpleuralnähte hellblau; am Hinterkopf eine bogenförmige hellblaue Querlinie, S8–S10 oberseits hellblau (Schlusslicht), Hinteraugenflecken und Antehumeralstreifen fehlen; unausgefärbte Tiere zunächst blass, das Hellblau zunächst ein Blassrosa, vergleichbar den Coenagrion-Arten
♂: obere Hinterleibsanhänge groß und stumpf, untere nicht sichtbar
♀: mit zunehmendem Alter durchlaufen die Tiere einen Farbwechsel und weisen anstelle des Hellblaus eine orangebraune bis kupferfarbene Färbung auf, Flügelmal dann bräunlich

Verwechslungsarten: vor allem Binsenjungfern (Gattung *Lestes*) und die Kleine Pechlibelle (*Ischnura pumilio*)
Gattung *Lestes*: Individuen dieser Gattung sind deutlich größer, das Flügelmal steht über mindestens 2 Zellen und die Tiere ruhen meist mit halb ausgebreiteten Flügeln
Ischnura pumilio: unausgefärbte ♀♀ sind ebenfalls orange gefärbt, jedoch mit runden Hinteraugenflecken und ohne metallisch glänzende Körperfärbung.

Verhalten: eine unauffällige, „flugfaule“ Art, die sich meist in der Vegetation aufhält. Bei Beobachtung versteckt sie sich hinter Halmen und Blättern.

Verbreitung und Lebensraum: kommt in den Mooren des voralpinen Hügellandes in Bayern und Baden-Württemberg und mit einzelnen Vorkommen in Niedersachsen, Brandenburg, Sachsen und Mecklenburg-Vorpommern vor. Benötigt nährstoffarme Gewässer mit einem seichten Wasserkörper und einer ausgewogenen Vegetation, das Gewässer darf jedoch nicht austrocknen und nicht zu stark beschattet sein. Nahezu alle Habitate liegen im Wald oder in Waldnähe.

Schlupf und Phänologie: Schlupf beginnt frühestens Mitte Mai und reicht bis Mitte Juli; Hauptflugzeit Anfang Juni bis Anfang Juli, die letzten Tiere fliegen noch Ende Juli, spärliche Einzelmeldungen bis in der zweiten Augusthälfte.

Literatur: Bernard & Schmitt 2010; Bernard & Wildermuth 2005a, 2005b; Bernard et al. 2011; Burbach & Schiel 2004; Frank 2017; Mauersberger 2012; Reinhardt 1996

Frisch geschlüpft mit rosa-violetter Färbung

♂

♂

Ausgefärbt

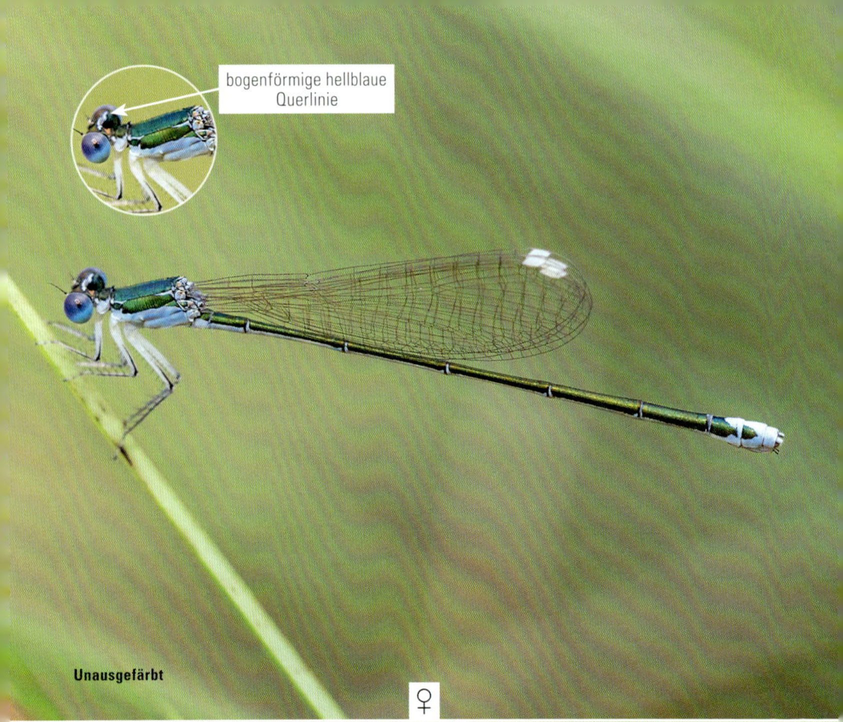

Unausgefärbt

♀

♀

Ausgefärbte Form mit orange-brauner Färbung

Frühe Adonislibelle

Pyrrhosoma nymphula (Sulzer, 1776)

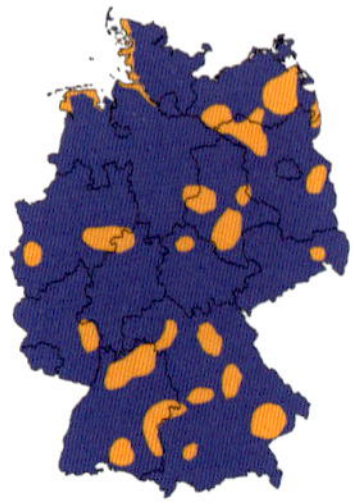

Merkmale: GL 33–36 mm, Ab 25–30 mm, HF 19–24 mm
♂♀: mit variabler roter Körperfärbung; die Brust ist oberseits schwarz (unausgefärbt bronze-schwarz metallisch) und im unteren Drittel gelblich gefärbt, mit breiten schwarzen Streifen an den Seiten, Antehumeralstreifen zunächst gelb, im Alter rot und in Richtung Hinterleib fast immer kurz unterbrochen; Beine schwarz; Augen mit deutlichem Querstreifenmuster; Hinteraugenflecken fehlen; Flügelmal braunschwarz
♂: Augen oft rötlich, Hinterleib in der Regel von S1–S6 rot, S7–S10 mit schwarzer Zeichnung
♀: schwarze Zeichnungen kräftiger als beim ♂, verschiedene Farbmorphen mit 3 Hauptformen sowie auch Zwischenformen (f. *intermedia*) sind bekannt
1) f. *melanotum*: mit oberseits nahezu vollständig schwarzem Hinterleib und ggf. geringer rötlicher Färbung, die auch fehlen kann; Antehumeralstreifen auch bei ausgefärbten Tieren gelb
2) f. *typica*: ♂-ähnliche Zeichnung mit überwiegend roten S2–S5 und variabler schwarzer Zeichnung auf S6–S10 (S6 überwiegend schwarz); schwarze Mittellinie entlang der Oberseite des Hinterleibs und oft gelbe Ringe an der Segmentbasis von S2–S6
3) f. *fulvipes*: ähnlich f. *typica*, jedoch mit weniger Schwarzanteilen auf S2–S6 (S6 überwiegend rot).

Verwechslungsarten: vor allem die Zarte Rubinjungfer (*Ceriagrion tenellum*). Diese besitzt jedoch hell rötliche bis rotbraune Beine, ein rötliches Flügelmal und der Antehumeralstreifen ist reduziert oder fehlend.

Verbreitung und Lebensraum: in Deutschland flächendeckend verbreitet, bis in Höhen von etwa 1600 m ü. NN. Besiedelt kleinere Gewässer wie Tümpel und Weiher, Quellsümpfe, Torfstiche sowie langsam fließende Gräben und Bäche, sogar sehr wenig besonnte Waldtümpel werden angenommen. Bevorzugt Gewässer mit einer ausgeprägten Emers- und Schwimmblattvegetation, flachen Verlandungszonen und Wald oder Gebüschen in der Umgebung.

Schlupf und Phänologie: eine der ersten Libellen im Frühjahr, schlüpft in tieferen Lagen überwiegend ab Ende April oder Anfang Mai und ist dort bis etwa Ende Juli zu beobachten. In den Hochlagen verschiebt sich der Schlupf und beginnt teilweise erst ab Mitte Juni, wodurch dort bis in den September hinein Tiere zu beobachten sind.

	Feb.	März	Apr.	Mai	Juni	Juli	Aug.	Sept.	Okt.	Nov.
Schlupf										
Imagines										

Literatur: Bennett & Mill 1993; Corbet & Harvey 1989; Martens 1993; Rehfeldt 1990; Schlüpmann & Martens 2015

Antehumeralstreifen
deutlich ausgeprägt
Beine schwarz
Ausgefärbt
♂

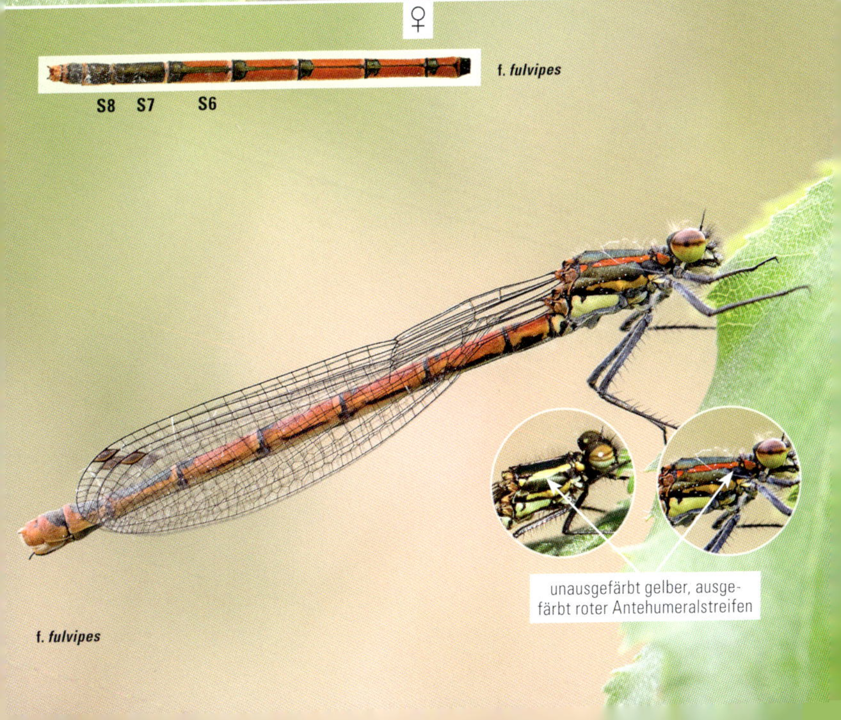
♀
f. fulvipes
S8
S7
S6
unausgefärbt gelber, ausge-
färbt roter Antehumeralstreifen
f. fulvipes

f. *melanotum*

f. *typica* (unausgefärbt)

f. *typica* (ausgefärbt)

GROSS-LIBELLEN

Edellibellen

Aeshnidae (Rambur, 1842)

Die Edellibellen erreichen maximale Spannweiten von bis zu 11 cm. Sie zählen damit – neben den Quelljungfern (Cordulegastridae) – zu den größten einheimischen Libellenarten. Sie wirken in ihrer Erscheinung kräftig und robust, sind farbenprächtig, oft mehrfarbig bunt. Der Hinterleib ist in der Regel schlank gestreckt, nicht abgeplattet und im Querschnitt eher halbrund. Die großen Komplexaugen berühren sich auf einer längeren Linie und sind nach außen vorgewölbt. Weitere Gemeinsamkeiten sind bestimmte Merkmale der Flügeläderung, die charakteristisch sind. Dazu zählen u.a. das in allen vier Flügeln ähnlich große Flügeldreieck mit gleicher Ausrichtung (lange Seite oben, nahezu parallel zur vorderen Flügelkante verlaufend) und dass der Arculus nicht gerade, sondern geknickt verläuft.

Die Edellibellen sind weltweit mit knapp 500 Arten und 55 Gattungen verbreitet. In Deutschland kommen aktuell 14 Arten vor. Diese werden nach derzeitiger anerkannter Systematik den nachfolgenden vier Gattungen zugeordnet:

- Mosaikjungfern (*Aeshna*, Fabricius 1775)
- Königslibellen (*Anax*, Leach 1815)
- Geisterlibellen (*Boyeria*, McLachlan 1896)
- Schilfjäger (*Brachytron*, Evans 1845)

Die Edellibellen sind sehr gute und ausdauernde Flieger. Sie sind daher tagsüber nur selten ruhend anzutreffen. Dazu hängen sie sich überwiegend senkrecht an Zweige, Baumrinden oder Felsen.

Literatur: Dijkstra & Kalkman 2012; Dijkstra et al. 2013; Paulson & Schorr 2020; Peters 1987

Torf-Mosaikjungfer (Aeshna juncea)

Südliche Mosaikjungfer

Aeshna affinis (Vander Linden, 1820)

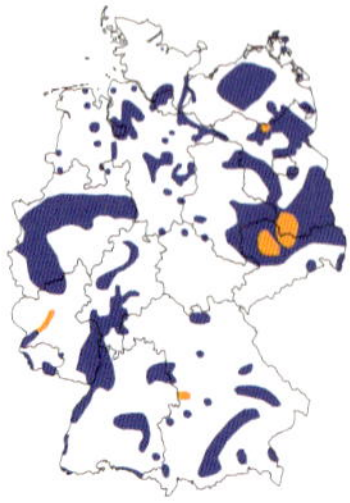

Merkmale: GL 57–66 mm, Ab 39–49 mm, HF 37–42 mm
♂♀: kleinerer Vertreter der Gattung; Stirn mit einer kräftigen T-Zeichnung auf der Oberseite; Brust von oben überwiegend braun mit kleinen, hellen, kommaförmigen Antehumeralstreifen
♂: leuchtend blau, mosaikartig gefärbt; Augen komplett blau; Brustseiten gelb bis gelb-grün, bei ausgefärbten Tieren gelb-blau verwaschen, Längsnähte schwarz; Zeichnung auf S2 blau-schwarz, maskenartig, mittlere Fleckenpaare auf S3–S7 relativ groß; junge ♂♂ zunächst wie ♀♀ gefärbt.
♀: olivbraune bis gelbgrüne Augen; Brustseiten gelb-grün, Längsnähte schwarz; Hinterleib hellbraun mit mosaikartigen gelben bis gelb-grünen Flecken, S2 mit gelber keilförmiger Zeichnung, die nicht schwarz umrandet ist; blau gefärbte Weibchen sind bekannt, aber selten.

Verwechslungsarten: alle Mosaikjungfern (Gattung *Aeshna*), vor allem die Herbst- (*A. mixta*) und die der Alpen-Mosaikjungfer (*A. caerulea*)
A. mixta: Brustseiten braun mit gelben Seitenstreifen; beide Geschlechter mit heller keil- oder nagelförmiger, schwarz begrenzter Zeichnung auf S2
A. caerulea: Brustseiten braun mit dünnen, gelb-blau gewellten Seitenstreifen; Berührungslinie zwischen den Augen kurz (< 2x so lang wie die Senkrechte des Hinterhauptsdreiecks).

Verhalten: ♂♂ patrouillieren in geringer Höhe über im Sommer trockenfallenden Feuchtflächen.

Verbreitung und Lebensraum: In Deutschland in den letzten Jahren deutliche Ausbreitungstendenz mit Schwerpunkt in Süd- und Ostdeutschland, dort in den Auen entlang größerer Flüsse wie Rhein, Donau und Elbe. Bevorzugt Höhenlagen von bis zu 400 m, dort überwiegend an sonnenexponierten, kleinen, flachen Gewässern oder flach überstauten Sumpfbereichen mit vollständig oder teilweise temporärer Wasserführung.

Schlupf und Phänologie: schlüpft vor allem Mitte Juni bis Anfang Juli. Hauptflugzeit bis zum ersten Septemberdrittel, einzelne Tiere bis Ende September.

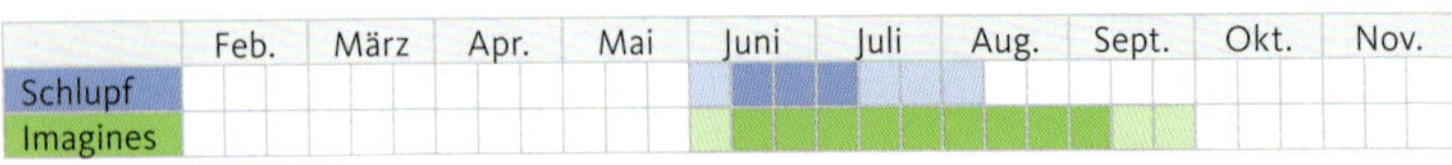

Literatur: Bönsel & Frank 2011; Brauner 2005; Schiel & Buchwald 2016; Schiel & Kunz 2005; Schröter & Karjalainen 2009; Drees et al. 1996; Schröter 2011; Müller & Steglich 2000; Peters 1987; Drees et al. 1996; Müller & Steglich 2000; Peters 1987; Schiel & Buchwald 2016; Schiel & Kunz 2005; Schröter 2011; Schröter & Karjalainen 2009

Augen komplett blau
Brustseite gelb-blau verwaschen – ohne gelbe Seitenstreifen
Zeichnung auf S2 blau-schwarz
Antehumeralstreifen klein, hell, kommaförmig
♂

♀
Brustseiten gelbgrün, Längsnähte schwarz
S2 mit gelber keilförmiger Zeichnung, die nicht schwarz umrandet ist

Unausgefärbt

Alpen-Mosaikjungfer

Aeshna caerulea (Ström, 1783)

Merkmale: GL 54–64 mm, Ab 42–48 mm, HF 37–41 mm
♂♀: kleiner Vertreter der Gattung; Berührungslinie zwischen den Augen kurz (‹ 2x so lang wie die Senkrechte des dazwischen liegenden Hinterhauptdreiecks); Brustseiten braun mit zwei schmalen, S-förmigen, hellen Binden
♂: wirken ausgefärbt insgesamt sehr blau durch die großen blauen Mosaikflecken auf der Oberseite des Hinterleibs; unausgefärbt alle Flecken gelb; Antehumeralstreifen kurz
♀: braun mit gelben Mosaikflecken, diese deutlich kleiner als beim ♂; Antehumeralstreifen fehlend.

Verwechslungsarten: andere Mosaikjungfern (Gattung *Aeshna*), vor allem die Südliche (*A. affinis*) und die Herbst-Mosaikjungfer (*A. mixta*)
A. affinis: Berührungslinie der Augen länger; beim ♂ Brustseiten grüngelb und S2 mit charakteristischer blau-schwarzer Zeichnung; beim ♀ S2 mit heller keil- oder nagelförmiger Zeichnung
A. mixta: Berührungslinie der Augen länger; Brust braun, seitlich zwei breite, gelbe Streifen; beim ♂ blaue Mosaikflecken auf der Oberseite des Hinterleibs relativ klein.

Verhalten: sonnt sich gern flach angedrückt auf hellen oder gut reflektierenden Oberflächen wie Birkenstämmen oder Steinen.

Verbreitung und Lebensraum: in Deutschland nur in den Allgäuer Alpen, vereinzelt in den Bayerischen Alpen sowie im Bayerischen Wald und Hochschwarzwald mit Fortpflanzungsnachweisen zwischen 800 und 1800 m ü. NN. Besiedelt natürliche bzw. naturnahe Hoch- und Zwischenmoore der montanen und hochmontanen Stufe.

Schlupf und Phänologie: Schlupf beginnt je nach Witterung und geografischer Lage Ende Juni und kann bis Mitte August andauern. Flugzeit in der Regel bis Ende September, in Einzelfällen bis Ende Oktober.

	Feb.	März	Apr.	Mai	Juni	Juli	Aug.	Sept.	Okt.	Nov.
Schlupf										
Imagines										

Literatur: Dolný 2013; Karle-Fendt et al. 2015; Karle-Fendt 2008; Sternberg 1996; Muth 2003; Peters 1987; Sternberg 1987; Sternberg 1996; Sternberg 1997; Wildermuth 2012

Berührungslinie zwischen den Augen kurz
♂ ♀

♂
Brustseiten braun mit 2 schmalen, S-förmigen, hellen Binden

Blaugrüne Mosaikjungfer

Aeshna cyanea (Müller, 1764)

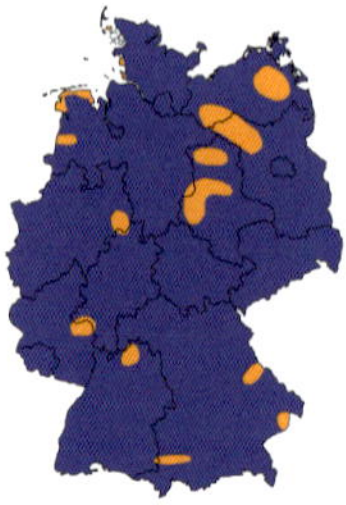

Merkmale: GL 67–76 mm, Ab 51–61 mm, HF 43–53 mm

♂♀: Brustoberseite mit zwei großen, länglich ovalen, grünen Antehumeralstreifen; grüne Brust seitlich mit zwei breiten dunklen Nähten, davon die vordere nicht durchgehend; Stirn gelblich-grün mit deutlicher T-Zeichnung und breitem Querbalken auf der Stirnoberseite; S2 mit grüner (beim ♀ und jungen ♂ gelblicher) nagel- oder keilförmiger Zeichnung, Mosaikflecken oben auf S2–S8 paarig, auf S9 und S10 zu einem breiten Fleck verschmolzen

♂: Augen blau-grün; Hinterleib oben auf S2–S7 mit grünen, S8–S10 mit blauen Mosaikflecken, seitlich auf S2–S8 mit kleinen blauen Flecken, bei jungen Tieren Mosaikflecken grau bis grau-blau

♀: Grundfarbe grün mit dunkelbraunen Zeichnungen; Augen unten und seitlich grün-gelblich, sonst braun mit blauem Schimmer; Hinterleib mit ausschließlich grünen Mosaikflecken.

Verwechslungsarten: andere Edellibellen, vor allem die Grüne Mosaikjungfer (*A. viridis*) und die Große Königslibelle (*Anax imperator*)

A. viridis: grüne Brust seitlich nur mit feinen dünnen dunklen Nähten; auf S2 eine charakteristische Zeichnung (♂: zwei nach außen zeigende schwarze „U", ♀: „Doppel-Schirm")

A. imperator: ♂ mit komplett hellblauem, ♀ mit grünem, im Alter mit blauem Hinterleib ohne Mosaikflecken, aber mit dunklem Zackenband.

Verhalten: Tiere entfernen sich oft weit vom eigentlichen Entwicklungsgewässer, fliegen eher flach, 1 bis 3 m über dem Boden, bei starker Sonneneinstrahlung bevorzugt im Halbschatten, z. B. über Waldwegen oder -lichtungen.

Verbreitung und Lebensraum: im Flachland und bis in das höhere Bergland bei uns überall regelmäßig vorkommend, auch in besiedelten Gebieten zu finden, bildet dabei keine großen Subpopulationen. Natürliche und anthropogene Klein- und Kleinstgewässer aller Art werden besiedelt, bevorzugt in gehölzreicher Umgebung. An größere Gewässer findet sich die Art nur dann, wenn sie entsprechende Strukturen aufweisen. Nur selten vergesellschaftet mit *A. isoceles*, *A. grandis* oder *A. mixta*.

Schlupf und Phänologie: Der Schlupf beginnt Ende Mai bis Anfang Juni, die Hauptemergenzperiode liegt im Juli und August und endet im September. Die Flugzeit reicht vereinzelt bis Mitte November.

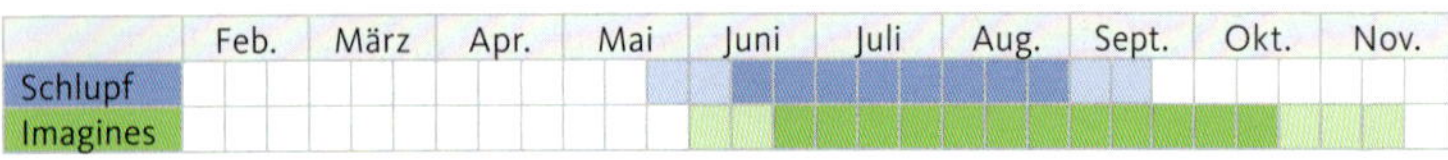

Literatur: Jödicke 1999; Kaiser 1974a, 1974b, 1974d, 1976, 1984; Münchberg 1930; Peters 1987; Schneider & Wildermuth 2009; Sternberg 1996; Wildermuth 2011

Brustoberseite mit zwei großen, länglich ovalen, grünen Antehumeralstreifen
deutliche T-Zeichnung und breiter Querbalken auf der Stirnoberseite
oben auf S2–S7 mit grünen, S8–S10 mit blauen Mosaikflecken, seitlich auf S2–S8 mit kleinen blauen Flecken
Mosaikflecken auf S9 und S10 zu einem jeweils breiten Fleck verschmolzen
♂

♀ ♂

grüne Brust seitlich mit zwei breiten dunklen Nähten, die vordere nicht durchgehend

Braune Mosaikjungfer

Aeshna grandis (Linnaeus, 1758)

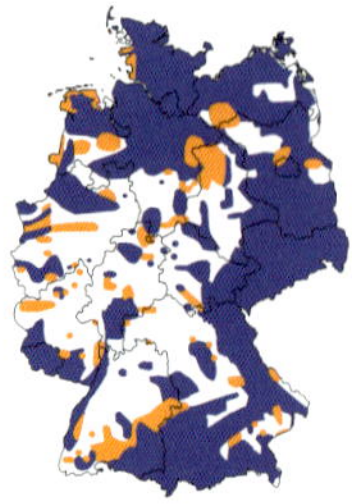

Merkmale: GL 70–77 mm, Ab 49–60 mm, HF 41–49 mm
♂♀: Augen braun mit grauem bis blauem Schimmer; Stirn bräunlich; Oberseite mit braunem Querstrich und sehr dünnem senkrechtem Strich; Flügel komplett goldbraun bis bernsteinfarben getönt mit (rot)braunen Adern, an den Flügelansätzen mit jeweils einem kleinen blauen Fleck; Brust braun mit zwei schräg nach unten verlaufenden zitronengelben Seitenstreifen; Hinterleib (rot)braun mit schwacher Mosaikzeichnung
♂: S2 und S3 tailliert, zwei ovale, waagerecht angeordnete, hellblaue Flecken auf S2, Hinterleibsseiten mit zunächst blau-grauen, später blauen Mosaikflecken
♀: Hinterleibsseiten ausgefärbter Tiere auf S2 und S3 mit größeren gelblichen, dann auf S4–S8 kleiner werdenden blau-grauen Mosaikflecken, bei jungen Tieren Flecken auf S2–S8 blau-grau.

Verwechslungsarten: Keilfleck-Mosaikjungfer (*A. isoceles*) mit überwiegend transparenten Flügeln (nicht komplett braun getönt), grünen Augen und keilförmigem gelbem Fleck auf S2.

Verhalten: Reifungslebensräume meist weit entfernt vom Entwicklungsgewässer, oft in bewaldeten Gegenden. Jagt oft über Waldwegen und -lichtungen; abendliche Flug- und Jagdaktivitäten sind typisch; übernachtet in Baumkronen. Paarung ähnlich früh wie *A. viridis*, z. T. vor Sonnenaufgang.

Verbreitung und Lebensraum: vor allem im Tiefland, in den größeren Flusstälern, den östlichen Mittelgebirgen und im Alpenvorland, bis ca. 700 m ü. NN, vereinzelt bis ca. 1400 m ü. NN bodenständig. Besiedelt werden verschiedenste, strukturreiche Gewässertypen, bevorzugt in waldreichen Gegenden, die eine Teilbeschattung aufweisen. Dies können Stillgewässer wie Seen, Weiher, Abgrabungsgewässer, Kleingewässer und Moore sein, aber auch langsam strömende Fließgewässer wie Entwässerungsgräben, Altarme und Kanäle.

Schlupf und Phänologie: Schlupf frühestens ab Ende Mai mit dem Höhepunkt zwischen Mitte Juni und Mitte Juli; Hauptflugzeit im Juli und August, die Flugzeit einzelner Individuen endet im Oktober.

Literatur: Borkenstein et al. 2017; Müller 1993a; Münchberg 1930; Peters 1987, 1989; Suutari et al. 2004; Thompson 1987; Wildermuth & Bauer 2001

♂

♀

Weibchen bei der Eiablage

Keilfleck-Mosaikjungfer

Aeshna isoceles (Müller, 1767)

Merkmale: GL 62–66 mm, Ab 47–54 mm, HF 39–45 mm
♂♀: Augen leuchtend grün; Stirn, Brust und Hinterleib orange-braun bis hellbraun; auf der Stirnoberseite ein dünner dunkler Querstrich; an der Brustseite zwei blassgelbe, schmale Seitenstreifen; Hinterleib oben und seitlich ohne Mosaikzeichnung, oben auf S2 ein gelber keilförmiger Fleck; Flügel hell und glasartig durchscheinend, nur safrangelb-bernsteinfarbene Färbung an der Basis der Hinterflügel
♂: obere Anhänge sehr lang
♀: Hinterleib dicker und weniger tailliert, gelber Keilfleck oft größer und kräftiger als beim ♂.

Verwechslungsarten: Braune Mosaikjungfer (*A. grandis*) mit dunklerem Braun in der Grundfärbung, braunen Augen (mit blauem Schimmer) und braun getönten Flügeln.

Verhalten: fliegt nicht so ausdauernd wie andere große Aeshniden, ♂♂ setzen sich – den Hinterleib schräg nach unten gerichtet – gerne sonnenexponiert an Äste oder Halme.

Verbreitung und Lebensraum: typische Art der Niederungsgebiete, bis max. 700 m ü. NN bodenständig. Schwerpunktmäßig östlich der Elbe in den seenreichen Gebieten des Norddeutschen Tieflandes, in den wärmebegünstigten Stromtälern von Weser und Rhein, dem Voralpinen Hügel- und Moorland und den Seen der Tagebaufolgelandschaften verbreitet. Bevorzugt strukturreiche, stehende und sehr langsam fließende Gewässer mit flachen bis mäßig tiefen Bereichen und starker Besonnung. Hohe ökologische Toleranz bezüglich des Nährstoffgehaltes, der Fischpräsenz, des Bewuchses und der Sauerstoffsättigung.

Schlupf und Phänologie: Schlupf beginnt in der Regel Mitte Mai und dauert bis Mitte Juni, vereinzelt bis in den Juli. Haupflugzeit am Gewässer reicht in der Regel bis Mitte Juli, Einzelnachweise bis in die zweite Augusthälfte, in Ausnahmefällen sogar bis Anfang September.

	Feb.	März	Apr.	Mai	Juni	Juli	Aug.	Sept.	Okt.	Nov.
Schlupf										
Imagines										

Literatur: Bönsel & Frank 2013; Haacks 2015; Lohr et al. 2015a; Mauersberger et al. 2013; Peters 1987; Pickwell et al. 2012; Schiel & Hunger 2017; Seggewisse 2015

Augen leuchtend grün,
Stirn orange-braun
S2 mit gelbem
keilförmigem Fleck
Flügel nicht getönt,
farblos
zwei blassgelbe, schmale
Brustseitenstreifen
♂

♀
Stirnoberseite mit dünnem
dunklem Querstrich
Augen leuchtend grün
S2 mit kräftigem gelbem
keilförmigem Fleck

Torf-Mosaikjungfer

Aeshna juncea (Linnaeus, 1758)

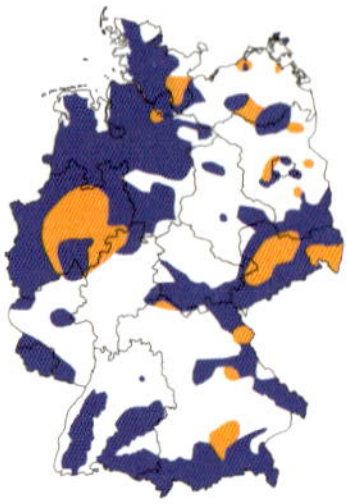

Merkmale: GL 65–80 mm, Ab 50–59 mm, HF 40–48 mm
♂♀: Stirn gelblich, auf der Oberseite mit kräftiger T-Zeichnung; schwarze Linie zwischen Stirn und Kopfschild an der Basis schmaler; Augen auf der Rückseite mit kleinem gelbem Fleck; Flügelvorderrand hellgelb; Brustseite mit zwei gelben bis blau-gelben Streifen, dazwischen kann ein gelber Fleck oder ein unvollständiger gelber Streifen ausgebildet sein, bei den Flecken oben auf den Hinterleibssegmenten S3 und S4 ist das untere Fleckenpaar deutlich größer als das mittlere, kleines Dreieck oben auf S2 immer ohne seitliche Querstriche
♂: Augen blau-braun; Brust braun, mit schmalen gelben Antehumeralstreifen; Hinterleib braun bis braunschwarz, auf S3–S10 jeweils blaue mosaikartige Fleckenpaare mit darüber liegenden sehr kleinen, waagerechten, gelben Fleckenpaaren
♀: Augen, Brust und Hinterleib braun; gelbe Antehumeralstreifen, z.T. nur kommaförmig; S3–S10 jeweils mit gelb bis grünlichen, größeren, mosaikartigen und darüber liegenden sehr kleinen, waagerechten Fleckenpaaren; Hinterleibsanhänge um 90° nach innen geneigt; männchenfarbige ♀♀ selten.

Verwechslungsarten andere Mosaikjungfern (Gattung *Aeshna*), vor allem die Hochmoor- (*A. subarctica*) und die Herbst-Mosaikjungfer (*A. mixta*)
A. subarctica: waagerechte schwarze Gesichtslinie zwischen Stirn und Kopfschild einheitlich dick; Rückseite der Augen ohne kleinen gelben Fleck; Flügelvorderrand gelb-braun; mittlere und untere Fleckenpaare oben auf den Hinterleibssegmenten S3 und S4 sind ungefähr gleich hoch; kleines Dreieck oben auf S2 in der Regel mit seitlichen Querstrichen; Hinterleibsanhänge beim ♀ waagerecht
A. mixta: deutlich kleiner, Antehumeralstreifen höchstens kommaförmig; S2 oben mit heller, keil- oder nagelförmiger, schwarz abgegrenzter Zeichnung

Verhalten: ♂♂ bei intraspezifischer Konkurrenz aggressiv, bei Konkurrenz durch andere Edellibellen erfolgt Ausweichen in Randbereiche des Habitats.

Verbreitung und Lebensraum: Verbreitungsschwerpunkte in den Altmoränenlandschaften der Norddeutschen Tiefebene, den Moorgebieten der Mittelgebirge, des Alpenvorlandes und der Alpen. Bodenständig in meist gut besonnte Gewässer mit ausgeprägter Verlandungszone in Nieder-, Übergangs- und Hochmooren, ohne dabei jedoch streng an Moore gebunden zu sein.

Schlupf und Phänologie: Emergenzperiode beginnt unter Umständen bereits im Mai, Hauptschlupfzeit Juli bis Mitte August. Flugzeit kann sich in Extremfällen bis in den November erstrecken.

	Feb.	März	Apr.	Mai	Juni	Juli	Aug.	Sept.	Okt.	Nov.
Schlupf										
Imagines										

Literatur: Bilek 1960; Bönsel & Frank 2013; Drews 2015; Jurzitza 1960; Peters 1987; Schmidt 1964, 2009; Stübing & Gelpke 2008

Augenrückseite mit kleinem gelbem Fleck
Schwarze Linie zwischen Stirn und Kopfschild an der Basis schmaler
Brustseite mit zwei gelben bis blassblau-gelben Streifen
Ausgefärbt
♂

♂
oben auf S2 – kleines Dreieck ohne seitliche Querstriche
S3/S4 mittlere Fleckenpaar deutlich kleiner im Vergleich zum unteren
Frisch geschlüpft

♀

♂

♀

♀
Augenrückseite mit kleinem gelbem Fleck

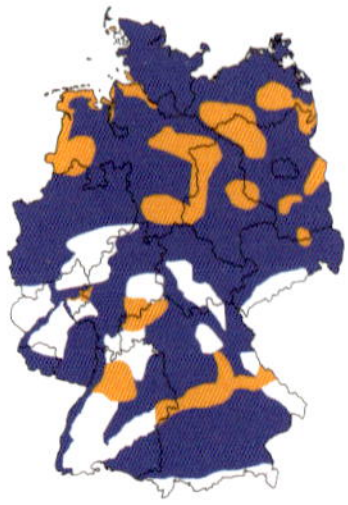

Herbst-Mosaikjungfer

Aeshna mixta (Latreille, 1805)

Merkmale: GL 56–64 mm, Ab 44–49 mm, HF 37–42 mm
♂♀: kleinere Mosaikjungfer; Stirn weiß bis gelblich mit einer kräftigen T-Zeichnung auf der Stirnoberseite; Brust braun, seitlich zwei breite, gelbe Streifen, Antehumeralstreifen klein, gelb, kommaförmig, z. T. sehr schwach ausgeprägt und können fehlen; Oberseite von S2 mit schwarz umrandeter, keil- oder nagelförmiger Zeichnung; Hinterleibsanhänge länger als S9–S10
♂: Augen blau-braun; Hinterleib mit blau-braunem, mosaikartigem Fleckenmuster, bei jungen Tieren ist das Blau zunächst blassrosa-violett, die Braunanteile sehr hell und das spätere kräftige Gelb zunächst weiß-gelb
♀: Augen braun, Augenränder hell; Hinterleib braun mit gelbem bzw. gelb-blauem, mosaikartigem Fleckenmuster.

Verwechslungsarten: andere Mosaikjungfern (Gattung *Aeshna*), vor allem die Südliche (*A. affinis*) und die Alpen-Mosaikjungfer (*A. caerulea*)
A. affinis: ♂ mit leuchtend blauen Augen und Hinterleib, Brustseiten grün-gelb verwaschen ohne deutlich erkennbare Seitenstreifen; S2 mit charakteristischer blau-schwarzer Zeichnung; beim ♀ gelber Keil auf S2 nicht dunkel umrandet
A. caerulea: Berührungslinie der Augen relativ kurz; dünne, gelb-blaue, gewellte Brustseitenstreifen; alle Flecken beim ausgefärbten ♂ blau, beim ♀ und jungen ♂ gelb.

Verhalten: besonders die männlichen Tiere setzen sich – sonst eher untypisch für die Aeshnidae – auch waagerecht auf erhöhte Substrate.

Verbreitung und Lebensraum: eine Tieflandart, die in Deutschland fast überall verbreitet ist und sich bei uns nur selten oberhalb von 700 m ü. NN entwickelt. Bevorzugt vor allem mittlere bis größere, thermisch begünstigte Stillgewässer mit ausgeprägtem Röhricht sowie auch freien Wasserflächen, besiedelt auch vergleichbar strukturierte, sehr schwach strömende Fließgewässer.

Schlupf und Phänologie: Schlupf überwiegend von Ende Juni/Anfang Juli bis Ende August, je nach Witterungsverlauf manchmal bereits Ende Mai/Anfang Juni bzw. bis Anfang September. Die Flugzeit reicht in der Regel bis Ende Oktober, einzelne Tiere fliegen sogar bis in die dritte Novemberdekade.

	Feb.	März	Apr.	Mai	Juni	Juli	Aug.	Sept.	Okt.	Nov.
Schlupf										
Imagines										

Literatur: Dyatlova & Kalkman 2008; Frank 2014; Hämäläinen et al. 2003; Klausnitzer 2001;Martens & Wimmer 1996; Müller 1993a; Peters 1987; Schmidt 1986; Stoks et al. 1996; Tillmanns 2009

Antehumeralstreifen
klein, gelb, komma-
förmig
dunkel umrandeter
heller bis gelblicher
nagelförmiger Fleck
auf S2
Brustseite mit 2 gelben,
breiten Seitenstreifen
Ausgefärbt
♂

♀
dunkel umrandeter
heller bis gelblicher
nagelförmiger Fleck
auf S2
Brustseite mit 2 gelben,
breiten Seitenstreifen
Ausgefärbt

Hochmoor-Mosaikjungfer

Aeshna subarctica (Walker, 1908)

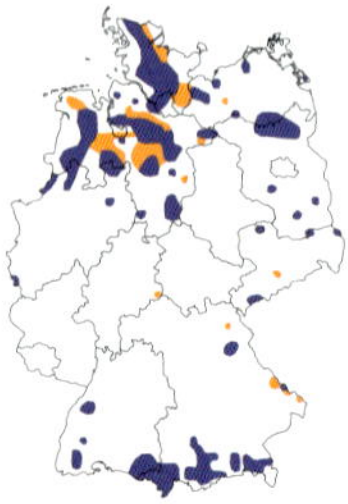

Merkmale: GL 70–76 mm, Ab 47–57 mm, HF 37–46 mm.
♂♀: Stirn gelblich, auf der Oberseite mit kräftiger T-Zeichnung; waagerechte schwarze Gesichtslinie zwischen Stirn und Kopfschild einheitlich dick; Augen auf der Rückseite völlig schwarz ohne gelben Fleck; Flügelvorderkante gelb-braun; Brustseiten braun mit zwei breiten, hellen Binden, mittlere Fleckenpaare auf den Hinterleibssegmenten S3 und S4 so groß oder größer als die Flecken am Segmentende, in Europa neben der „dunklen" mit einer weiteren, „hellen" Form (oft als interlineata bezeichnet, deren Status als Subspezies aber nicht anerkannt ist). Sie besitzt insgesamt größere Hinterleibsflecken, weist zusätzlich einen dritten, deutlichen hellen Streifen (gebildet aus mehreren Flecken) zwischen den Binden und ein dünnes helles „Streifchen" entlang der Schulternaht auf, oben auf S2 in der Regel mit einem kleinen Dreieck mit seitlichen Querstrichen
♀: Hinterleibsanhänge waagerecht, nicht nach innen geneigt

Verwechslungsarten: andere Mosaikjungfern (Gattung *Aeshna*), vor allem die Torf- (*A. juncea*) und die Herbst-Mosaikjungfer (*A. mixta*)
A. juncea: Schwarze Linie zwischen Stirn und Kopfschild an der Basis schmaler; Rückseite der Augen mit kleinem gelben Fleck; Flügelvorderrand hellgelb; mittlere Fleckenpaare auf den Hinterleibssegmenten S3 und S4 deutlich kleiner als die am Segmentende, kleines Dreieck oben auf S2 ohne seitliche Querstriche; Hinterleibsanhänge beim ♀ um 90° nach innen geneigt
A. mixta: deutlich kleiner; Antehumeralstreifen höchstens als kommaförmige Striche ausgebildet; S2 oben mit heller, keil- oder nagelförmiger, schwarz abgegrenzter Zeichnung

Verhalten: ♂♂ patrouillieren nicht über freiem Wasser. Die Eiablage erfolgt in lebende Bestandteile flutender Torfmoose.

Verbreitung und Lebensraum: Schwerpunkte der Verbreitung liegen im Norddeutschen Tiefland, im Alpenvorland und in den Alpen sowie in moorreichen Mittelgebirgen wie Harz, Erzgebirge, Bayerischer Wald und Schwarzwald. Hier werden torfmoosreiche Gewässer in Hoch- und Übergangsmooren und teilweise auch abseits von Mooren besiedelt.

Schlupf und Phänologie: Schlupf beginnt in Ausnahmefällen Ende Mai, in der Regel in der zweiten Junihälfte und findet überwiegend im Juli und August statt, Hauptflugzeit von Juli bis Mitte September, in Einzelfällen bis Oktober.

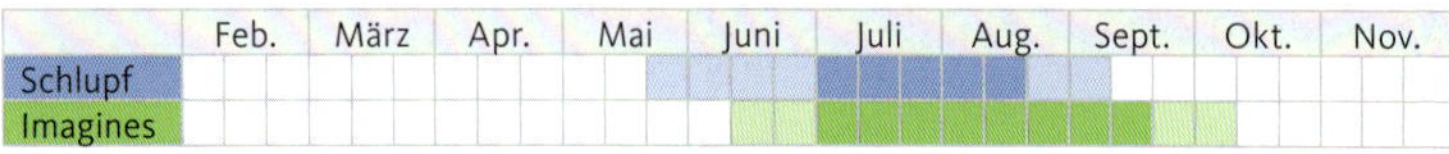

Literatur: Bilek 1960, 1967; Bönsel 1999; Jödicke & Borkenstein 2021; Jurzitza 1960, 1964; Peters 1987; Schmitz 2014; Soeffing & Kazda 1993; Sternberg 1995b

helles dünnes „Streifchen" entlang der Schulternaht deutlicher heller
Helle Form

♂

♂
dritter heller Streifen zwischen den Brustseitenbinden
Augenrückseite ohne gelben Fleck
oben auf S2 – kleines Dreieck mit seitlichen Querstrichen („geflügeltes" Dreieck)
S3/S4 mittlere Fleckenpaar größer oder fast genauso groß wie das untere
S3
S4
Helle Form

dritter heller Streifen
zwischen den
Brustseitenbinden
helle Form
♀

♀
mittleres Fleckenpaar
genauso groß oder
größer als unteres
helle Form

Dunkle Form

Grüne Mosaikjungfer

Aeshna viridis (Eversmann, 1836)

Merkmale: GL 65–75 mm, Ab 43–54 mm, HF 38–45 mm
♂♀: Brust von der Seite komplett grün mit nur dünnen dunklen Nahtsteifen und oben zwei breiten grünen Antehumeralstreifen; senkrechter Strich der T-Zeichnung auf der Stirn sehr dünn, manchmal nicht vorhanden, dann nur ein Querstrich (Halbmond)
♂: Augen oben hellblau, Unterseite grün-gelb; Stirn weiß-blassblau; Hinterleib mit S1 grün, S2 grün-blau, oben mit 2 nach außen zeigenden dunklen U-Zeichnungen, S3–S10 mosaikartig gefärbt, bei ausgefärbten Tieren hellblau (nur bei ganz jungen Tieren grünlich); Flügel im Alter gelblich getönt
♀: Grundfärbung grün; grün(-gelbe) Augen; S2 mit charakteristischer brauner „Doppel-Schirm"-Zeichnung, Oberseite (S3–S10) mosaikartig grün-braun gezeichnet.

Verwechslungsarten: Vor allem die Blaugrüne Mosaikjungfer (*A. cyanea*) und die Große Königslibelle (*Anax imperator*)
A. cyanea: mit breiten, braun-schwarzen Nähten auf der Brustseite; mit gelblichem oder grünem nagel- oder keilförmigen Fleck auf S2
A. imperator: ♂ mit komplett (auch S1–S2) hellblauem, ♀ mit grünem (später blauem) Hinterleib ohne Mosaikflecken, aber mit dunklem Zackenband.

Verhalten: Die Paarungsaktivitäten beginnen ungewöhnlich früh, bereits vor Sonnenaufgang, und dauern bis ca. eine Stunde danach. Die Eiablage erfolgt überwiegend am Nachmittag, dabei sind die Tiere eher anhand knisternder Flügelgeräusche als visuell zu lokalisieren.

Verbreitung und Lebensraum: auf das Norddeutsche Tiefland beschränkt. Dort ist sie nur in den Gewässern bodenständig, die Bestände der Krebsschere (*Stratiotes aloides*) aufweisen, da die Eiablage nahezu ausschließlich in lebende Bestandteile dieser Wasserpflanze erfolgt. Als Habitat dienen verschiedenste stehende oder langsam fließende Gewässer mit deutlich ausgebildeten Krebsscheren-Vorkommen ohne klare Präferenz hinsichtlich Besonnung.

Schlupf und Phänologie: Emergenzperiode beginnt in stärker kontinental geprägtem Klima Mitte Juni, in überwiegend atlantisch beeinflusstem Klima Anfang Juli und kann bis Mitte August andauern, Hauptflugzeit im Juli und August; kann bis in den September gehen.

	Feb.	März	Apr.	Mai	Juni	Juli	Aug.	Sept.	Okt.	Nov.
Schlupf										
Imagines										

Literatur: Bönsel & Frank 2013; Borkenstein & Jödicke 2016; Borkenstein et al. 2016; Kastner & Buchwald 2020; Kastner et al. 2018; Mauersberger et al. 2005; Münchberg 1956; Peters 1987; Rantala et al. 2004; Suhonen et al. 2013; Suutari et al. 2004; Wittenberg et al. 2015

S1 grün, S2
grün-blau mit 2
nach außen
zeigenden dunklen
U-Zeichnungen
dünne dunkle
Nahtstreifen
S3–S10 mosaik-
artig hellblau
gefärbt

♂

♀

senkrechter
Strich der T-
Zeichnung auf der
Stirn sehr dünn
oder fehlend
S2 mit brauner
„Doppel-Schirm"-
Zeichnung
Brustseite kom-
plett grün mit nur
dünnen dunklen
Nahtsteifen

Schabracken-Königslibelle

Anax ephippiger (Burmeister, 1839)

Merkmale: GL 61–70 mm, Ab 43–56 mm, HF 43–48 mm
♂♀: kleinste Königslibelle bei uns; Augen sehr groß, Oberseite immer braun, Unterseite hellbraun-gelblich; Stirn gelb bis hellbraun, auf der Stirnoberseite an der Basis schwarz und davor bei ausgefärbten Tieren ein kräftiger schwarzer Querstrich; Brust hellbraun, untere Hälfte der Brust- und Hinterleibsseite gelb-grünlich; Hinterleib schlank und kurz, mit hellbrauner bis sandfarbener Grundfärbung, S2 mit gelblich-bräunlichem, beidseitig schwarz begrenztem Basalring, S3–S10 mit braunschwarzem Band oben auf dem Rücken, auf S8–S10 breiter werdend
♂: Oberseite des S2 mit leuchtend hellblauem „Sattelfleck", seitlich nicht komplett (nur ca. 1/3) das Segment umschließend, Unterseite von S2 grünlich-gelb, S8–S10 von oben mit paarigen dunkelgelben-hellbraunen Flecken; obere Hinterleibsanhänge spitz auslaufend
♀: Sattelfleck auf S2 blassblau (auch bei unausgefärbten ♂♂) bis braun-violett, bei sehr alten Tieren schwer zu erkennen; breite und symmetrisch spitz zulaufende Anhänge

Verwechslungsarten: andere Arten der Gattung *Anax*, vor allem die Kleine Königslibelle (*A. parthenope*), die jedoch grüne Augen (Augenoberseite) besitzt und deren blauer Sattelfleck S2 und S3 bedeckt und dabei auch die Segmentseiten umfasst.

Verhalten: ♂♂ patrouillieren auf mehr oder minder festen Bahnen am Gewässer und erwarten dort die ♀♀. Die Paarung erfolgt im Flug, die Eiablage erfolgt im Tandem in abgestorbene, im Wasser schwimmende Pflanzenteile.

Verbreitung und Lebensraum: bei uns gelegentlich aus den monsunbeeinflussten Trockengebieten Afrikas sowie dem Nahen und Mittleren Osten bis in den Nordosten Indiens einwandernd, daher in Deutschland nur unregelmäßig auftretende Streufunde, z. B. im Sommer 2019 in größerer Zahl. Als mögliche Fortpflanzungsorte werden flache, vollständig besonnte, temporär wasserführende Gewässer aufgesucht, die in ihrer Struktur den spärlich oder nicht bewachsenen Tümpeln in den (halb)trocken Gebieten des ursprünglichen Habitats ähneln.

Schlupf und Phänologie: kann in Deutschland zunächst im Frühjahr auftreten und unter günstigen Voraussetzungen eine Sommergeneration hervorbringen. Am wahrscheinlichsten ist daher eine Beobachtung zunächst Ende Mai bis Ende Juli, dann wieder Ende August bis Ende September.

Literatur: Burbach & Winterholler 1997; Günther 2005; Günther & Mauersberger 1999; Havermeier & Büchner 2019; Hunger & Schiel 1999; Martens et al. 2012; Mey 2019; Peters 1987; Sternberg 2003

Schwarzer Querstrich
auf der Stirnoberseite
S2 oberseits mit
leuchtend hellblau-
em „Sattelfleck"
blauer Sattelfleck S2 nicht um-
schließend, untere Brustseite und
Hinterleibsseite hell, grün-gelb
Augenoberseite immer braun,
Unterseite hellbraun-gelblich
♂

♀
Sattelfleck
blassblau
Augenoberseite
braun
Breite, symmetrisch
spitz zulaufende
Hinterleibsanhänge
Jung, noch nicht ausgefärbt

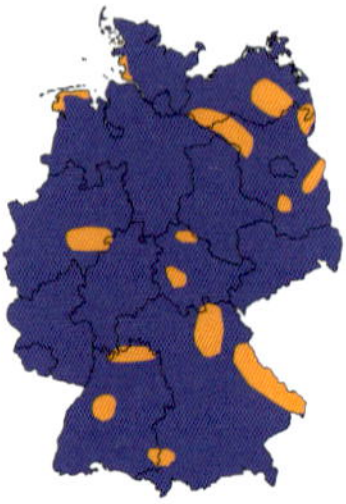

Große Königslibelle

Anax imperator (Leach, 1815)

Merkmale: GL 66–84 mm, Ab 49–61 mm, HF 45–52 mm
♂♀: Stirnoberseite mit einem kleinen, spitz nach vorn zeigenden schwarzen Fleck an der Stirnbasis mit davorliegender hellblauer Querlinie, Brust und S1 apfelgrün mit feinen Nähten und ohne schwarze Zeichnung, im Alter dunkelgrün bis grün-braun; Basalring auf S2 wirkt bei jungen Tieren gelblich, sonst grün, später blau
♂: Augen blau-grün; S3–S10 leuchtend hellblau (temperatur- und lichtabhängig reversibel schmutzig grün-grau verfärbt), bei sehr jungen Tieren zunächst blassrosa, mit durchgehender, dunkelbraun bis schwarz gezackter Zeichnung auf der Oberseite; obere Hinterleibsanhänge stumpf, untere quadratisch
♀: Augen überwiegend grün, Unterseite hell bis gelblich; Hinterleib zunächst blassrosa, dann grünlich, später blau, ebenfalls mit durchgehender, dunkelbraun bis schwarz gezackter Zeichnung; Hinterleibsanhänge spitz, Außenseiten gerade, Innenseiten gebogen.

Verwechslungsarten: andere Edellibellen (Aeshnidae), vor allem die Kleine Königslibelle (*Anax parthenope*) und die Grüne Mosaikjungfer (*Aeshna viridis*)
A. parthenope: auf S2 und S3 oben und seitlich ein hellblauer Sattelfleck, Basalring des S2 gelb, beidseitig schwarz gesäumt
Aeshna viridis: S3–S10 mosaikartig gefärbt, S2 des ♂ grün-blau, oben mit 2 nach außen zeigenden schwarzen U, S2 des ♀ grün, oben mit charakteristischer brauner „Doppel-Schirm"-Zeichnung.

Verhalten: schlüpft in der Regel nachts, Jungfernflug erfolgt noch vor Sonnenaufgang.

Verbreitung und Lebensraum: in Deutschland aktuell bis 500 m ü. NN flächendeckend verbreitet, in höheren Lagen deutlich abnehmend. In den vergangenen Jahrzehnten erfolgte eine nachweislich horizontale Ausbreitung Richtung Norden, aber auch vertikal in höhere Lagen bis ca. 1000 m ü. NN. Besiedelt viele Lebensräume wie sonnenexponierte Seebuchten, Kiesgrubengewässer, Teiche, Altwässer, strömungsberuhigte Bereiche von Fließgewässern, in höheren Lagen humusreiche Gewässer; anspruchsvoll ist die Art nur bezüglich der Temperatur.

Schlupf und Phänologie: Emergenz beginnt ab Anfang Mai und kann sich bis Mitte Juli erstrecken; Flugzeit in der Regel bis Mitte August, in Einzelfällen bis Anfang Oktober.

	Feb.	März	Apr.	Mai	Juni	Juli	Aug.	Sept.	Okt.	Nov.
Schlupf										
Imagines										

Literatur: Corbet 1957; Jurzitza 1967b; Peters 1987; Roland 2010; Westermann & Weihrauch 2007

Brust grün ohne
schwarze Zeichnung
♂

♂
dunkelbraun bis schwarz
gezackte Zeichnung auf
S3 bis S10
Basalring S2 grün

♀

♀

Unausgefärbt

Ausgefärbt

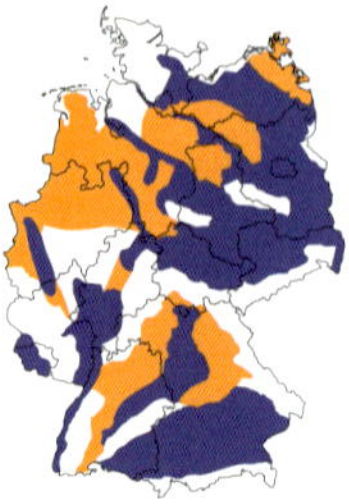

Kleine Königslibelle

Anax parthenope (Selys, 1839)

Merkmale: GL 62–75 mm, Ab 46–53 mm, HF 44–51 mm
♂♀: Augen überwiegend grün; Stirn hell, weiß bis cremefarben, auf der Stirnoberseite an der Basis ein schwarzes Dreieck mit blass-hellblauem Querstrich davor; Brust und S1 braun, im Alter braun-grau; Grundfärbung Hinterleib oliv-grau bis braun-violett mit dunklem Band auf der Oberseite von S3–S10, auf S2 und S3 oben und seitlich ein hellblauer Sattelfleck, Basalring des S2 gelb, beidseitig schwarz umrandet
♂: untere Hinterleibsanhänge sehr kurz (< 1/5 der Länge der oberen Anhänge), von oben kaum zu erkennen, obere Anhänge jeweils mit kleinem Dorn an der Spitze
♀: am Hinterhauptsdreieck zwei Fortsätze; Sattelfleck kleiner als beim ♂, meist nur auf S2 deutlich, auf S3 stark verwaschen, kann ins Grünliche gehen oder ganz fehlen.

Verwechslungsarten: vor allem die Schabracken-Königslibelle (*Anax ephippiger*), bei den seltenen blauen Individuen auch die Große Königslibelle (*Anax imperator*)
A. ephippiger: braune Augen; Sattelfleck nur oben, umschließt nicht die Taille, beim ♀ und unausgefärbten ♂ schwächer ausgeprägt; Basalring auf S2 braun
A. imperator: Brust und S1 grün, gräulich oder grün-braun, nur bei frisch geschlüpften Individuen dünner gelber Basalring auf S2.

Verhalten: die Paarung findet oft abseits der Gewässer statt, die Eiablage erfolgt im Normalfall als Tandem, was für die in Deutschland vorkommenden Arten der Edellibellen die Ausnahme ist.

Verbreitung und Lebensraum: in Deutschland derzeit vor allem in Nordostdeutschland, im Oberrheingebiet und im Alpenvorland, in der Regel unterhalb 200 m ü. NN, in Einzelfällen bis ca. 600 m ü. NN zu finden. Besiedelt ein breites Spektrum von mesotrophen bis polytrophen Gewässern (natürliche Seen, Altarme, große Kies- und Lehmgrubengewässer, Braunkohletagebauseen), die gut besonnt sind.

Schlupf und Phänologie: Emergenzperiode lang, reicht im Extremfall von Anfang Mai bis Anfang Oktober, abhängig von der geografischen Lage und den Temperaturverhältnissen der Entwicklungsgewässer. Hauptflugzeit Juni bis August.

Literatur: Bilek 1964; Mauersberger et al. 2002; Parr et al. 2004; Peters 1987; Roland 2010; Werzinger & Werzinger 2001

Frisch geschlüpft

Westliche Geisterlibelle

Boyeria irene (Fonscolombe, 1838)

Merkmale: GL 63–71 mm, Ab 44–48 mm, HF 39–45 mm
♂♀: Grundfärbung hell bräunlich-grau, hell grünlich oder türkisfarben; Stirn gelblich-hellbraun mit unscharfem schwarzem Fleck auf der Oberseite; Augen grün mit grauen bis bläulichen Reflexen (je nach Lichteinfall und Alter); Brust braun-grau, seitlich mit blassgelben bis hellgrünen breiten Streifen; Antehumeralstreifen blassgelb bis grünlich; S2–S8 oben mit überwiegend braunen „maskenartigen" Flecken; S9–S10 in heller Grundfärbung ohne dunkle Zeichnung; Flügelspitzen meist dunkel getönt
♀: tritt in zwei morphologisch unterschiedlichen Formen mit sowohl kurzen (f. *brachycerca*, ca. 2 mm) als auch mit langen (f. *typica*, ca. 6 mm) Anhängen auf.

Verwechslungsarten: auf Grund der Färbung und der charakteristischen „tarnartigen" Zeichnungen unverwechselbar.

Verhalten: bei uns vor allem in der Abenddämmerung aktiv, seltener am Vormittag anzutreffen; ♂♂ vollführen Strecken-, Inspektions- und Territorialflüge, meist im Schatten, auf der Suche nach ♀♀.

Verbreitung und Lebensraum: Erstbeobachtung für Deutschland 2002 bei Mittenwald (Bayern); bodenständig seit 2008 in Niedersachsen (Südheide) an der Örtze und an einem kleineren Nebenfluss. Ein neuer Exuvienfund erfolgte 2018 an der Wietze. Weitere Einzelbeobachtungen aus dem Bodenseegebiet, auf deutscher Seite nur fliegende Tiere, auf schweizer Seite mit Schlupfnachweis. Strömungsberuhigte Bereiche von naturnahen Bächen und kleinen Flüssen, die ausreichend Gehölze am Ufer aufweisen, stellen das bevorzugte Habitat dar.

Schlupf und Phänologie: Der Schlupf in Deutschland erfolgt vorwiegend im Juli, die Haupflugzeit liegt zwischen Ende Juli und Mitte August. Einzelne Tiere werden noch im September angetroffen.

Literatur: Clausnitzer et al. 2010; Ferreras-Romero & Suhling 2021; Hertzog 2010; Jurzitza 1967a; Kohli et al. 2014; Kuhn & Guster 2003; Mikolajewski et al. 2000; Müller & Eggers 2018; Peters 1987; Schmidt 2005; Suhling & Suhling 2018; Wenger 1959; Wildermuth 2000, 2005

helles, gelb-
grünliches
Schlusslicht
♂

♀
f. *brachycerca*
– mit kurzen
Anhängen
unscharfer dunkler
Fleck auf der Stirn
f. *typica*
– mit langen
Anhängen
f. *typica* – mit langen Anhängen

Früher Schilfjäger

Brachytron pratense (Müller, 1764)

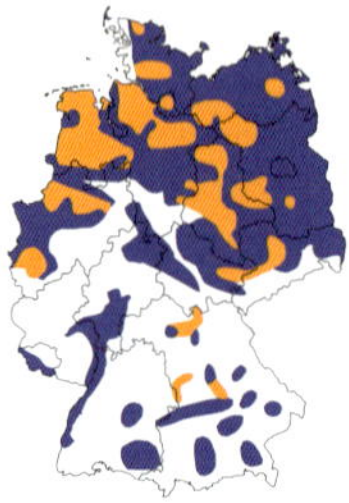

Merkmale: GL 54–63 mm, Ab 37–46 mm, HF 34–37 mm
♂♀: eine der kleinsten unter den heimischen Edellibellen; Brust und Hinterleib deutlich behaart; Brust seitlich mit zwei schwarzen durchgehenden Linien mit einer Querverbindung; Hinterleib ohne Taille, kürzer und breiter als bei anderen Edellibellen, wirkt dadurch stämmiger; Hinterleib oben schwarz mit Mosaikflecken, auf S1 ein zentraler punktartiger Fleck; Flügel mit langem, schmalem Flügelmal, Hinterrand des Hinterflügels an der Basis abgerundet
♂: Brust grün bis grün-gelb, Oberseite mit zwei grünen länglichen Antehumeralstreifen; zentraler Punkt auf S1 grün-blau, S2–S9 oben mit hellblauen, paarigen, größeren Mosaikflecken, seitlich ebenfalls hellblau mosaikartig gefleckt
♀: Brust braun-gelb, Oberseite mit kleinen gelben Antehumeralstreifen; zentraler Punkt auf S1 gelb, S2–S9 oben mit gelben, paarigen Mosaikflecken, seitlich ebenfalls mit gelben Mosaikflecken. Männchenfarbige Weibchen kommen vor, sind aber sehr selten.

Verwechslungsarten: andere kleinere Edellibellen wie die Herbst-Mosaikjungfer (*Aeshna mixta*), deren Brust jedoch mit brauner Grundfärbung und seitlich zwei breiten, gelben Seitenbinden; Antehumeralstreifen sind in beiden Geschlechtern auf zwei kleine, gelbe, kommaförmige Striche reduziert; S2 mit gelbem, keilförmigem, dunkel umrandetem Fleck.

Verhalten: ♂♂ patrouillieren dicht über dem Wasser, durch Röhrichte und die lockere ufernahe Vegetation.

Verbreitung und Lebensraum: Tieflandart mit Verbreitungsschwerpunkt im Norddeutschen Tiefland, außerhalb davon in den Niederungen größerer Flusssysteme, in höheren Lagen nicht bodenständig. Besiedelt stehende oder nur sehr leicht durchströmte, aber nahezu ausschließlich reife Gewässer mit möglichst konstanten Sauerstoffverhältnissen und ausreichend emerser und submerser Vegetation, vor allem ausgedehnten Röhrichtzonen.

Schlupf und Phänologie: Emergenz beginnt meist schon Ende April bis Anfang Mai und ist überwiegend Ende Mai beendet; Flugzeit reicht in der Regel bis Mitte Juni, in Einzelfällen bis in den Juli.

Literatur: Bönsel & Frank 2013; Brauner 2006; Höppner 1994; Lohr et al. 2015b; Mauersberger et al. 2013; Münchberg 1930; Peters 1987; Westermann 2003, 2014

zwei schwarze durchgehende Linien mit einer Querverbindung
Brustoberseite mit zwei grünen länglichen Antehumeral-streifen
S1 mit einem zentralen punkt-artigen Fleck
♂

♀
S1 mit einem zentralen punktartigen Fleck

Flussjungfern

Gomphidae (Rambur, 1842)

Die Flussjungfern sind mittelgroße Vertreter der Großlibellen (Anisoptera). Alle Gomphidae weisen als Gemeinsamkeit die deutlich voneinander getrennten großen Komplexaugen auf. Anhand dieses Merkmals sind sie leicht von allen anderen Großlibellen zu unterscheiden. Die bei uns vorkommenden Arten sind gelb bzw. gelb-grün mit deutlich schwarzen Zeichnungen.

Sie sind weltweit mit ca. 1000 Arten und etwa 90 Gattungen in allen zoogeographischen Regionen verbreitet. In Deutschland wurden sieben Arten nachgewiesen, von denen derzeit sechs vorkommen. Diese werden den nachfolgenden vier Gattungen zugeordnet.

- Keiljungfern (*Gomphus*, Leach 1815)
- Zangenlibellen (*Onychogomphus*, Selys 1854)
- Flussjungfern (*Ophiogomphus*, Selys, 1854)
- Keulenjungfern (*Stylurus*, Needham, 1897)

Obwohl der deutsche Familienname den Schluss zulassen könnte, dass es sich um reine Fließgewässerarten handelt, stimmt dies nur bedingt. Einige Arten, wie die Kleine Zangenlibelle (*Onychogomphus forcipatus*) und die Gemeine Keiljungfer (*Gomphus vulgatissimus*), kommen auch an stehenden Gewässern vor, die Westliche Keiljungfer (*Gomphus pulchellus*) ist sogar bevorzugt hier zu finden.

Die Flussjungfern sind keine ausdauernden Flieger und setzen sich gerne waagerecht auf den Boden oder auf Substrate in Ufernähe.

Literatur: Paulson & Schorr 2020; Suhling & Müller 1996; Ware et al. 2017

Kleine Zangenlibelle (Onychogomphus forcipatus)

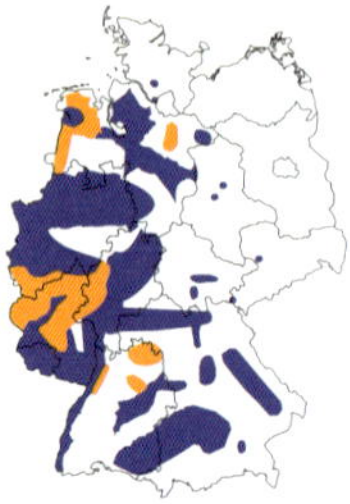

Westliche Keiljungfer

Gomphus pulchellus (Selys, 1840)

Merkmale: GL 47–50 mm, Ab 34–38 mm, HF 27–31 mm
♂♀: schlanke Art mit blass hellgelb-schwarzer Körperfärbung und schmalen Brustseitenlinien; Augen hellblau; Brust mit breitem Antehumeralstreifen, über dem Bein durch einen schwarzen Querstreif begrenzt; Metapleuralstreifen über der Hüfte des dritten Beinpaares gegabelt; Interpleuralstreifen vollständig und leicht gewellt; Beine gelb-schwarz gestreift; Hinterleibsende (S8 und S9) höchstens leicht verbreitert, nicht keulenförmig verdickt, oben mit gelbem Mittelstreif.

Verwechslungsarten: Vor allem die anderen Arten der Gattung *Gomphus* und die Eurasische Keulenjungfer *Stylurus flavipes*, die ♂♂ dieser Arten in Deutschland haben ein deutlich verbreitertes Hinterleibsende; die schwarze Zeichnung auf den Brustseiten ist deutlich breiter
G. vulgatissimus: komplett schwarze Beine; keinen gelben Mittelstreif auf S8–S9
G. simillimus: schwarze Seitenbruststreifen breiter, Interpleuralstreifen unvollständig
S. flavipes: Metapleuralstreifen über der Hüfte des dritten Beines nicht gegabelt; Interpleuralstreifen unvollständig; Antehumeralstreifen bis zum mittleren Bein durchgehend.

Verhalten: ♂♂ sitzen in offenen Bereichen oder auf niedriger Vegetation in Gewässernähe oder patrouillieren bei Sonnenschein entlang der Uferlinie; Tiere jagen über den gewässernahen Wegen, Feldern, Wiesen oder Ruderalflächen; abends an sonnenexponierten Böschungen; Paarung beginnt im Flug und endet sitzend in der Vegetation oder auf dem Boden; Eiablage der ♀♀ außerhalb der Aktivitätszeit der ♂♂.

Verbreitung und Lebensraum: hat sich in Deutschland seit der zweiten Hälfte des 20. Jahrhunderts von Südwesten her ausgebreitet. Die Grenze liegt aktuell ungefähr im Bereich des Verlaufs der Elbe. Die meisten Nachweise erfolgten in Flusstälern und in den Ebenen. Besiedelt dort Abbaugewässer in frühen Sukzessionsstadien, Stauseen, Altarme und Kanäle, seltener auch Flüsse.

Schlupf und Phänologie: Schlupfzeit beginnt stark synchronisiert Anfang Mai, die letzten Tiere schlüpfen Mitte Juni. Hauptflugzeit zwischen Mitte Mai und Mitte Juli.

	Feb.	März	Apr.	Mai	Juni	Juli	Aug.	Sept.	Okt.	Nov.
Schlupf										
Imagines										

Literatur: Heidemann 1988; Petzold 2015; Ruf et al. 2016; Schirmacher et al. 2007; Suhling & Müller 1996; Suhling & Müller 2015; Ware et al. 2017

Hinterleibsende nur leicht verbreitert
ntehumeralstreifen
chmal und begrenzt
Interpleuralstreifen vollständig und leicht gewellt
Metapleural-streifen gegabelt
♂

♀
Antehumeralstreifen schmal und begrenzt
Metapleuralstreifen gegabelt
Interpleuralstreifen vollständig und leicht gewellt
Beine gelb mit schwar-zen Streifen

Gelbe Keiljungfer

Gomphus simillimus (Selys, 1840)

Merkmale: GL 45–50 mm, Ab 33–36 mm, HF 29–33 mm
♂♀: im ausgefärbten Zustand leuchtend gelb-schwarze Körperfärbung; unausgefärbt mit grünlicher Tendenz; oben auf S8 und S9 mit gelbem Mittelstreifen; Augen hellblau; Beine schwarz mit schmalem gelbem Streifen; gelber Antehumeralstreifen schmal und über dem Bein durch schwarzen Querstreif begrenzt; Metapleuralstreifen gegabelt, Interpleuralstreifen unvollständig (nur untere Hälfte)
♂: Hinterleibsende (S7–S9) deutlich verbreitert
♀: Hinterleibsende (S7–S9) kaum verbreitert.

Verwechslungsarten: Vor allem die anderen Arten der Gattung *Gomphus* und die Eurasische Keulenjungfer *Stylurus flavipes*
G. vulgatissimus: komplett schwarze Beine, kein gelber Mittelstreif auf S8 und S9
G. pulchellus: im ausgefärbten Zustand nur blassgelb, Hinterleibsende nicht verbreitert, Interpleuralstreifen auf der Brustseite durchgehend (vollständig)
S. flavipes: Metapleuralstreifen nicht gegabelt, Antehumeralstreifen bis zum mittleren Bein durchgehend.

Verhalten: ♂♂ warten am Ufer auf Kiesbänken, Steinen oder Wegen sowie auch auf emersen Wasserpflanzen oder Zweigen sitzend auf die ♀♀. Die Paarung findet am Ufer statt. Die Eier werden an strömungsberuhigten Stellen im Flug ins Wasser abgegeben.

Verbreitung und Lebensraum: In Deutschland regelmäßige Nachweise bisher nur an einem etwa 200 km langen Abschnitt des Rheins von Konstanz bis nördlich von Basel; ist auch am Seerhein (zwischen Ober- und Untersee) bodenständig. Exuvien fanden sich sowohl an stark strömenden als auch an strömungsberuhigten Abschnitten, die Larven scheinen aber Feinsedimente als Aufenthaltsort zu bevorzugen.

Schlupf und Phänologie: Der Schlupf beginnt am Rhein im Juni und erstreckt sich bis Mitte Juli. Die Hauptflugzeit ist der Juli, die letzten Tiere wurden Ende August beobachtet.

Literatur: FIEBRICH 2011; HEITZ 1993; HUNGER & SCHIEL 2015; SUHLING & MÜLLER 1996; WESTERMANN & WESTERMANN 1996; WILDERMUTH & SCHNEIDER 2016

Antehumeralstreifen schmal und begrenzt
Augen hellblau
Interpleuralstreifen unvollständig
Metapleuralstreifen gegabelt
S7–S9 deutlich verbreitert

♂

♀

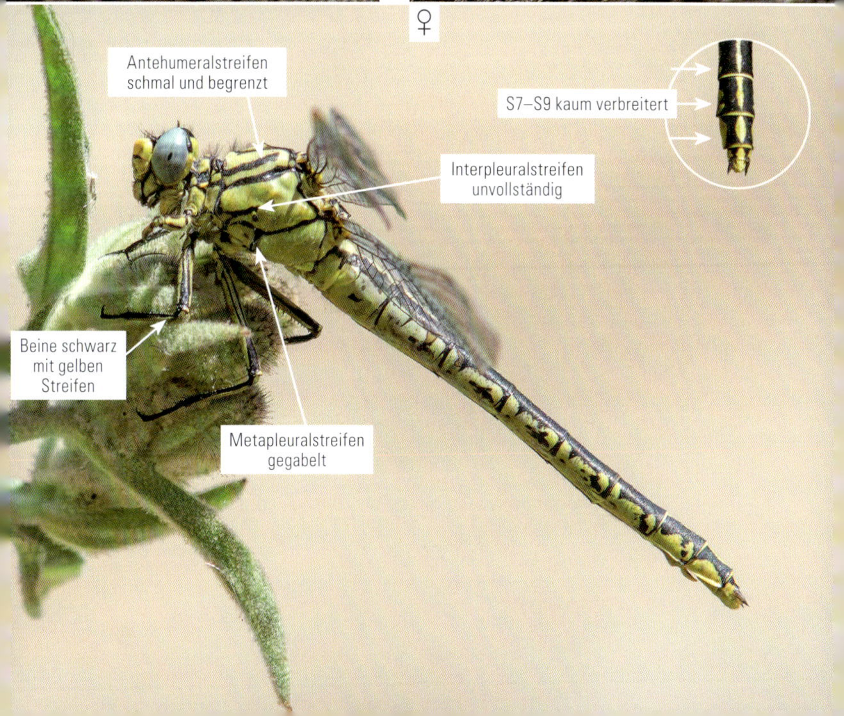
Antehumeralstreifen schmal und begrenzt
S7–S9 kaum verbreitert
Interpleuralstreifen unvollständig
Beine schwarz mit gelben Streifen
Metapleuralstreifen gegabelt

Gemeine Keiljungfer

Gomphus vulgatissimus (Linnaeus, 1758)

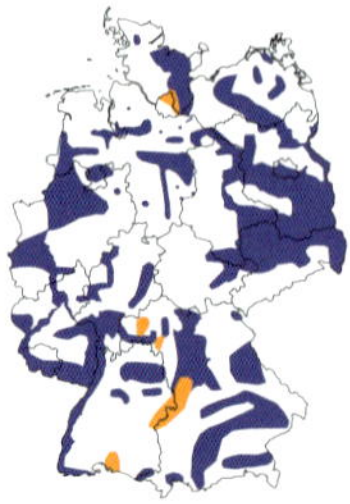

Merkmale: GL 45–50 mm, Ab 33–37 mm, HF 28–33 mm
♂♀: mittelgroße, gelb-grün-schwarze Art; Brust mit schmalem Antehumeralstreifen, über dem Bein durch schwarzen Querstreif begrenzt; Metapleuralstreifen über der Hüfte des dritten Beines gegabelt; Interpleuralstreifen unvollständig; Beine komplett schwarz; Hinterleibsende verbreitert, ohne gelben Mittelstreifen auf S8 und S9
♂: unausgefärbt mit gelb-schwarzer Körperfarbe, mit zunehmendem Alter deutlich grün-schwarz; Augen blau-grün
♀: gelb-schwarze Körperfarbe; Augen (grau-)grün; Legescheide ungeteilt, an der Spitze tief eingeschnitten.

Verwechslungsarten: vor allem die anderen Arten der Gattung *Gomphus* und die Eurasische Keulenjungfer *Stylurus flavipes*, diese Arten haben jedoch gelb-schwarz gestreifte Beine und einen gelben Mittelstreif oben auf S8 und S9
G. pulchellus: Hinterleibsende nicht verbreitert; Interpleuralstreifen vollständig
G. simillimus: ♂ ausgefärbt nicht grün; Augen blau
S. flavipes: Metapleuralstreifen über der Hüfte des hinteren Beines nicht gegabelt; Antehumeralstreifen bis zum mittleren Bein durchgehend.

Verhalten: ♂♂ sitzen auf Röhrichtpflanzen und Stauden in besonnten Uferabschnitten und starten von dort aus zu Patrouillenflügen. ♀♀ werden im Flug ergriffen, die Paarung wird meist in den Baumkronen von Ufergehölzen vollzogen. Die Eiablage erfolgt im Flug durch Abstreifen von Eiballen an der Wasseroberfläche oder Abwurf aus größerer Höhe ohne Begleitung des ♂.

Verbreitung und Lebensraum: Tieflandart, dort vor allem in den Auen der größeren Flüsse sowie an den Seenlandschaften Norddeutschlands, aber auch in den Tälern der Mittelgebirge. Meidet die höheren Gebirgslagen und die unmittelbaren Küstenregionen. Die Art besiedelt naturnahe Flüsse bis zum Mittellauf und findet sich im Tiefland auch an Bächen, Seeausflüssen, Schifffahrtskanälen und Brandungsufern größerer Seen.

Schlupf und Phänologie: Emergenz von Ende April bis Mitte Mai, wobei die meisten Individuen stark synchronisiert innerhalb weniger Tage schlüpfen; Hauptflugzeit bis Ende Juni, einzelne Individuen wurden bis Anfang August gesichtet. Seit einigen Jahren werden einzelne Imagines noch Anfang Oktober beobachtet oder kommen sogar erst im Herbst zum Schlupf.

	Feb.	März	Apr.	Mai	Juni	Juli	Aug.	Sept.	Okt.	Nov.
Schlupf										
Imagines										

Literatur: Fliedner & Fliedner 2000; Hoess & Wermeille 2014; Kern 1999; Kunz 2015b; Liebel & Segreto 2015; Müller et al. 2000; Suhling & Müller 1996; Westermann et al. 1995

Antehumeralstreifen schmal, über dem Bein durch schwarzen Querstreif begrenzt
Hinterleibsende verbreitert, ohne gelben Mittelstreifen auf S8 und S9
S7
S8
S9
S10
♂

♀

Beine komplett schwarz
Hinterleibsende ohne gelben Mittelstreifen auf S8 und S9

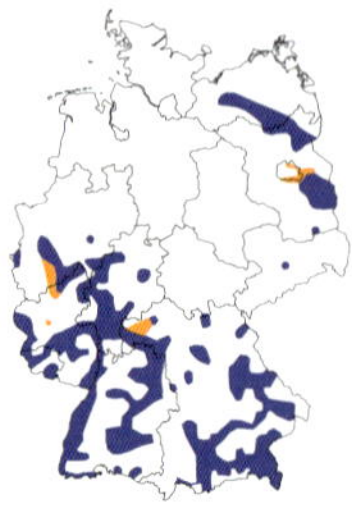

Kleine Zangenlibelle

Onychogomphus forcipatus (Linnaeus, 1758)

Merkmale: GL 46–50 mm, Ab 31–37 mm, HF 25–30 mm
♂♀: kontrastreich gelb-schwarz gefärbt, der Schwarzanteil ist variabel; in Europa drei Unterarten, in Deutschland nur *O. f. forcipatus*: Augen grün, selten grau, Kopf zwischen den Augen mit gelbem schmalem Streifen; schwarze Seiten- und Mittelstreifen der Brust variabel, in der Regel schmaler, ggf. unterbrochen und deutlich voneinander getrennt, auch wenn der dritte zwei größere Ausbuchtungen bilden kann; schwarzes Rückenband auf der Brustoberseite nicht bis zum Vorderrand verlaufend, dadurch gelbes Halsband durchgehend; Seiten- und Mittelstreifen der Vorderbrust verbinden sich oben.
♂: große auffällige Hinterleibsanhänge, die zangenförmig ineinandergreifen, der untere hat einen subbasalen Zahn nahe der Basis und einen Höcker nahe dem Ende, gekerbt, zunächst gelb-braun, später dunkler
♀: Legescheide aus zwei breitgerundeten, parallel verlaufenden Fortsätzen.

Verwechslungsarten: vor allem die Große Zangenlibelle (*O. uncatus*), diese hat blaue oder blau-graue Augen, der schwarze Augenzwischenraum ohne gelben Streifen, schwarzes Rückenband auf der Brustoberseite mit einer schmalen Spitze bis zum Vorderrand der Brust und „trennt" so das gelbe Halsband, Seiten- und Mittelstreifen der Vorderbrust verbinden sich oben nicht. Der Schwarzanteil der Brust- und Hinterleibszeichnung ist bei beiden Arten relativ variabel und sollte daher nicht allein zur Unterscheidung herangezogen werden.

Verhalten: ♂♂ sitzen auf Kiesbänken und Steinen knapp über der Wasseroberfläche, vor allem an offenen Uferabschnitten mit höherer, turbulenter Strömung, und warten dort auf ♀♀. Vorbeifliegende männliche Rivalen werden sofort angegriffen. Die mehrere Stunden dauernde Paarung findet in Büschen und Bäumen in Ufernähe statt.

Verbreitung und Lebensraum: im Nordosten Deutschlands vorwiegend an nährstoffarmen, grundwassergespeisten, abflusslosen Seen in Waldnähe, in Mittel- und Süddeutschland in den Flussniederungen bodenständig, vor allem an naturnah strukturierten, gut durchströmten, sommerwarmen Bächen und Flüssen mit vielfältigem Sohlsubstrat, Altarmen und Seeausflüssen.

Schlupf und Phänologie: die ersten Tiere schlüpfen ab Mitte Mai, die letzten Ende Juli; Hauptflugzeit im Juni und Juli, einzelne Imagines können noch bis Anfang September beobachtet werden.

	Feb.	März	Apr.	Mai	Juni	Juli	Aug.	Sept.	Okt.	Nov.
Schlupf										
Imagines										

Literatur: Jurzitza 1961; Kaiser 1974c; Mauersberger & Petzold 2002; Martens 2001; Müller & Berger 2005; Suhling & Müller 1996; Weihrauch 2001; Westermann 2011, 2017

Seiten- und Mittelstreifen der Vorderbrust verbinden sich oben
schwarzes Rückenband auf der Brustoberseite nicht bis zum Vorderrand verlaufend, dadurch gelbes Halsband durchgehend
Kopf zwischen den Augen mit hellem schmalem Streifen
unterer Hinterleibsanhang mit subbasalem Zahn und subterminalem Höcker
♂

♀

Große Zangenlibelle

Onychogomphus uncatus (Charpentier, 1840)

Merkmale: GL 50–53 mm, Ab 34–42 mm, HF 29–33 mm
♂♀: kontrastreich gelb-schwarz gefärbt; Augen grau-blau oder blau, Kopf zwischen den Augen schwarz ohne schmalen gelben Streifen; schwarzes Rückenband auf der Brustoberseite mit einer schmalen Spitze bis zum Vorderrand der Brust und „trennt" gelbes Halsband; die seitlichen schwarzen Streifen auf der Brust sind breit und besonders der dritte und vierte von vorn gesehen verlaufen stark ineinander; Seiten- und Mittelstreifen der Vorderbrust verbinden sich oben nicht
♂: drei große auffällige Hinterleibsanhänge, die zangenförmig ineinandergreifen, der untere hat nur einen Zahn nahe der Basis und keinen Höcker nahe dem Ende, die oberen sind hellgelb und am Ende ungekerbt
♀: Legescheide besteht aus zwei schmalen, fingerartigen Fortsätzen.

Verwechslungsarten: die bei uns vorkommende Unterart der Kleinen Zangenlibelle (*Onychogomphus f. forcipatus*) hat grünliche, seltener graue Augen, der schwarze Augenzwischenraum weist einen schmalen gelben Streifen auf. Seiten- und Mittelstreifen der Vorderbrust verbinden sich oben. Die seitlichen schwarzen Streifen auf der Brust sind deutlich voneinander getrennt, lediglich der dritte kann zwei größere Ausbuchtungen bilden, die sich aber nicht mit dem vierten verbinden. Der Schwarzanteil der Brust- und Hinterleibszeichnung ist bei beiden Arten relativ variabel und sollte daher nicht allein zur Unterscheidung herangezogen werden.

Verhalten: ♂♂ bevorzugen offene Uferbereiche an Gewässerabschnitten mit höherer und turbulenter Strömung, sitzen dort auf Steinen, fliegen höchstens kurz auf und warten auf die Weibchen. Zur Jagd werden offene und vegetationsarme Flächen in Fließgewässernähe genutzt.

Verbreitung und Lebensraum: Nachweise in Deutschland beschränkt auf den Hochrhein im Bereich des Jestetter Zipfels im Zeitraum von 1928 bis 1991, das Vorkommen gilt inzwischen als erloschen. Die Art findet man an schnell fließenden Bächen mit teilweiser Beschattung und kiesigem, sandigem Sohlsubstrat, durchströmten Kanälen sowie an kleineren durchflossenen Seitenarmen in Flussauen.

Schlupf und Phänologie: Emergenzperiode von Anfang Juni bis Mitte August, wobei die meisten Tiere zwischen Mitte Juni und Mitte Juli schlüpfen. Die Flugzeit am Gewässer erstreckt sich von Ende Juni bis Anfang September.

	Feb.	März	Apr.	Mai	Juni	Juli	Aug.	Sept.	Okt.	Nov.
Schlupf										
Imagines										

Literatur: Jurzitza 1961; Martens et al. 2008; Rehfeldt 2004; Schütte et al. 1998; Suhling 1995, 1996; Suhling & Müller 1996;

schwarzes Rückenband auf der Brustoberseite mit einer schmalen Spitze bis zum Vorderrand der Brust und „trennt“ gelbes Halsband
Augen ausgefärbt grau-blau
zwischen den Augen schwarz ohne gelben Streifen
unterer Hinterleibsanhang mit subbasalem Zahn, aber ohne subterminalen Höcker
♂

♀

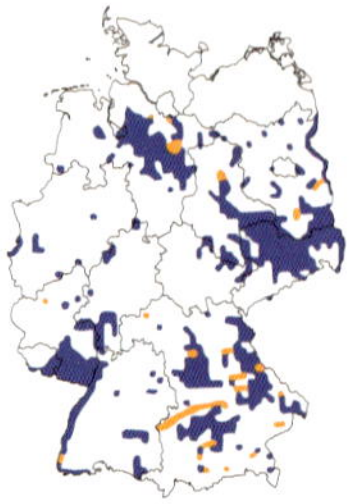

Grüne Flussjungfer

Ophiogomphus cecilia (Fourcroy, 1785)

Merkmale: GL 50–60 mm, Ab 37–42 mm, HF 30–36 mm
♂♀: relativ groß und kräftig, im ausgefärbten Zustand deutlich dreifarbig: Augen, Stirn, Brust, S1 und S2 grasgrün mit schwarzer Zeichnung, restlicher Hinterleib von oben gesehen schwarz mit großen gelben Flecken, die vor allem auf S3–S7 die Form eines langgezogenen Dreiecks mit abgesetzter Spitze aufweisen; frisch geschlüpfte Tiere zweifarbig gelb-schwarz mit nur schwach grüner Zeichnung; Beine gelb mit dünnen schwarzen Streifen; Brustseiten mit schmaler schwarzer Zeichnung; obere Hinterleibsanhänge gelb; Analschleife der Hinterflügel gewöhnlich dreizellig
♂: S7–S9 keulenartig verbreitert, obere Anhänge nicht länger als S10
♀: Kopfhinterrand zwischen den Augen mit zwei unregelmäßig gezähnten Ausbuchtungen.

Verwechslungsarten: noch nicht voll ausgefärbte Tiere können aufgrund der schwachen Grünfärbung mit *Gomphus*-Arten oder *Stylurus flavipes* verwechselt werden. Die Zeichnung auf S3–S10 ist bei diesen Arten jedoch stärker linienförmig ausgebildet. Das ♂ von *Onychogomphus* hat große, zangenförmige Anhänge, die seitlichen Bruststreifen sind deutlich breiter, der Hinterleib erscheint durch die breiten Flecken von oben eher gelb-schwarz geringelt als gefleckt.

Verhalten: Paarungsbereite ♂♂ meist an offenen Uferbereichen und an sonnenexponierten Stellen in der Ufervegetation, von dort zu ausdauernden Patrouillenflüge aufbrechend. Das Weibchen wird im Flug ergriffen, die Paarung meist in den Baumkronen von Ufergehölzen vollzogen. Die Eiablage erfolgt im Flug ohne Begleitung des Männchens.

Verbreitung und Lebensraum: Schwerpunkte des Vorkommens sind Lüneburger Heide, die Gewässersysteme von Oder-Neiße, Elbe-Mulde-Saale und Spree, größere Teile von Bayern, Südhessen, Pfalz sowie Hoch- und Oberrheingebiet. Als Fließgewässerart an großen Strömen bis hin zu kleinen Bachoberläufen zu finden, vor allem in strukturreichen und naturnahen Mittelläufen mit guter Besonnung, hoher Fließgeschwindigkeit, streckenweiser Ausbildung von Ufergehölzen und stabilen, feinsandigen bis grobkiesigen Sohlsubstraten.

Schlupf und Phänologie: Emergenzbeginn je nach Gewässertyp bereits Mitte Mai, mit Schwerpunkt im Juni und Juli; Hauptflugzeit Ende Juni bis Ende August, einzelne Individuen fliegen bis Anfang September, in Extremfällen sogar bis Mitte Oktober.

	Feb.	März	Apr.	Mai	Juni	Juli	Aug.	Sept.	Okt.	Nov.
Schlupf										
Imagines										

Literatur: Böhm et al. 2013; Conze & Joest 2013; Friedritz et al. 2018; Müller & Steglich 2001; Müller 2004; Raab 2016; Rackow 2005; Schiel & Hunger 2006; Schütte 1998; Suhling & Müller 1996

Obere Hinterleibs-
anhänge hell
Augen, Stirn, Brust,
S1 und S2 grasgrün
mit schwarzer
Zeichnung
♂

♀
Brust mit schmaler
schwarzer Zeichnung
Beine gelb mit
schwarzen
Streifen

Eurasische Keulenjungfer

Stylurus flavipes (Charpentier, 1825)

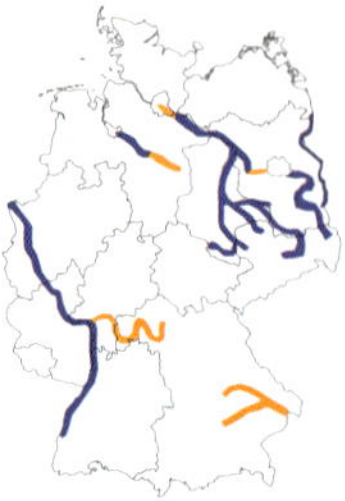

Merkmale: GL 50–55 mm, Ab 37–42 mm, HF 30–35 mm
♂♀: relativ große und schlanke Art, gelb-schwarz, mit zunehmendem Alter ggf. auch leicht grünlich gefärbt; S8 und S9 oben schwarz mit gelbem Mittelstreifen; Beine schwarz mit gelb gestreiften Schenkeln und Schienen; schwarze Linien oben auf der Brust umschließen (fast) komplett zwei gelbe ovale Flecken, dazwischen mit einer durchgehenden gelben Linie, die sich vorne mit der gelben Brustbasis verbindet (gelbes, breites „T"); heller Antehumeralstreifen breit und bis zu den Hüften des zweiten Beinpaares durchgehend; Interpleuralstreifen unvollständig, Metapleuralstreifen über den Hüften des dritten Beinpaares nicht gegabelt
♂: Augen blau, stark verbreitertes Hinterleibsende (S7–S9)
♀: Augen grau-blau bis grünlich, nur leicht verbreitertes Hinterleibsende.

Verwechslungsarten: Vor allem die Arten der Gattung *Gomphus*
G. vulgatissimus: komplett schwarze Beine; ohne gelben Mittelstreif auf S8 und S9
G. pulchellus, G. simillimus: Metapleuralstreifen gabelt sich über der Hüfte des dritten Beinpaares; Antehumeralstreifen über dem Bein durch einen schwarzen Querstreif begrenzt.

Verhalten: ♂♂ patrouillieren in der Flussmitte. Beide Geschlechter jagen gelegentlich am Ufer oder über den gewässernahen Wiesen oder Ruderalflächen. Sie fallen durch ihren wellenförmigen Flug in etwa 1 m Höhe über dem Boden auf. Nur selten setzen sie sich in niedriger Vegetation ab.

Verbreitung und Lebensraum: In Deutschland entlang der Unterläufe von großen Flüssen und Strömen wie Oder, Elbe, Weser, Rhein und Donau, von dort aus teilweise auch in die Zuflüsse einwandernd und dort bodenständig. Abseits der großen Fließgewässer nur Einzelnachweise. Die Larven besiedeln feinsandige, mit Pflanzenresten durchsetzte und nicht zu stark verschlammte Flachwasserbereiche (z. B. schwach durchflossene Altarme oder strömungsberuhigte Zwischenbuhnenbereichen).

Schlupf und Phänologie: lange Schlupfzeit, die Ende Mai beginnt und erst Mitte August endet; Hauptflugzeit zwischen Mitte Juni und Anfang September.

Literatur: Freyhof et al. 1998; Hanschitz-Jandl 2005; Hunger & Schiel 2008; Krawutschke & Kruse 1999; Krech 2007; Müller 1993b; Niehuis & Schneider 1997; Reder 1997, 2001; Schiel & Rademacher 1999; Seehausen & Turiault 2021; Suhling & Müller 1996; Werzinger & Werzinger 1999; Winterholler & Leinsinger 1999

Antehumeralstreifen
breit und durchgehend
Metapleuralstreifen
nicht gegabelt
Interpleuralstreifen
unvollständig
♂

♀
Beine gelb mit
schwarzen Streifen

Quelljungfern

Cordulegastridae (Calvert, 1893)

Die Quelljungfern sind große, schwarz-gelb gezeichnete Libellen, die vom Körperbau an Edellibellen (Aeshnidae) erinnern. Die Familienzugehörigkeit lässt sich z. B. an der Länge der Berührungslinie der Augen und der Hinterleibsanhänge ausmachen. So berühren sich bei den Quelljungfern im Vergleich zu den Edellibellen die Augen oberseits lediglich in einem Punkt und die Hinterleibsanhänge der Männchen sind deutlich kürzer und unterschiedlich geformt. Die Weibchen der Quelljungfern haben zudem eine dornartige, über den Hinterleib hinausragende Legescheide.

Aus dieser Familie sind weltweit über 50 Arten, die in drei Gattungen gestellt werden, beschrieben. In Europa ist nur die Gattung *Cordulegaster* Leach, 1815 heimisch, von der in Deutschland zwei Arten vorkommen (*C. bidentata* und *C. boltonii*).

Alle Arten sind für die Fortpflanzung auf saubere Fließgewässer angewiesen. Zum Teil handelt es sich um ausgesprochene Spezialisten, die lediglich an kleinsten Quellbächen zu finden sind. Die Entwicklungszeit der Larven wird im Extremfall auf bis zu sechs Jahre geschätzt.

Literatur: Boudot & Jacquemin 1995; Buczyński et al. 2020; Froufe et al. 2014; Lohmann 1993; Theischinger 1979; Paulson & Schorr 2020; Wildermuth & Martens 2019

Zweigestreifte Quelljungfer (Cordulegaster boltonii)

Gestreifte Quelljungfer

Cordulegaster bidentata Selys, 1843

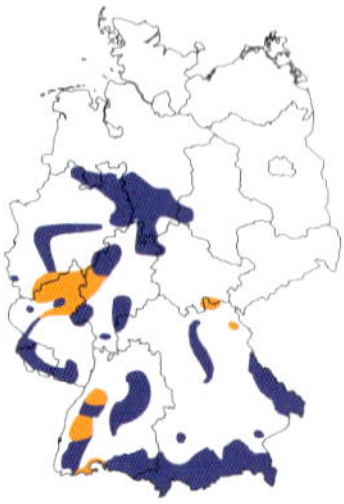

Merkmale: GL 69–83 mm, Ab 52–63 mm, HF 41–50 mm
♂♀: S4–S8 (manchmal bis S9) mit jeweils einem einzelnen, gelben Fleckenpaar, wodurch sie relativ dunkel wirkt, seitlich betrachtet verjüngen sich diese Flecken nach unten und bilden oft die Form eines Dreiecks, S1 typisch mit seitlich in der Mitte gelbem Fleck, dieser kann auch nahezu fehlen; Brust mit gelben Antehumeralstreifen und seitlich mit zwei breiten, gelben Streifen; Hinterhauptsdreieck schwarz (selten gelb-bräunlich); Querbalken auf der Stirn breit und nimmt mehr als 2/3 der Gesamtbreite ein
♂: obere Anhänge laufen, von oben betrachtet, leicht auseinander; basaler Zahn an der Unterseite von der Seite deutlich sichtbar
♀: mit auffälligem, dornartig wirkendem Legebohrer, überragt das Ende des Hinterleibs deutlich.

Verwechslungsarten: nur die Zweigestreifte Quelljungfer (*C. boltonii*); der Hinterleib weist an S2–S7 (manchmal bis S8) jeweils zwei gelbe Fleckenpaare auf („zweigestreift"); Hinterhauptsdreieck ist gelb; Brust seitlich in der Regel mit einem deutlichen gelben „Mittelstreifen".

Verhalten: Die Tiere sind meist nicht sehr scheu. Vor allem auf Waldlichtungen und Wegen in der Umgebung von Fortpflanzungsgewässern können sie regelmäßig ruhend und jagend beobachtet werden, oft sind jedoch lediglich Einzeltiere festzustellen. Die Männchen patrouillieren ausgiebig über dem Gewässer und kommen auf ihrer Route in der Regel an denselben Abschnitten wieder vorbei.

Verbreitung und Lebensraum: Bis auf den Thüringer Wald, das Erzgebirge, die hohe Rhön und den Vogelsberg in allen weiteren Mittelgebirgen und den Alpen anzutreffen, fehlt aber im Norddeutschen Tiefland. Es werden normalerweise Höhen bis 550 m ü. NN, in den Alpen und Hochschwarzwald auch bis maximal 1800 m ü. NN, besiedelt. Die Art ist spezialisiert auf meist beschattete Quellen und Quellabflüsse mit starkem Gefälle und geringen Abflussmengen, die vor allem in Laubwäldern liegen. Die Patrouillenstrecken der Männchen reichen selten weiter als 200 m unter die Quellen, während die Weibchen bei der Eiablage bis maximal 1000 m unterhalb der Quelle anzutreffen sind.

Schlupf und Phänologie: Der Schlupf kann in Extremfällen bereits Ende April einsetzen, in der Regel erfolgt er jedoch frühestens ab Mitte Mai und endet Anfang Juli. Je nach Witterung kann die Flugzeit bis Juli gehen oder bis in den August, in höheren Lagen bis in den September, reichen.

	Feb.	März	Apr.	Mai	Juni	Juli	Aug.	Sept.	Okt.	Nov.
Schlupf										
Imagines										

Literatur: Baudermann & Martens 2011; Frobel & Schlumprecht 2015; Ott 2013; Pix 2011, 2016; Tamm 2012, 2015, 2016, 2017; Tamm & Dressler 2020, 2021

zwischen Brustseiten-
streifen kein bzw. kein
deutlicher Mittelstreifen
S4–S8 mit jeweils nur
einem gelben Fleckenpaar
obere Anhänge leicht
divergierend, Außenkante
gerade verlaufend
♂

♀
Querbalken auf der
Stirn breit > 2/3
der Gesamtbreite
Hinterhaupts-
dreieck schwarz
Legebohrer dornartig,
überragt S10 deutlich

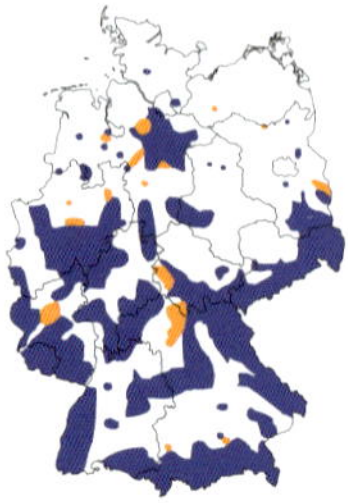

Zweigestreifte Quelljungfer

Cordulegaster boltonii (Donovan, 1807)

Merkmale: GL 74–85 mm, Ab 52–69 mm, HF 40–51 mm
♂♀: S2–S7 (manchmal bis S8) jeweils zwei gelbe Fleckenpaare, wobei das hintere Paar deutlich kleiner ist; Brust mit gelben Antehumeralstreifen und zwei deutlichen Seitenstreifen, dazu in der Regel noch mit einem ausgeprägten mittleren Seitenstreifen; Querbalken auf der Stirn schmaler und nimmt maximal die Hälfte der Gesamtbreite ein; Hinterhauptsdreieck gelb
♂: obere Anhänge von oben betrachtet spitz und laufen auseinander, der basale Zahl an der Unterseite ist seitlich kaum sichtbar
♀: dornartiger Legebohrer überragt das Ende des Hinterleibs.

Verwechslungsarten: nur die Gestreifte Quelljungfer (*C. bidentata*); auf S4–S8 des Hinterleibs lediglich ein gelbes Fleckenpaar; Hinterhauptsdreieck in der Regel schwarz, Brustseite meist ohne deutlichen gelben „Mittelstreifen".

Verhalten: Die Männchen patrouillieren ausgiebig entlang des Gewässers, setzen sich jedoch auch regelmäßig an sonnigen Stellen ab und lassen sich dann gut beobachten. Auch angrenzende offene Flächen bieten die Möglichkeit für gute Beobachtungen, da sie für die Jagd und zum Sonnen und Ruhen genutzt werden.

Verbreitung und Lebensraum: Schwerpunkmäßig in den Mittelgebirgen und deren Randlagen sowie im südlichen Alpenvorland und der Lüneburger Heide. In Bayern und Baden-Württemberg sind Nachweise aus Höhen von über 1000 m ü. NN bekannt. Besiedelt werden unterschiedlichste, jedoch stets sommerwarme Fließgewässer von beschatteten Waldbächen bis zu stark besonnten Wiesenbächen und -gräben sowie Flussmittelläufe bis etwa 10 m Breite.

Schlupf und Phänologie: Der Schlupf erfolgt überwiegend von Ende Mai bis Ende Juli, die Flugzeit erstreckt sich bis Ende August und Anfang September. In höheren Lagen können Einzeltiere, je nach Witterung, bis Anfang Oktober beobachtet werden.

Literatur: Donath 1989; Froufe et al. 2014; Koch & Schuster 2013; Kohl 2007; Kunz 2015a; Laister 2012a; Malkmus 2014; Ott 1988b; Schwahn et al. 2012; Stephan 2012; Weihrauch 2003

S2–S7 mit jeweils zwei gelben Fleckenpaaren
Hinterhaupts-dreieck gelb
Querbalken auf der Stirn ca. 50 % der Gesamtbreite

♂

♀

oft mit ausgeprägtem mittlerem Seitenstreifen

Falkenlibellen

Corduliidae Kirby, 1890

Falkenlibellen sind mittelgroße Vertreter der Großlibellen (Anisoptera) und nahe Verwandte der Segellibellen (Libellulidae). Allen im Folgenden aufgeführten Arten gemeinsam sind eine deutliche Ausbuchtung am jeweils hinteren Rand des Auges und das Vorhandensein eines Analdreiecks im Hinterflügel. Die Männchen haben zudem sogenannte Öhrchen am S2 des Hinterleibs. Der Körper vieler Arten zeigt im ausgefärbten Zustand einen metallisch grünen Glanz, der im Alter bronzefarben bis matt grün-schwarz erscheinen kann. Die Augen sind oft leuchtend grün. In Deutschland trifft dies auf sechs Arten zu und lediglich der bräunlich gefärbte Zweifleck (*Epitheca bimaculata*) stellt eine Ausnahme dar.

Sie sind weltweit mit etwa 165 Arten und etwa 20 Gattungen sowohl in tropischen als auch gemäßigten Zonen verbreitet. In Deutschland sind derzeit sieben bzw. nur noch sechs Arten aus den vier bzw. drei nachfolgenden Gattungen zu finden, da der aktuelle Status des Vorkommens von *Oxygastra curtisii* an der Our, dem einzigen in der jüngeren Vergangenheit bekannt gewordenen Vorkommen in Deutschland, unklar ist. Eventuell ist dieses Vorkommen bereits wieder erloschen.

- Falkenlibellen (*Cordulia* Leach, 1815)
- Zweiflecke (*Epitheca* Burmeister, 1839)
- Smaragdlibellen (*Somatochlora* Selys, 1871)

- Flussfalken (*Oxygastra* Selys, 1870)

Die systematische Stellung der Gattung *Oxygastra* und ihrer einzigen Art *Oxygastra curtisii* ist derzeit nicht einheitlich und abschließend geklärt. Aufgrund der Ähnlichkeiten in der äußeren Erscheinung und Übereinstimmung einiger Merkmale (z. B. der metallisch grüne Körper, die Einbuchtung des Augenhinterrandes) wurde die Gattung *Oxygastra* und damit *Oxygastra curtisii* über viele Jahre zur Familie der Corduliidae gestellt. Es gibt aber auch deutliche Unterschiede im Körperbau, wie z. B. der häutige Kiel auf S10 bei den Männchen. Neueren Vorschlägen zufolge wird sie daher von einigen Autoren in eine eigene Familie (Oxygastridae) gestellt oder einer globalen Gruppe von Gattungen mit derzeit unsicherer taxonomischen Stellung („incertae sedis“) zugeordnet. Wir haben uns aktuell dafür entschieden, die Gattung *Oxygastra* noch zusammen mit der Familie der Corduliidae aufzuführen, allerdings an das Ende separat zu stellen, um dem Status „incertae sedis“ Rechnung zu tragen, solange keine einheitliche und abschließende Klärung in Sicht ist.

Falkenlibellen sind ausdauernde Flieger, die meist nur selten ruhend zu beobachten sind. Dies erschwert die Bestimmung, da wichtige Merkmale im Flug nicht eindeutig zu sehen sein können.

Literatur: Dijkstra & Kalkman 2012; Dijkstra et al. 2013; Ott 2018; Paulson & Schorr 2020; Wildermuth 2008a

Gekielter Flussfalke (Oxygastra curtisii)

Falkenlibelle

Cordulia aenea (Linnaeus, 1758)

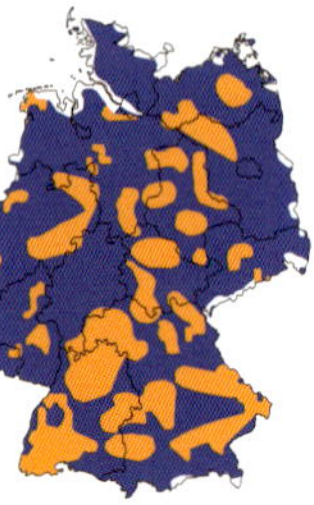

Merkmale: GL 47–55 mm, Ab 30–39 mm, HF 29–35 mm
♂♀: Körper metallisch grün-bronzefarben glänzend; Brust flaumig behaart, mit zunehmendem Alter dunkler bis nahezu schwarz; Augenfarbe bei unausgefärbten Tieren braun, leuchtend grün bei der Geschlechtsreife, Stirn vollständig dunkelgrün gefärbt; Flügelbasis, insbesondere beim Hinterflügel, dunkelgelb-orange getönt; Hinterleib, seitlich betrachtet, mit einen gelben Fleck unten auf S2, sowie mehr oder weniger gut sichtbare helle Flecken unterseits von S3–S8 (oft lediglich auf S3 auffallend), heller Ring zwischen S2 und S3, der auch von oben betrachtet sichtbar ist
♂: Hinterleib zum Ende deutlich keulenförmig verdickt, am breitesten bei S7–S8; Hinterleibsanhänge etwa gleich lang und relativ kurz, obere Anhänge stumpf, untere tief gegabelt mit zwei seitlich sichtbaren Haken
♀: Hinterleib kräftig; Legescheide steht nicht ab.

Verwechslungsarten: alle Smaragdlibellen (Gattung *Somatochlora*), die Unterschiede in der Körperfärbung sind bei älteren Tieren und im Flug nicht immer deutlich.
♂♀ Gattung *Somatochlora*: Stirn mit gelben Flecken
♂ Gattung *Somatochlora*: Hinterleib, wenn überhaupt, mittig verdickt; obere Anhänge spitz zulaufend, untere Anhänge kürzer, nicht eingebuchtet und ohne Zähne
♀ Gattung *Somatochlora*: Legescheide senkrecht vom Hinterleib abstehend (von der Seite meist gut zu erkennen), dies gilt allerdings nicht für *S. arctica*.

Verbreitung und Lebensraum: In ganz Deutschland verbreitet, besiedelt vor allem Stillgewässer mit einer größeren offenen Wasserfläche und einem fortgeschrittenen Sukzessionsstadium, gern kleine Waldseen und Moorkolke, aber auch Seen, Weiher, Altarme, größere Torfstiche sowie Kies-, Sand- und Lehmgruben. An großen Seen und langsam fließenden Gewässern seltener, dort in ruhigen, strukturreichen Buchten zu beobachten.

Schlupf und Phänologie: Schlupf beginnt bei günstiger Witterung ab Mitte April, meist jedoch ab Ende April und Anfang Mai, geht in höheren Lagen bis in den Juni. Hauptflugzeit im Mai und Juni, ab Anfang August werden höchstens noch Einzeltiere beobachtet.

	Feb.	März	Apr.	Mai	Juni	Juli	Aug.	Sept.	Okt.	Nov.
Schlupf										
Imagines										

Literatur: Ha et al. 2002; Laister 2012b; Schmid 2012; Wildermuth 1998a

Augenhinterrand eingebuchtet
Stirnseite metallisch grün-gold, aber nicht gelb
obere Anhänge stumpf, untere tief gegabelt
♂

♀
Heller Ring zwischen S2 und S3
Gelber Fleck unten auf S2

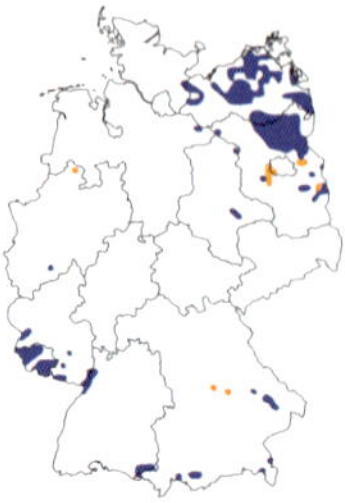

Zweifleck

Epitheca bimaculata (Charpentier, 1825)

Merkmale: GL 55–65 mm, Ab 37–43 mm, HF 36–44 mm
♂♀: groß, im Gegensatz zu anderen Falkenlibellen bräunlich-gelb, schwarz gefärbt ohne metallischen Glanz; bräunlich-gelbe Brust mit deutlichen schwarzen Binden; Hinterleib bräunlich-gelb mit breiter schwarzer Mittelzeichnung in variabler Ausdehnung; Basis der Hinterflügel (namensgebend) mit dunkelbraunen bis schwarzen, dreieckigen Flecken, beide Flügelpaare vor allem entlang der vorderen Kanten mit kräftiger gelb-oranger Tönung; Augen geschlechtsreifer Tiere grau-blau bis grünlich, nie kräftig grün
♂: Hinterleib ausgefärbt schwarz mit bräunlich-gelber Basis und bräunlich-gelben Seitenflecken auf S3–S8, Anhänge in Aufsicht charakteristisch V-förmig gebogen
♀: mit zweilappiger Legescheide unter S9, die fast bis zum Ende von S10 reicht.

Verwechslungsarten: vor allem der Vierfleck (*Libellula quadrimaculata*) und der Spitzenfleck (*Libellula fulva*), beide Arten sind in der Regel kleiner und weniger ausdauernde Flieger, setzen sich öfter ab und bleiben näher am Gewässerrand
L. quadrimaculata: Färbung des Hinterleibs ähnlich, jedoch ohne Schwarzfärbung auf S3–S5; besitzt (fast immer) dunkle Knoten-Flecken in beiden Flügelpaaren
L. fulva: ♀ und unausgefärbtes ♂ haben eine ähnliche Zeichnung, Grundfärbung jedoch in der Regel kräftig orange; Flügelspitzen beim ♀ fast immer, beim ♂ manchmal dunkel getönt; Hinterleib ist breiter.

Verhalten: Die Männchen patrouillieren sehr ausdauernd über dem offenen Wasser und sind daher meist schwer zu beobachten. Die Art wird durch das scheue Verhalten, die kurze Flugzeit und oft geringe Individuendichten leicht übersehen.

Verbreitung und Lebensraum: Verbreitungsschwerpunkte sind zum einen Brandenburg und Mecklenburg-Vorpommern, zum anderen Saarland, Pfälzer Wald und mittlerer Oberrhein. Weitere Vorkommen liegen in der Donauaue und dem Bayerischen Hügelland. Bevorzugt natürliche Seen, Moorgewässer sowie Altarme in den Flussauen; aber auch Baggerseen, Fischteiche und Torfstiche mit dauerhafter Wasserführung, meist größeren offenen Wasserfläche, einer Tiefe von zwei bis sechs Metern, Ufergehölz und ausgedehnter Schwimm- oder Tauchblattvegetation.

Schlupf und Phänologie: schlüpft je nach Witterung frühestens ab Ende April, in der Regel ab Anfang bis Mitte Mai (stark synchronisiert innerhalb von 8–16 Tagen). Hauptflugzeit im Mai, Einzeltiere bis Ende Juli.

Literatur: Bönsel 2004; Boudot 2021; Lingenfelder 2006; Mauersberger 2006; Mauersberger & Schneider 2007; Trockur & Mauersberger 2002; Schmid 2011, 2012

Hinterleibsanhänge
V-förmig gebogen
Hinterflügelbasis mit
dunklen, dreieckigen
Flecken
Frisch geschlüpft
♂

♀
kräftig gelb-orange
getönt
Hinterleibs-
anhänge
weitgehend
parallel
Frisch geschlüpft

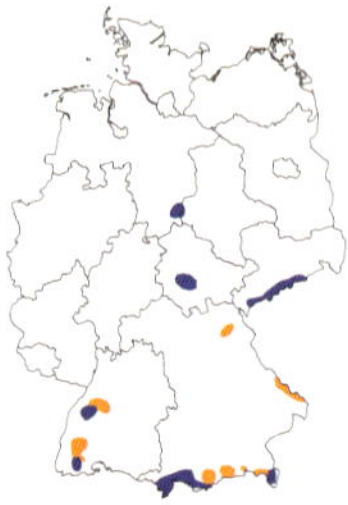

Alpen-Smaragdlibelle

Somatochlora alpestris (Selys, 1840)

Merkmale: GL 45–50 mm, Ab 31–36 mm, HF 30–34 mm
♂♀: kleinerer Vertreter der Gattung; Augen leuchtend smaragd- bis blau-grün, Stirn seitlich mit gelben Flecken ohne gelbe Verbindungslinie; Hinterleib mit weißem, oberseits meist kurz unterbrochenem Ring zwischen S2 und S3 (selten ein zweiter weißer Ring zwischen S3 und S4); in mindestens einem von beiden Vorderflügeln zwei Queradern zwischen Flügelbasis und -dreieck
♂: Hinterleibsbasis bei S3 eingeschnürt; obere Hinterleibsanhänge kräftig, Außenrand zweimal eckig gewinkelt, letztes Drittel V-förmig nach innen verlaufend
♀: Legescheide senkrecht zur Hinterleibsachse abstehend, reicht bis ca. zur Hälfte von S9.

Verwechslungsarten: alle anderen Smaragdlibellen, vor allem die etwas zierlichere Arktische Smaragdlibelle (*S. arctica*) mit ebenfalls dunkelschwarz-grünem Hinterleib, Ring zwischen S2 und S3 schmal und gelb
♂ *S. arctica*: mit rund zangenartig nach innen gebogenen oberen Hinterleibsanhängen
♀ *S. arctica*: S3 seitlich mit je einem großen, gelben Fleck, Legescheide wenig abstehend.

Verhalten: Die Art bildet bei hoher Konzentration der Beutetiere an einer Stelle Jagdreviere aus. An den Fortpflanzungsgewässern suchen sie fliegend nach den paarungsbereiten Weibchen, wobei sie auch in die Vegetation „eintauchen".

Verbreitung und Lebensraum: Aktuell beschränkt auf die Alpen sowie die mittleren und höheren Lagen der Mittelgebirge (Harz, Erzgebirge, Thüringer Wald, Fichtelgebirge, Bayerischer Wald, Schwarzwald), innerhalb Deutschlands keine bodenständigen Vorkommen unterhalb von 600 m ü. NN. In den Mittelgebirgen in kleineren Gewässern in Hoch- und Übergangsmooren mit Waldumgebung, ebenso auch in Hangquellmooren. In der subalpinen Stufe auch außerhalb von Hochmooren in Weihern, Torfstichen, Quellsümpfen und sogar Wasserlöchern.

Schlupf und Phänologie: stark höhenlagen- und witterungsabhängige Emergenz, beginnt in den Mittelgebirgen im Mai, in den Alpen bis zu 4 Wochen später und kann bis Anfang August andauern. Die Flugzeit reicht in der Regel bis Mitte/Ende August, in den Alpen bis in den September.

	Feb.	März	Apr.	Mai	Juni	Juli	Aug.	Sept.	Okt.	Nov.
Schlupf										
Imagines										

Literatur: Baumann & Brockhaus 2015; Baumann 2016; Brockhaus 1998a, 2012; Ellwanger 1996; Knaus 2000; Olias & Günther 2007; Sternberg 1995a; Westermann 2016b; Wildermuth 2008a

zwei Cubitoanal-
queradern in mindestens
einem Vorderflügel
Hinterleib mit weißem,
oberseits meist kurz
unterbrochenem Ring
zwischen S2 und S3, bei
S3 eingeschnürt
Außenrand der oberen
Hinterleibsanhänge
zweimal eckig gewinkelt,
letztes Drittel V-förmig
nach innen verlaufend

♂

♀

zwischen S2
und S3 weißer,
oberseits meist
kurz unter-
brochener Ring

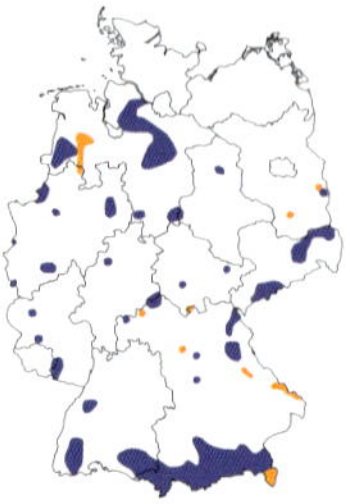

Arktische Smaragdlibelle

Somatochlora arctica (Zetterstedt, 1840)

Merkmale: GL 45–51 mm, Ab 30–37 mm, HF 28–35 mm
♂♀: kleinerer Vertreter der Gattung; Augen smaragdgrün leuchtend; Stirn seitlich mit gelben Flecken und gelber Verbindungslinie; Brust grün metallisch; Hinterleib schwarzgrün, schwach glänzend; Hinterrand von S2 mit schmalem, gelbem, oberseits unterbrochenem Ring; nur eine Querader zwischen Vorderflügelbasis und -dreieck
♂: Hinterleibsbasis bei S3 stark eingeschnürt; obere Hinterleibsanhänge zangenartig rund nach innen gebogen, vergleichbar zu denen des Ohrwurms
♀: Hinterleibsbasis an S3 seitlich mit je einem großen, gelben Fleck; Legescheide wenig abstehend, überragt S9.

Verwechslungsarten: alle anderen Smaragdlibellen, vor allem die etwas kräftigere Arktische Smaragdlibelle (*S. alpestris*) mit ebenfalls dunkelschwarz-grünem Hinterleib, Ring zwischen S2 und S3 deutlich sichtbar und weiß
♂ *S. alpestris*: Hinterleibsanhänge kräftig, zunächst gerade, fast parallel, Außenrand zweimal eckig gewinkelt, letztes Drittel V-förmig nach innen verlaufend
♀ *S. alpestris*: S3 ungefleckt; Legescheide deutlich abstehend, reicht aber nur etwa bis zur Hälfte von S9.

Verhalten: ♂♂ nicht über freiem Wasser patrouillierend.

Verbreitung und Lebensraum: Verbreitungsschwerpunkte befinden sich in den Alpen und im Alpenvorland, im Schwarzwald, im Erzgebirge und im Harz sowie im Flachland in der Lüneburger Heide; außerhalb dieser Gebiete inselartig verbreitet, ganz im Norden und Nordosten bisher fehlend.
Es werden vor allem Hoch- und Übergangsmoore, seltener Niedermoore und Quellsümpfe besiedelt, dabei ist eine Spezialisierung auf kleinste Gewässer bzw. stark durch Torfmoose verlandete Bereiche auch etwas größerer Gewässer erkennbar; in Gebirgen oft zusammen mit *S. alpestris* vorkommend.

Schlupf und Phänologie: Emergenzperiode beginnt meist Mitte bis Ende Mai, je nach Witterung und geografischer Lage Anfang Juni und kann u.U. bis Ende Juli andauern. Die Flugzeit reicht in der Regel bis in den August, in Einzelfällen bis September.

Literatur: Baumann 2016; Blanckenhagen 2015; Börnecke 2015; Bouwmann & Groenendijk 2007; Brockhaus 1998a; Günther 2012; Ott 2006, 2010; Sternberg 1995a; Voigt et al. 2004; Westermann 2016b; Wildermuth 1998c, 2003; 2008a; Zimmermann 1997

Stirn seitlich mit gelben Flecken und gelber Verbindungslinie
Hinterleibsanhänge zangenartig rund nach innen gebogen
♂

♀
Legescheide wenig abstehend, überragt S9
S3 seitlich mit je einem großen, gelben Fleck

Gefleckte Smaragdlibelle

Somatochlora flavomaculata
(Vander Linden, 1825)

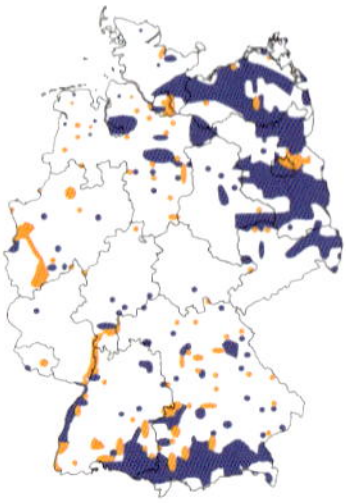

Merkmale: GL 45–54 mm, Ab 34–43 mm, HF 32–39 mm
♂♀: mittelgroße Art, in der Größe zwischen *Somatochlora metallica* und *Cordulia aenea*; grüne Augen kontrastieren wenig gegen den metallisch-grünen bis bronzefarbenen Körper; gelbe Zeichnung beiderseits seitlich an der Stirn; Brust beiderseits mit größeren, länglichen gelben Flecken; Hinterleib seitlich gelb gefleckt, S2 und S3 mit großen, S4–S8 mit kleineren keilförmigen Flecken; Hinterleibsflecken größer beim ♀, heller beim jungen ♂, verdunkeln sich im Alter, sodass sie dann manchmal kaum noch sichtbar sind und der Hinterleib von oben gesehen ungefleckt wirkt
♂: obere Anhänge gerade, fast parallel verlaufend, von der Seite gesehen unten mit mehreren Zacken
♀: Legescheide senkrecht abstehend, kürzer als S9.

Verwechslungsarten: alle anderen Smaragdlibellen (Gattung *Somatochlora*) und die Falkenlibelle (*Cordulia aenea*)
C. aenea: deutlich kleiner; keine gelben Zeichnungselemente auf und seitlich an der Stirn
S. metallica: Brust und S2–S8 ohne gelbe Seitenflecken; ♀ mit auffallend großer rechtwinkelig abstehender, spitz zulaufender Legescheide
S. arctica / S. alpestris: S4–S8 ohne gelbe Flecken; heller Ring zwischen S2 und S3; grüne Augen deutlich abgesetzt gegen den metallisch grün-schwarzen Körper.

Verhalten: ♂♂ patrouillieren zumeist nicht über offenem Wasser und setzen sich immer wieder mal ab. Man kann sie auch weit entfernt von Gewässern an Waldrändern beobachten.

Verbreitung und Lebensraum: mehr oder weniger geschlossene Verbreitung in Nordostdeutschland, von Holstein und Bremen bis zur Oder sowie im voralpinen Bereich südlich der Donau und im Oberrheinischen Tiefland bis in eine Höhe von 800 m ü. NN. Entwickelt sich vorwiegend in flachen und stark mit Seggen und Binsen bewachsenen stehenden Gewässern oder Gewässerteilen wie Verlandungszonen, Senken und Gräben in Niedermooren, auch in strömungsarmen Buchten langsam fließender Gewässer oder Altarmen in Flussauen.

Schlupf und Phänologie: Emergenzperiode beginnt frühestens in der ersten Maihälfte, in der Regel Mitte Mai und dauert bis Mitte Juli, Hauptflugzeit erstreckt sich bis Ende August, einzelne Tiere fliegen noch im September.

	Feb.	März	Apr.	Mai	Juni	Juli	Aug.	Sept.	Okt.	Nov.
Schlupf										
Imagines										

Literatur: Kipping 2005; Trockur 2013; Wildermuth 1997, 1998b, 1998c, 2006; 2008a, 2009

Obere Anhänge gerade,
fast parallel verlaufend
♂

♀
Hinterleib seitlich gelb gefleckt,
S2 und S3 mit großen, S4–S8 mit
kleineren keilförmigen Flecken
Brustseite mit
größeren, länglichen
gelben Flecken
Frisch geschlüpft

Glänzende Smaragdlibelle

Somatochlora metallica
(Vander Linden, 1825)

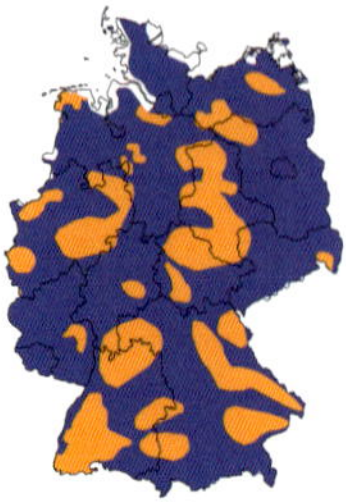

Merkmale: GL 50–55 mm, Ab 35–44 mm, HF 34–38 mm
♂♀: Körperfärbung vollständig grün metallisch, lediglich S2 und S3 seitlich mit gelber Zeichnung (von oben als kleine gelbe Flecken sichtbar); Stirnseiten gelb, laufen in einem Querband vor den Augen zusammen; Flügelbasis kann, insbesondere bei Weibchen, gelb-orange getönt sein
♂: Hinterleib erweitert sich ab S4 gleichmäßig, ist etwa bei S6–S7 am breitesten und verjüngt sich wieder zum Ende hin; zu einer nach oben gebogenen Spitze zulaufend mit zwei Zähnen an der Basis, in Aufsicht mit deutlicher Kante im basalen Drittel, dann geschwungen zusammenlaufend; unterer Anhang in Aufsicht dreieckig
♀: Hinterleib schlank und zum Ende hin leicht verjüngt; Legescheide ist lang (etwa die Länge von S9–S10) und deutlich senkrecht abstehend.

Verwechslungsarten: alle anderen Smaragdlibellen (Gattung *Somatochlora*) und die Falkenlibelle (*Cordulia aenea*)
C. aenea: meist metallisch bronze-grün gefärbt, ohne Gelb an der Stirn, das ♂ hat zudem einen zum Ende hin keulenartig verdickten Hinterleib sowie gleich lange Anhänge, wobei die oberen stumpf sind und die unteren tief eingeschnitten mit zwei deutlichen Zähnen; ♀ ohne abstehende Legescheide
S. flavomaculata: Brust und Hinterleib mit gelblichen, im Alter bräunlichen Flecken; beim ♂ obere Anhänge in Aufsicht gerade, ohne Kante, Spitzen laufen leicht zusammen, unterer Anhang schlank; beim ♀ Legescheide kürzer als S9.
S. alpestris / S. arctica: Färbung metallisch grün-schwarz; beim ♂ *S. arctica* obere Anhänge in Aufsicht zangenartig rund nach innen gebogen, seitliche Spitze nicht nach oben gebogen; ♀ Legescheide nur wenig vom Hinterleib abstehend. Beim ♂ *S. alpestris* Spitze der oberen Anhänge nach oben gebogen, in Aufsicht sowohl im basalen als auch im hinteren Drittel mit einer deutlichen Kante; ♀ Legescheide klein, dreieckig, steht vom Hinterleib ab.

Verbreitung und Lebensraum: fast flächendeckend verbreitet an stehenden und fließenden Gewässern vom Tiefland bis über 1100 m ü. NN. Besiedelt große Seen, Weiher, Teiche, Moorgewässer, Torfstiche, Altarme sowie strömungsberuhigte Bereiche von Flüssen und Bächen mit versteckten Eiablageplätzen im Uferbereich, wie überhängende Zweige, Wurzeln, unterspülte Ufer und Felsnischen.

Schlupf und Phänologie: schlüpft bei günstigster Witterung bereits Anfang Mai, in der Regel jedoch erst Ende Mai bis etwa Anfang August. Flugzeit erstreckt sich, je nach Region, bis etwa Ende August, Einzeltiere findet man bis Mitte Oktober.

Literatur: Brockhaus 2021; Reder 1998; Wildermuth 2008a; Wildermuth & Knapp 1993

Obere Anhänge zu einer nach oben gebogenen Spitze zusammenlaufend
Stirnseiten gelb, laufen in einem Querband vor den Augen zusammen
♂

♀
S2 und S3 seitlich mit gelber Zeichnung (von oben als kleine gelbe Flecken sichtbar)
Legescheide lang und deutlich senkrecht abstehend

Gekielter Flussfalke

Oxygastra curtisii (Dale, 1834)

Merkmale: GL 47–54 mm, Ab 33–39 mm, HF 33–36 mm
♂♀: Stirn vollständig metallisch dunkelgrün; Brust metallisch grün, behaart; Flügel in unterschiedlicher Ausdehnung und Intensität gelb getönt, Analschleife im Hinterflügel sackförmig; Hinterleib allgemein schlank wirkend, metallisch grün mit einer Kette gelber Flecken auf der Oberseite von S1–S7, Seiten ungezeichnet
♂: Hinterleib am Ende deutlich keulenförmig verdickt, am breitesten bei S8, S10 oben mit einem von der Seite sichtbarem zunächst weiß, später gelb-orange gefärbtem Kiel (namensgebend); Anhänge kurz und stumpf, die oberen mit einem nach unten gerichtetem, deutlich sichtbarem Dorn
♀: Legescheide klein und unscheinbar; Hinterleibsanhänge kurz.

Verwechslungsarten: aufgrund der gelben Zeichnung auf der Oberseite des Hinterleibs und dessen charakteristischer Form kaum mit anderen Falkenlibellen verwechselbar. Zudem enthalten bei den anderen Arten der Familie alle Flügeldreiecke Queradern und die Analschleife im Hinterflügel ist stiefelförmig.

Verhalten: ♂♂ patrouillieren an bis zu 20 m langen Abschnitten mit tiefem Wasser und geringer Strömung, teilweise tagelang im gleichen Revier. Eiablage der ♀♀ erfolgt fliegend ins freie Wasser, oft geschützt durch Äste oder Wurzeln in Ufernähe.

Verbreitung und Lebensraum: historisch an der Sieg im südlichen Nordrhein-Westfalen nachgewiesen; aktuell ausschließlich an der Our an der Grenze zu Luxemburg in einer Höhe von etwa 180–230 m ü. NN; der Bestand ist dort derzeit stark gefährdet, ggf. bereits erloschen. Vorwiegend in mindestens teilweise mit Gehölzen gesäumten Fließgewässern mit flachen, schnell strömenden Bereichen, die sich mit strömungsberuhigten Abschnitten abwechseln.

Schlupf und Phänologie: Schlupf ab Anfang oder Mitte Juni bis Ende Juli; der Großteil der Tiere schlüpft bereits in den ersten Tagen; Flugzeit an der Our bis Anfang August.

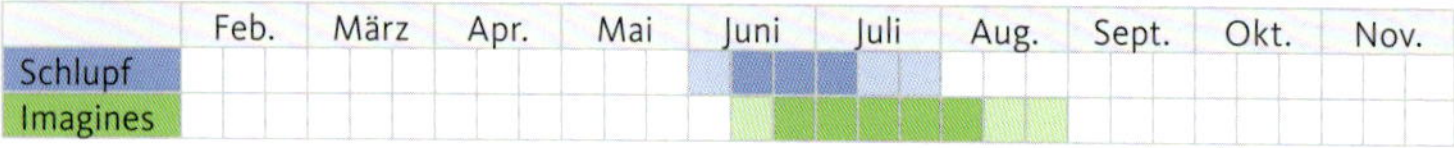

Literatur: Heymer 1964; Leipelt et al. 2001; Lohr et al. 2004; Ott et al. 2007; Ott 2018; Schorr 2004

Hinterleib metallisch grün mit einer Kette gelber Flecken auf der Oberseite von S1–S7
Stirn vollständig grün metallisch
Hinterleibsanhänge kurz und stumpf
Kiel auf S10

♂

♀

Stirn vollständig grün metallisch
Hinterleibsanhänge kurz

Segellibellen

Libellulidae (Rambur, 1842)

Die Segellibellen sind in der Regel mittelgroße Tiere, die meist kurze und breite Flügel besitzen. Typische Farben der oft unterschiedlich gefärbten männlichen und weiblichen Tiere der europäischen Vertreter sind Rot, Gelb, Braun und Schwarz. Bei den ausgefärbten männlichen Tieren einiger Arten (besonders bei der Gattung der Blaupfeile – *Orthetrum*) tritt eine deutliche Blaubereifung auf. Die Augen berühren sich auf einer längeren Linie, der Augenhinterrand ist nicht eingebuchtet (im Gegensatz zu den Falkenlibellen). Die jeweiligen Flügeldreiecke im Vorder- und Hinterflügel sind senkrecht zueinander ausgerichtet.

Die Familie der Segellibellen ist weltweit mit etwas über 1000 Arten und 140 Gattungen verbreitet. Sie zählt zusammen mit der Familie der Flussjungfern, die eine vergleichbare Anzahl von Arten aufweist, zu den artenreichsten Familien der Großlibellen (Anisoptera). In Deutschland wurden 23 Arten nachgewiesen, wovon 22 regelmäßig vorkommend sind. Lediglich die Wanderlibelle (*Pantala flavescens*), die erstmalig 2019 in Deutschland einschließlich Fortpflanzung beobachtet wurde, kann nach heutigem Stand als seltener Irrgast aufgefasst werden und zukünftig auch immer wieder vereinzelt auftreten. Entsprechend der aktuellen Systematik werden die in Deutschland nachgewiesenen Segellibellen den nachfolgenden sechs Gattungen zugeordnet:

- Feuerlibellen (*Crocothemis*, Brauer 1868)
- Moosjungfern (*Leucorrhinia*, Brittinger 1850)
- Segellibellen (*Libellula*, Linné 1758)
- Blaupfeile (*Orthetrum*, Newman 1833)
- Wanderlibellen (*Pantala*, Hagen 1861)
- Heidelibellen (*Sympetrum*, Newman 1833)

Die Segellibellen sind in ihren typischen Revieren keine so ausdauernden Flieger wie z.B. die Edellibellen (Aeshnidae). Der Flug ist oft nur kurz, wirkt oft abrupt, manchmal hastig und auch etwas ziellos. Sie können daher bei vorsichtiger Annäherung auch sitzend und ruhend beobachtet werden.

Literatur: Dijkstra & Kalkman 2012; Dijkstra et al. 2013; Günther 2019a, 2019b; Paulson & Schorr 2020

Nordische Moosjungfer (Leucorrhinia rubicunda)

Feuerlibelle, Westliche Feuerlibelle

Crocothemis erythraea (Brullé, 1832)

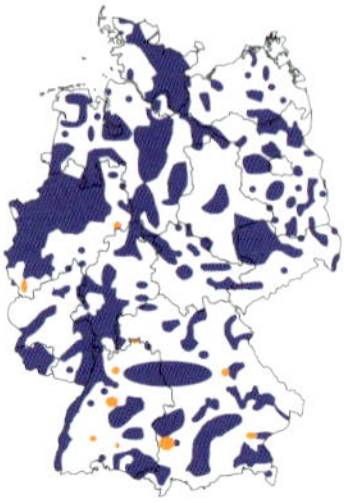

Merkmale: GL 36–45 mm, Ab 26–33 mm, HF 23–33 mm
♂♀: Augen mit grau-blauer Färbung an hinterer Seite; Brust und Beine ohne schwarze Zeichnung; Hinterleib breit und flach; Hinterflügel mit wenig ausgedehntem gelbem Basisfleck
♂: ausgefärbt leuchtend rot mit roten bis rot-braunen Beinen; unausgefärbt wie Weibchen
♀: in der Regel braun-gelb mit hellem Antehumeralstreifen, meist hellem Längsstreifen zwischen den Flügeln sowie einer dünnen schwarzen Mittellinie entlang der Oberseite des Hinterleibs und hellen gelb-ockerfarbenen Beinen; deutlich abstehende Legescheide; männchenfarbige ♀♀ sind bekannt, aber selten; sehr alte ♀♀ können eine blaue Bereifung an Brust und Hinterleib entwickeln.

Verwechslungsarten: ausgefärbte ♂♂ von *C. erythraea* ähneln den rot gefärbten ♂♂ der Heidelibellen (*Sympetrum*), besitzen aber einen breiteren und flacheren Hinterleib und es fehlen die schwarzen Zeichnungen an Beinen und Brust; ♀♀ und unausgefärbte ♂♂ können mit jungen ♂♂ und ♀♀ von Blaupfeilen (*Orthetrum*) verwechselt werden, von denen sie sich durch die Färbung von Beinen und Hinterleib, die goldgelbe Basis der Hinterflügel sowie die beim ♀ abstehende Legescheide unterscheiden.

Verbreitung und Lebensraum: ursprünglich vorwiegend in den wärmebegünstigten Gebieten Süddeutschlands zu finden, hat sich jedoch in den letzten Jahrzehnten weiter nach Norden ausgebreitet und ist inzwischen in allen Bundesländern zu finden. Besiedelt werden Höhenlagen bis etwa 700 m ü. NN, der Schwerpunkt liegt jedoch im Tiefland bis 300 m ü. NN. Besiedelt vorzugsweise sonnige meso- bis eutrophe Gewässer wie beispielweise in Lehm-, Sand- und Kiesgruben sowie Altwässer.

Schlupf und Phänologie: schlüpft in Deutschland in wärmebegünstigten Gebieten frühestens ab Anfang Mai, sonst ab etwa Mitte Mai. Flugzeit reicht bis September, vereinzelt noch bis Anfang Oktober mit Schwerpunkt im Juni und Juli.

Literatur: Böhm 2004; Bönsel & Frank 2011; Buttstedt & Zimmermann 2005; Frank 2010b; Horn 2003; Jödicke & Fuhrmann 2011; Lohr 2003, 2019; Kotarac 1996; Mauersberger 2003; Mey 2003; Ott 1988a, 2007; Rehfeldt 1996; Sánchez-Guillén & Ott 2018; Schneider et al. 2005

Heller Ante-
humeralstreifen
Heller Längs-
streifen
Flügelbasis
gelb
Unausgefärbt
♂

♂
Gesicht
komplett rot
Flügelbasis
gelb
Ausgefärbt

Unausgefärbt

Ausgefärbt

Ausgefärbt, sehr alt, blau bereift

♀

♀

Männchenfarbig

Östliche Moosjungfer

Leucorrhinia albifrons (Burmeister, 1839)

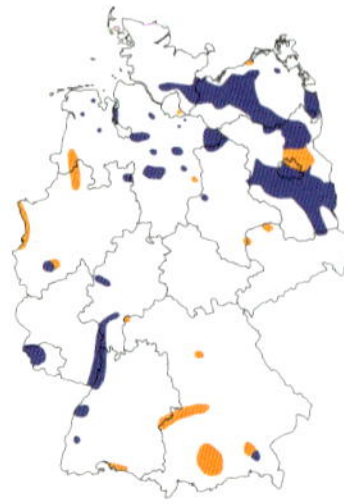

Merkmale: GL 33–39 mm, Ab 22–27 mm, HF 23–28 mm
♂♀: die am dunkelsten gefärbte Art der Gattung; Unterlippe mit weißen Flecken; Flügelmal dunkel, nach außen durch eine weiße oder weiß umrandete Zelle verlängert; obere Hinterleibsanhänge weiß
♂: schlank; Hinterleibsende gleichmäßig zylindrisch, ausgefärbt dunkelblau bis dunkelgrau, Hinterleibsbasis (S3–S4) deutlich hell blaugrau bereift, weitere Hinterleibssegmente ungefleckt
♀ und junges ♂: schwarz mit kleinen hellen, gelben, oft strich- oder punktförmigen Hinterleibsflecken auf S2 bis S6, auf S7 höchstens angedeutet.

Verwechslungsarten: andere Moosjungfern (Gattung *Leucorrhinia*), vor allem die Zierliche Moosjungfer (*L. caudalis*) sowie beim ♂ die (teilweise) blau bereiften ♂♂ von *Libellula* und *Orthetrum*
L. caudalis: S6 bis S8 deutlich verdickt (keulenartig); Flügelmal oberseits hell weißlich
andere *Leucorrhinia*: die gelben Flecken auf dem Hinterleib sind deutlich größer und breiter
♂ *L. depressa*, *L. fulva*, Gattung *Orthetrum*: deutlich breiterer, abgeflachter Hinterleib.

Verhalten: Die Männchen besetzen bei geringer Populationsdichte am wasserseitigen Rand der Ufervegetation Reviere.

Verbreitung und Lebensraum: Jungpleistozäne Seenlandschaften NO-Deutschlands und Bayerns sowie Teich- und Heidegebiete Sachsens, in allen anderen Bereichen höchstens lokale Einzelpopulationen. In der Regel unter 200 m ü. NN. Oligo- bis mesotrophe, natürliche oder naturnahe Stillgewässer mit klarem Wasser und gut ausgeprägter Tauch- und Schwimmblattvegetation, häufig in ehemaligen Abbaugewässern, Moorseen, neu angelegten Gewässern in Flussauen und nicht in zu nährstoffreichen Seen mit Armleuchteralgen an windgeschützten Flachwasserzonen.

Schlupf und Phänologie: Die Emergenzperiode erstreckt sich von Ende Mai bis Mitte Juli, die Imagines fliegen maximal bis Anfang August.

	Feb.	März	Apr.	Mai	Juni	Juli	Aug.	Sept.	Okt.	Nov.
Schlupf										
Imagines										

Literatur: Mikolajewski & Johansson 2004; Mikolajewski et al. 2010; Petrin et al. 2010; Reinhardt 1998; Wischhof 1997

Flügelmal dunkel, außen schließt sich eine weiße oder weiß umrandete Zelle an
Obere Hinterleibs-anhänge weiß
Hinterleibsbasis (S3–S4) hell blaugrau bereift
♂

♀
kleine helle, strich- oder punktförmige Flecken auf S2 bis S6
Obere Hinterleibs-anhänge weiß

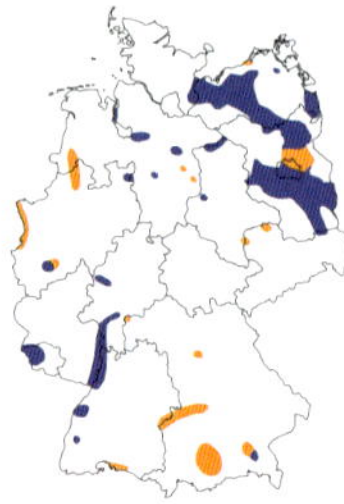

Zierliche Moosjungfer

Leucorrhinia caudalis (Charpentier, 1840)

Merkmale: GL 33–37 mm, Ab 23–25 mm, HF 29–32 mm
♂♀: kräftige Art mit weißen oberen Hinterleibsanhängen; Unterlippe vollständig dunkel; Hinterflügel mit dunklem Basalfleck, der gelblich eingefasst ist; S6–S8 keulenartig verbreitert
♂: ausgefärbt kontrastreich dunkel-hell gefärbt; Flügelmal oberseits hell (weiß); Hinterleibsbasis (S3–S5) deutlich hellblau bereift; junge Tiere wie Weibchen gefärbt, Flügelmal zunächst noch dunkel bis grau
♀: schwarz mit großen gelben Hinterleibsflecken auf S2–S6, ggf. undeutlich auch auf S7, auf S3 und S4 neben den Rückenflecken weitere kleine seitlich, alte Tiere auch mit hellblauer Bereifung auf S4 und S5; selten Flügelspitzen mit dunkler, rauchiger Tönung; Flügelmal schwarz.

Verwechslungsarten: ♂♂ von Blaupfeil (Gattung *Orthetrum*), Spitzenfleck (*Libellula fulva*), Plattbauch (*Libellula depressa*), außerdem die Östliche Moosjungfer (*L. albifrons*) und andere ♀♀ der Gattung *Leucorrhinia*. Bei den blau bereiften ♂♂ der genannten Arten sind S6–S8 nicht keulenförmig verbreitert; *Orthetrum* und *Libellula* immer mit deutlich breiterem, abgeflachtem Hinterleib. Die anderen ♀♀ der Gattung *Leucorrhinia* weisen ebenfalls einen gelb gefleckten Hinterleib auf, wobei dann auch S7 deutlich gefleckt ist.

Verhalten: ♂♂ besetzen Reviere am Ufer oder auf Wasserpflanzen, dabei sitzen sie besonders gern auf Schwimmblattpflanzen.

Verbreitung und Lebensraum: Verbreitungsschwerpunkt in Seenlandschaften und Flusstälern unterhalb von 150 m ü. NN, vor allen in der Jungmoränenlandschaft Mecklenburgs und Brandenburgs sowie im nördlichen Oberrheingraben. Aktuelle Einzelnachweise aus weiteren Bundesländern deuten auf eine Ausbreitungstendenz hin. Bevorzugt größere, dauerhaft wasserführende, klare Stillgewässer mit ausgedehnter Flachwasserzone und bis an die Oberfläche wachsende Tauchblattbestände, oft mit anschließender Verlandungsvegetation und Gehölzen in der Umgebung.

Schlupf und Phänologie: Schlupf beginnt in warmen Jahren Ende April, normalerweise aber Mitte Mai und endet Mitte Juni; Imagines fliegen bis Ende Juni, einzelne auch noch im Juli.

	Feb.	März	Apr.	Mai	Juni	Juli	Aug.	Sept.	Okt.	Nov.
Schlupf										
Imagines										

Literatur: Bolliger et al. 2011; Deubelius & Jödicke 2010; Frank 2010a; Günther et al. 2018; Lenaour et al. 2019; Mauersberger & Heinrich 1993; Mauersberger 2009; Mauersberger et al. 2003; Mikolajewski et al. 2004; Müller et al. 2010; Olbrich & Seifert 2017; Olthoff et al. 2011

Flügelmal bei jungen ♂♂ noch dunkel
Hinterleib (S6–S8) keulenförmig verbreitert
obere Hinterleibs-anhänge weiß
Unausgefärbt
♂

♂
Übergangsfärbung

Ausgefärbt

Frisch geschlüpft und mit dunklen Flügelspitzen

Gesicht weiß
Obere Hinterleibs-
anhänge weiß
Ausgefärbt
♀

♀
S4/S5 blau bereift
Flügelmal schwarz
Obere Hinterleibs-
anhänge weiß
Ausgefärbt

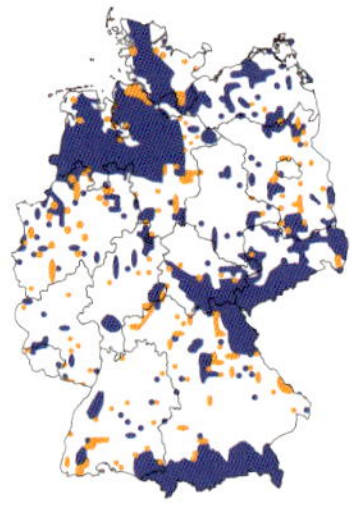

Kleine Moosjungfer

Leucorrhinia dubia (Vander Linden, 1825)

Merkmale: GL 31–36 mm, Ab 21–27 mm, HF 23–28 mm
♂♀: schwarzer Körper und schmaler Hinterleib, Flecken auf S1–S7 kurz (S5–S7 ≤ 1/2 der Segmentlänge) und relativ schmal; der Flügelvorderrand ist, von vorne betrachtet, von der Basis bis zur Mitte dunkel und erst in der äußeren Hälfte hell; obere Hinterleibsanhänge dunkel, ebenso das Flügelmal braun-schwarz
♂: Flecken auf S6/S7 immer, auf S4/S5/S8 variabel vorhanden, Zeichnung auf S3 zum Ende hin kugelartig; Färbung der Flecken auf Brust und Hinterleib bei jungen Tieren zunächst hellgelb, dann über orange zu rot-braun im Alter; Hamulus mit geradem, rechtwinkelig abstehendem Haken
♀: Hinterleibsflecken zunächst hellgelb, dunkeln im Alter nach und werden gelbbraun, Fleck auf S2 mit zugespitztem Vorderrand, Mittel- und Seitenflecken auf S3 und S4 getrennt; Legescheide mit zwei dreieckigen Fortsätzen.

Verwechslungsarten: alle anderen Moosjungfern (Gattung *Leucorrhinia*)
L. rubicunda: etwas größer und kräftiger und mit ausgedehnteren Flecken, Flügelvorderrand ist, von vorne betrachtet, komplett hell, das Flügelmal beim ausgefärbten ♂ rot; beim ♀ Fleck auf S2 mit geradem Vorderrand, Mittel- und Seitenflecken auf S3 und S4 verschmolzen
L. pectoralis: hat einen breiteren Hinterleib, die Flecken sind noch größer als bei allen anderen Moosjungfern, ausgefärbte und typische Tiere sind durch den gelben Fleck auf S7 unverwechselbar
♀ *L. caudalis, L. albifrons*: hat keinen hellen Fleck auf S7, die Hinterleibsanhänge sind weiß.

Verhalten: ♂♂ besetzen bei geringer Individuendichte kleine Reviere am Ufer, bei höherer Dichte löst sich das Territorialsystem auf.

Verbreitung und Lebensraum: kommt in ganz Deutschland vor, Verbreitungsschwerpunkte liegen in der Nordwestdeutschen Tiefebene, in den Mittelgebirgen Thüringens und Sachsens sowie im Voralpenland und in den Alpen. Die Art bewohnt Hochmoorkolke und Torfstiche, Heideweiher, saure Kleinseen sowie oligotrophe Abbaugewässer. Voraussetzungen sind fehlender Wasserfluss, flutende Moose sowie saure bis leicht basische, nährstoffarme Bedingungen. Die Gewässer dürfen weder austrocknen noch durchfrieren.

Schlupf und Phänologie: schlüpft im Tiefland ab Anfang Mai, je nach Höhenlage bis Ende Juli, immer jeweils stark synchronisiert innerhalb von etwa 7 bis 10 Tagen. Die Imagines fliegen bis Ende August.

Literatur: Flenner et al. 2009; Henrikson 1993; Norling 1984; Pajunen 1964; Westermann 2016a, 2016c

Hamulus mit rechtwinkelig abstehendem Haken
S3-Zeichnung zum Ende hin kugelartig
Frisch geschlüpft
S6/S7 Flecken ca. 50 % der Segmentlänge, seltener etwas länger (max. 60%)
♂

♂
Flügelmal dunkel, braun-schwarz, nicht rötlich
S6/S7 Flecken ca. 50 % der Segmentlänge, hier etwas länger (ca. 60%)
S3-Zeichnung zum Ende hin kugelartig
Ausgefärbt

Ausgefärbt
♀

♀
Ausgefärbt

Fleck auf S2 mit
zugespitztem
Vorderrand
Frisch geschlüpft
♀

♀
Ausgefärbt

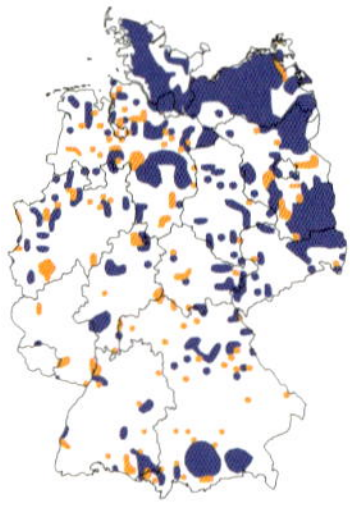

Große Moosjungfer

Leucorrhinia pectoralis (Charpentier, 1825)

Merkmale: GL 32–39 mm, Ab 23–27 mm, HF 30–33 mm
♂♀: größte Art der Gattung; schwarzer Körper; breiter Hinterleib mit großen Flecken auf S1–S7, die fast so lang wie das Segment sind; Hinterleibsflecken auf S1 bis S6 bei frischen Tieren hellgelb, werden gelblich bis hellbraun (♀) bzw. rot(braun) (♂), bei alten Tieren verschwinden sie zunehmend; herausstechender zitronengelber Fleck auf S7, auch beim ♀ oft etwas leuchtender als die anderen Flecken; obere Hinterleibsanhänge schwarz
♂: Hamulus mit großem, leicht gekrümmtem Haken
♀: Flecken auf S5 bis S7 nehmen, von oben gesehen, fast die gesamte Segmentbreite und -länge ein; Legescheide mit 2 dreieckigen, an der Spitze leicht nach außen gebogenen Fortsätzen.

Verwechslungsarten: alle anderen Moosjungfern (Gattung *Leucorrhinia*)
L. rubicunda, L. dubia: Hinterleib schmaler und Flecken kleiner, diese beim ausgefärbten ♂ alle rötlich, beim ♀ und jungen ♂ gelb, kürzer als die Segmentlänge und weniger breit
♀ *L. caudalis*: mit verbreitertem Hinterleibsende und weißen Hinterleibsanhängen
♀ *L. albifrons*: sehr kleine Hinterleibsflecken auf S2 bis S6, nur selten ein Fleck auf S7; weiße Hinterleibsanhänge.

Verhalten: ♂♂ besetzen Reviere am Ufer und belegen Sitzwarten mit Blickrichtung Wasser. Von dort aus starten sie zu kurzen Patrouillenflügen. Gelber Fleck auf S7 auch im Flug auffällig.

Verbreitung und Lebensraum: in ganz Deutschland mit Verbreitungsschwerpunkten in Norddeutschland (insbesondere Schleswig-Holstein, Mecklenburg, Ostniedersachsen, Brandenburg und Ostsachsen) und im Alpenvorland, in den Mittelgebirgen weitgehend fehlend. Bevorzugt kleinere, sonnenexponierte, dauerhaft wasserführende, organisch geprägte Stillgewässer, wie z. B. Heideweiher, mesotrophe Randgewässer in Hoch- und Übergangsmooren, vermoorte Waldteiche und Kleinseen, Gewässer in Auen und Niedermooren, auch in Sekundärgewässern wie Torfstichen, überstauten Moorregenerationsflächen oder Abbaugewässern.

Schlupf und Phänologie: Schlupf beginnt bereits Ende April und endet etwa Anfang Juni, Flugzeit von Anfang Mai bis Mitte Juli mit einem Maximum in der ersten Junihälfte.

	Feb.	März	Apr.	Mai	Juni	Juli	Aug.	Sept.	Okt.	Nov.
Schlupf										
Imagines										

Literatur: Bönsel 2006; Brauner 2006; Mauersberger 2010; Ott 2012; Schiel & Buchwald 1998; Wildermuth 1992, 1993, 2019; Wildermuth et al. 2018

Frisch geschlüpft
♂

♂
Stirn weiß
S7 mit zitronengelbem Fleck
Hinterflügel mit schwarzem Basalfleck
Übergangsfärbung

Ausgefärbt
♂

♀
Flecken auf S4–S7 reichen
bis zum Segmentende –
meist mit Randberührung
S2
S3
S4
gelbe Flecken auf S2
und S3 bedecken das
jeweilige Segment
fast vollständig
Frisch geschlüpft

Ausgefärbt

♀

♀

Ausgefärbt, sehr alt

Nordische Moosjungfer

Leucorrhinia rubicunda (Charpentier, 1825)

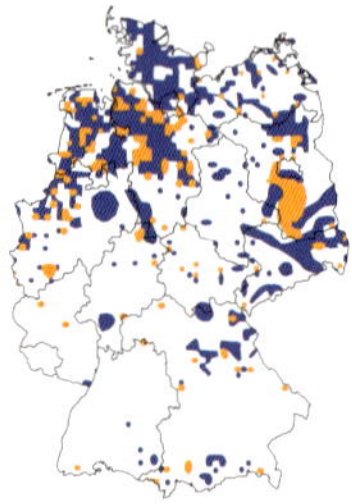

Merkmale: GL 31–38 mm, Ab 23–28 mm, HF 27–31 mm
♂♀: etwas kleiner als die Große Moosjungfer; schwarzer Körper; Flügelvorderrand, von vorne betrachtet, von der Basis bis zur Spitze gelb; Hinterleib mit größeren Flecken auf S1–S7 (auf S5–S7 $\geq$ 2/3 der Segmentlänge); obere Hinterleibsanhänge schwarz
♂: Flügelmal ausgefärbt rötlich; Färbung der Flecken auf Brust und Hinterleib bei jungen Tieren hellgelb, später im Alter über orange dann rot(braun); Hamulus mit stark gekrümmtem Haken; Zeichnung auf S3 zum Ende hin leicht geschwungen und spitz auslaufend
♀: Flügelmal schwärzlich; Hinterleibsflecken hellgelb, später nachdunkelnd, Fleck oben auf S2 mit „geradem" Vorderrand, Mittel- und Seitenflecken auf S3 und S4 verschmolzen, gelbe Flecken auf S5–S7 länglich, erreichen nicht Segmenthinterrand; Legescheide ohne große Fortsätze; männchenfarbige ♀♀ sind selten.

Verwechslungsarten: alle anderen Moosjungfern (Gattung *Leucorrhinia*)
L. dubia: kleiner und mit deutlich schmaleren und kürzeren Hinterleibsflecken; Flügelvorderrand, von vorne betrachtet, nur von der Mitte bis zum Flügelmal hell; Flügelmal beim ausgefärbten ♂ schwarz; beim ♀ Fleck auf S2 mit zugespitztem Vorderrand, Mittel- und Seitenflecken auf S3 und S4 getrennt
L. pectoralis: ♂ mit breiterem Hinterleib und größeren Flecken; ausgefärbt durch den hellgelben Fleck auf S7 unverwechselbar; ♀ mit langen und breiten Hinterleibsflecken, die auf S5–S7, von oben gesehen, fast das ganze Segment bedecken
♀ *L. caudalis*, *L. albifrons*: ohne hellen Fleck auf S7; weiße Hinterleibsanhänge.

Verhalten: ♂♂ besetzen bei geringer Individuendichte kleine Territorien am Ufer und kontrollieren sie von höher gelegenen Sitzwarten aus.

Verbreitung und Lebensraum: besiedelt in Norddeutschland vor allem die niederschlagsreichen westlichen Landesteilen von Schleswig-Holstein, Hamburg, Niedersachsen und Bremen. Im Süden nur im Alpenvorland stellenweise häufig. Bewohnt Gewässer in Hoch- und Zwischenmooren, saure Weiher und nährstoffarme Gewässer auf Sandboden mit ausgeprägter flacher Verlandungszone, guter Besonnung oder sonnenexponierten Plätzen am Boden in Gewässernähe.

Schlupf und Phänologie: Emergenz beginnt Ende April und ist normalerweise Ende Mai abgeschlossen; in den letzten Jahren jedoch erneute Schlupfbeobachtungen ab Mitte Juni, das letzte junge Tier wurde im Oktober beobachtet. Die Hauptflugzeit erstreckt sich bis Mitte Juni.

	Feb.	März	Apr.	Mai	Juni	Juli	Aug.	Sept.	Okt.	Nov.
Schlupf										
Imagines										

Literatur: Jödicke & Borkenstein 2021; Pajunen 1964, 1966; Soeffing 1988, 1990; Wildermuth et al. 2018

Hamulus mit stark
gekrümmtem Haken
S6/S7-Flecken ≥ 60 %
der Segmentlänge
S3-Zeichnung zum Ende
hin leicht geschwungen
und spitz auslaufend
unausgefärbt: Flügel-
mal hellbräunlich
Unausgefärbt
♂

♂
S6/S7-Flecken ≥ 60 %
der Segmentlänge
S3-Zeichnung zum Ende
hin leicht geschwungen
und spitz auslaufend
ausgefärbt:
Flügelmal rötlich
Ausgefärbt

Gesicht weiß
Ausgefärbt
♂

♀
S2
S3
S4
Fleck auf S2 mit „geradem" Vorderrand; ≤ 50 % der Segmentfläche
Mittel- und Seitenflecken auf S3 und S4 verschmolzen
Flecken auf S4–S7 erreichen das Segmentende nicht ganz
Ausgefärbt

Frisch geschlüpft

♀

♀

Männchenfarbig

Plattbauch

Libellula depressa (Linnaeus, 1758)

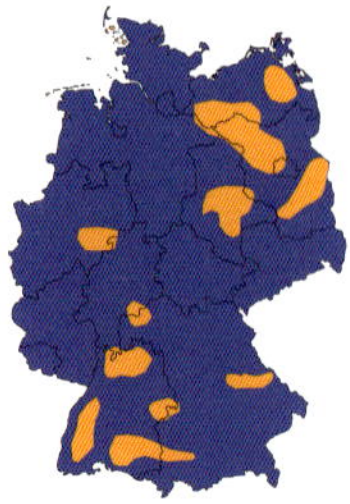

Merkmale: GL 39–48 mm, Ab 22–31 mm, HF 32–38 mm
♂♀: Brust braun mit breiten hellen Antehumeralstreifen; beide Flügelpaare mit breit dunkel gefärbter Basis; breiter und flacher Hinterleib, in der Mitte Segmente dreimal so breit wie lang
♂: unausgefärbt Hinterleib gelblich-oliv-braun mit gelber Zeichnung an den Seiten von S3–S6, ausgefärbt mit einer hellblauen wachsartigen Bereifung
♀: gelblich-oliv-braun mit gelber Zeichnung an den Seiten von S3–S8, im Alter zunehmend dunkler braun, sehr alte Tiere mit blauer Bereifung.

Verwechslungsarten: Andere Segellibellen mit blauer Bereifung wie der Spitzenfleck (*Libellula fulva*) oder Blaupfeile (Gattung *Orthetrum*)
L. fulva: Vorderflügelbasis mit nur kleinem dunklen Balken; Flügelspitze oft dunkel gefärbt, vor allem beim ♀. Hinterleib schmaler, in der Mitte Segmente höchstens zweimal so breit wie lang
Orthetrum: Flügel auch an der Basis transparent. Hinterleib schmaler.

Verhalten: Sitzt oft sehr exponiert, auch auf trockeneren Wiesen oder Brachgelände in der Nähe der Gewässer.

Verbreitung und Lebensraum: Nahezu flächendeckend verbreitet, die Mehrzahl der Funde in Höhen bis 500 m ü. NN, Nachweise bis in Höhen von etwa 1000 m ü. NN. Besiedelt gut besonnte, flache, vegetationsarme und oft nährstoffreiche kleine Gewässer wie Teiche, Weiher, Flutmulden, Sümpfe, frische Gräben und Torfstiche. Als Pionierart ist sie oft eine der ersten Arten an einem neu entstandenen Gewässer und verschwindet bei fortschreitender Sukzession wieder.

Schlupf und Phänologie: schlüpft je nach Witterung ab Mitte bis Ende April, wobei der Höhepunkt der Emergenz im Mai und Juni liegt; Hauptflugzeit bis Anfang August, Nachweis von Einzeltieren bis in den September.

Literatur: Beutler 1986a; Holmes & Randolph 1994; Pierssanti et al. 2007; Schmidt 2001; Utzeri & Dell'anna 1989; Wildermuth 2011; Wildermuth & Horváth 2005

helle Antehu-
meralstreifen
dunkle Basis an
jedem Flügelpaar
breiter, relativ
kurzer Hinterleib
Ausgefärbt

♂

♀

helle Antehu-
meralstreifen
dunkle Basis an
jedem Flügelpaar
breiter, relativ
kurzer Hinterleib
sehr alt: Hinterleib
dunkel und blau bereift

Spitzenfleck

Libellula fulva (Müller, 1764)

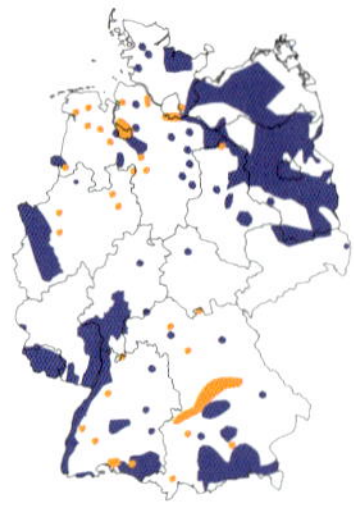

Merkmale: GL 42–45 mm, Ab 25–29 mm, HF 32–38 mm
♂♀: Augen ausgefärbt milchig blau-grau; Basis der Hinterflügel dreieckig dunkel, an den Vorderflügeln ein dunkler Balken; Hinterleib abgeflacht, mittlere Segmente zweimal so breit wie lang
♂: Flügelspitzen können dunkel sein; unausgefärbt leuchtend orange mit einem schwarzen Streifen auf der Oberseite des Hinterleibs und gelben zentralen Flügeladern; ausgefärbt Hinterleib S3–S7 hell blau-grau bereift mit schwarzer Spitze von S8–S10, ältere Tiere oft mit dunklen Kopulationsmarken in der Mitte des Hinterleibs
♀: Flügelspitzen meist dunkel; Körper zunächst wie unausgefärbtes ♂, Hinterleib dunkelt im Alter gelb-braun nach, sehr alte Tiere nahezu vollständig braun und können eine leicht bläuliche Bereifung zeigen.

Verwechslungsarten: Vor allem blau bereifte ♂♂ des Großen Blaupfeils (*Orthetrum cancellatum*), des Plattbauchs (*L. depressa*), sowie blau bereifte Moosjungferarten (*Leucorrhinia*)
O. cancellatum: ohne dunkle Flecken an der Flügelbasis; Augen blau-grün
L. depressa: Hinterleib breiter (in der Mitte Segmente dreimal so breit wie lang); Basis des Vorderflügels breit dunkel; helle Antehumeralstreifen
Leucorrhinia: Hinterleib deutlich schmaler und rundlicher; Gesicht und Hinterleibsanhänge hell-weißlich.

Verhalten: ♂♂ sitzen sehr exponiert am Uferrand, oft auch auf der Landseite.

Verbreitung und Lebensraum: an wärmebegünstigte Regionen gebunden und kommt in Deutschland schwerpunktmäßig in Nordostdeutschland, im Niederrheinischen Tiefland, in der Kölner Bucht, in Niedersachsen und Bremen am Unterlauf der Weser, entlang der Oberrheinebene und im baden-württembergischen und bayerischen Alpenvorland vor. Überwiegend in Höhen unter 300 m ü. NN, in höheren Lagen bis 600 m ü. NN. Bevorzugt gut besonnte, stehende oder langsam fließende Gewässer mit einer gut ausgebildeten Verlandungszone und Röhrichtgürtel sowie einer vorgelagerten freien Wasserfläche, oft windgeschützt durch angrenzenden Wald oder Gehölze.

Schlupf und Phänologie: schlüpft meist stark synchronisiert zwischen Ende April und Anfang Juni; Hauptflugzeit bis Mitte Juli, Einzeltiere in seltenen Fällen noch im August.

	Feb.	März	Apr.	Mai	Juni	Juli	Aug.	Sept.	Okt.	Nov.
Schlupf										
Imagines										

Literatur: Höppner 1994; Nagy et al. 2008; Szállassy et al. 2003; Szállassy et al. 2009; Tatarkiewicz 2013; Westermann 2014

Hinterleib orange mit
einem schwarzen
Streifen auf der
Oberseite
unausgefärbt
♂

♂
Übergangsfärbung

Augen milchig blau-grau
Hinterleib blau bereift mit S8 bis S10 oben dunkel, ggf. an den anderen Segmenten dunkle Flecken (Kopulationsmarken)
Ausgefärbt
♂

♀
Hinterleib orange mit einem schwarzen Streifen auf der Oberseite
Flügelspitzen mit dunklem Fleck
Unausgefärbt

Ausgefärbt, alt

♀

♀

Ausgefärbt, sehr alt

Vierfleck

Libellula quadrimaculata (Linnaeus, 1758)

Merkmale: GL 40–48 mm, Ab 27–32 mm, HF 32–40 mm
♂♀: Beide Geschlechter in Form und Farbe sehr ähnlich; Brust deutlich behaart und bräunlich; Hinterleib flach, nach hinten sich deutlich verjüngend, S1–S6 braun, etwa von S7–S10 schwarz gefärbt, von oben gesehen S4–S8 schmal gelb gesäumt; Flügel mit gelb-oranger Tönung an den Basen und oft auch entlang der vorderen Kante, Basis der Hinterflügel breit dunkel gefärbt, Knoten jedes Flügels mit schwarzem Fleck in unterschiedlicher Ausdehnung; auffällige Variation mit einer zusätzlichen dunklen Binde unterhalb des Flügelmals (sogenannte forma *praenubila*).
♂: obere Hinterleibsanhänge nach außen gebogen
♀: Hinterleibsanhänge gerade (nahezu parallel) verlaufend.

Verwechslungsarten
Libellula fulva: ohne dunklem Fleck am Knoten, dafür mit einem dunklen Balken an der Basis der Vorderflügel sowie oft mit dunklen Flügelspitzen (besonders ♀♀), ♀♀ und junge ♂♂ mit gelblich-orangem Hinterleib mit dunkler Mittellinie.
Epitheca bimaculata: auf den ersten Blick ähnlich, Familienmerkmale jedoch anders (gehört zu den Falkenlibellen, z. B. hinterer Rand der Augen mit Ausbuchtung), Körperbau schlank und länglich, Mitte des Hinterleibs mit einer ausgeprägten dunklen Zeichnung, keine dunklen Knotenflecken.

Verhalten: ♂♂ zeigen am Gewässer sehr aggressives Verhalten gegenüber Artgenossen und anderen Arten. Sie setzen sich dabei regelmäßig wieder an bestimmten Stellen ab, um von dort neue Flugattacken zu starten.

Verbreitung und Lebensraum: In Deutschland nahezu flächendeckend verbreitet und eine der häufigsten Libellenarten. Auch wenn die Häufigkeit mit zunehmender Höhe abnimmt, gibt es Vorkommen bis etwa 1500 m ü. NN. Besiedelt wird ein breites Spektrum überwiegend stehender Gewässer wie größere und kleinere Seen, Teiche, Flussauen, Moorschlenken, Gräben, Kiesgruben und Gartenweiher. In der Regel sind diese gut besonnt und weisen eine ausgeprägte Unterwasser- und Ufervegetation sowie freie Flachwasserzonen auf.

Schlupf und Phänologie: Der Schlupf kann bei guter Witterung bereits im April einsetzen, in der Regel jedoch ab Mai; Flugzeit reicht bis Ende Juli oder Anfang August, nur sehr selten werden Einzeltiere noch im September oder Anfang Oktober gesehen.

Literatur: Beutler 1986b; Fischer 2019; Kappes & Kappes 2016; Koshkin et al. 2016; Rüppell & Hilfert-Rüppell 2021; Schaub 1997; Wildermuth 2007b

Männchen: Anhänge
nach außen gebogen
♂

♀
namensgebend: jeder Flügel
am Knoten mit dunklem Fleck
Dunkle Flecken an
der Flügelbasis
Weibchen: Anhänge
gerade verlaufend
Variation: unterhalb des
Flügelmals dunkle Binde
f. praenubila

Östlicher Blaupfeil

Orthetrum albistylum (Selys, 1848)

Merkmale: GL 45–50 mm, Ab 30–37 mm, HF 33–38 mm
♂♀: unausgefärbt hell gelb-braun mit dunklen, deutlich gebogenen Längsstreifen oben auf S2–S8; zwei helle Streifen an den Brustseiten und einer auf dem Brustrücken zwischen den Flügeln; Flügelmal schwarz
♂: ausgefärbt mit hell blau-grauer Bereifung des Hinterleibs von S2–S6, scharf abgesetzter schwarzer Färbung von S7–10; hell blau-graues Gesicht und weiße Hinterleibsanhänge (dunkeln im Alter nach)
♀: neben den weißen Hinterleibsanhängen auch S10 weiß; helle Bruststreifen nicht immer deutlich; Hinterleib dunkelt im Alter nach.

Verwechslungsarten: alle anderen Blaupfeile (*Orthetrum*), Spitzenfleck (*Libellula fulva*), Plattbauch (*Libellula depressa*), ♂♂ der Zierlichen und Östlichen Moosjungfer (*Leucorrhinia caudalis, L. albifrons*), ♀ der Feuerlibelle (*Crocothemis erythraea*)
O. cancellatum: ohne helle Längsstreifen an den Brustseiten, kein helles Band zwischen Flügeln; schwarze Anhänge; unausgefärbte ♂♂ und ♀♀ deutlicher gelb gefärbt; schwarze Zeichnung auf dem Hinterleib weniger stark gebogen
O. brunneum, O. coerulescens: zierlicher, Flügelmal gelb bis braun, Hinterleib ausgefärbter ♂♂ vollständig blau bereift (auch S8–S10) und der der ♀♀ ohne breite schwarze paarige Längslinien
Libellula fulva, L. depressa: Hinterleib der ♂♂ ebenfalls blau bereift, aber deutlich breiter; Basis der Hinterflügel mit dunklem Fleck
♂ *L. caudalis, L. albifrons*: zierlicher; Hinterflügelbasis dunkel; Gesicht weiß
♀ *Crocothemis erythraea*: Hinterflügelbasis gelb-orange; deutlich sichtbare Legescheide.

Verhalten: Männchen sitzen oft am Ufer in vegetationsarmen Bereichen am Boden oder an exponierten Stellen in der Ufervegetation.

Verbreitung und Lebensraum: bislang vor allem im Rheintal sowie Alpenvorland bis zu einer Höhe von 465 m ü. NN; weitere Nachweise aus dem südlichen Rheinland-Pfalz, dem nordöstlichen Bayern und neuerdings auch aus Sachsen und Brandenburg. Bevorzugt werden voll besonnte Flachgewässer, Flutmulden, Abbaugewässer, aber auch Fischteiche und strömungsberuhigte Flussbuchten.

Schlupf und Phänologie: schlüpft je nach Witterung ab Mitte Mai bis etwa Ende Juli; Hauptflugzeit von Ende Juni bis Anfang August, Einzelfunde bis Ende August.

	Feb.	März	Apr.	Mai	Juni	Juli	Aug.	Sept.	Okt.	Nov.
Schlupf										
Imagines										

Literatur: Buczyński et al. 2002; Freienstein et al. 2017; Günther & Schulze 2016; Heitz et al. 1987; Kaiser & Friedrich 1974; Sage 2011; Schmidt 1987; Weihrauch 2015a; Willigalla et al. 2016

2 helle Brust-
seitenstreifen
helles Gesicht;
grüne Augen
obere Anhänge
hell (weißlich)
ausgefärbt hell blau-graue
Bereifung des Hinterleibs von
S2–S6, scharf abgesetzte
schwarze Färbung von S7–10
Flügelmal
schwarz

♂

♀

S10 und obere
Anhänge hell
(weißlich)
heller Streifen auf
Brustrücken
Hinterleib hell gelb-braun
mit dunklen, deutlich
gebogenen Längsstreifen
oben auf S2–S8

Südlicher Blaupfeil

Orthetrum brunneum (Fonscolombe, 1837)

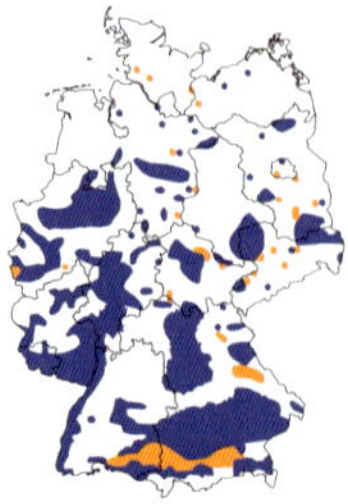

Merkmale: GL 41–49 mm, Ab 25–32 mm, HF 33–37 mm
♂♀: Mittelgroßer, relativ einheitlich gefärbter Blaupfeil mit rotbraunem Flügelmal; in mindestens einem Flügel zwischen IR_3 und Rspl eine doppelte Zellreihe mit mindestens vier Zellverdoppelungen; Antehumeralstreifen fehlen
♂: unausgefärbt wie ♀♀; ausgefärbt mit vollständig blau bereifter Brust und Hinterleib (Punkte und Mittellinie dann nicht oder nur schwer zu erkennen); Augen blau; Gesicht hell weißlich bis blassblau
♀: Stirn weiß; Augen bläulich; Brust und Hinterleib gelb-braun; Hinterleib oberseits mit dünner schwarzer Mittellinie, beiderseits mit Punkten auf S3–S7, diese selten zu Querbalken verschmolzen; Unterseite von S8 leicht bauchig erweitert.

Verwechslungsarten: alle anderen Blaupfeile (*Orthetrum*), Spitzenfleck (*Libellula fulva*), Plattbauch (*Libellula depressa*), ♂♂ der Zierlichen und Östlichen Moosjungfer (*Leucorrhinia caudalis, L. albifrons*), ♀ der Feuerlibelle (*Crocothemis erythraea*)
O. coerulescens: ist schmaler gebaut, hat im Flügel zwischen den Adern IR_3 und Rspl in der Regel keine oder nur vereinzelte Zellverdopplungen; ausgefärbte ♂♂ mit brauner Brust und Gesicht; ♀ und unausgefärbtes ♂ mit schwarzer Mittellinie und schmalen Querbalken statt Punkten, S8 nur gering nach unten erweitert
O. cancellatum, O. albistylum: schwarzes Flügelmal; ausgefärbte ♂♂ mit schwarzem Hinterleibsende
L. fulva, L. depressa: Hinterleib der ausgefärbten ♂♂ ebenfalls blau bereift, aber deutlich breiter; Basis der Hinterflügel dunkel
♂ *L. caudalis, L. albifrons*: zierlicher; Hinterflügelbasis dunkel; Gesicht weiß
♀ *C. erythraea*: Hinterflügelbasis gelb-orange; deutlich sichtbare Legescheide an S8.

Verhalten: ♂♂ sitzen oft am Ufer in vegetationsarmen Bereichen am Boden, auf Steinen oder ähnlichen Sitzwarten am und im Gewässer.

Verbreitung und Lebensraum: Verbreitungsschwerpunkt liegt im Süden und der Mitte Deutschlands, hier vor allem im Tiefland, Fortpflanzungsnachweise bis in Höhen von etwa 850 m ü. NN. In der Regel in gut besonnten, vegetationsarmen Gewässern mit kahlen Flachufern wie Sickerquellen, Entwässerungsgräben, Wiesenbächen sowie Schlenken und wärmebegünstigten Flachgewässern.

Schlupf und Phänologie: Schlupf beginnt Mitte Mai und kann sich bis Anfang August erstrecken; Flugzeit endet im August, spätestens Mitte September.

	Feb.	März	Apr.	Mai	Juni	Juli	Aug.	Sept.	Okt.	Nov.
Schlupf										
Imagines										

Literatur: Chovanec 2017, 2018a, 2018b; Heymer 1969; Hoess 2019; Weihrauch 2015b

Gesicht weißlich bis blassblau
Flügelmal bräunlich
Körper fast vollständig blau bereift
Zellverdopplungen
♂

♀
Hinterleib gelb-braun, oberseits mit schwarzer Mittellinie, beiderseits mit Punkten auf S3–S7, diese selten zu Querbalken verschmolzen

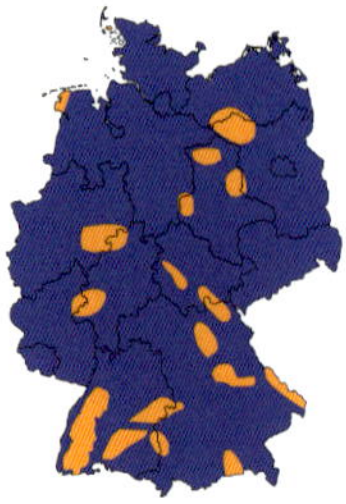

Großer Blaupfeil

Orthetrum cancellatum (Linnaeus, 1758)

Merkmale: GL 44–50 mm, Ab 29–35 mm, HF 35–41 mm
♂♀: Hinterleib breit; Flügelmal schwarz; Brustseite ohne helle seitliche Binden, Brustrücken ohne hellen Streifen.
♂: unausgefärbt wie ♀; ausgefärbt mit grün-braunen Augen und bräunlicher Brust; Hinterleib blau bereift; S8–S10 und Hinterleibsanhänge verwaschen dunkel
♀: Brust gelb-braun mit dünner schwarzer Zeichnung entlang der Nähte und braunen Schultern; Hinterleib gelb, oben mit schwarzen, relativ geraden Längslinien, mit zunehmendem Alter dunkler, bräunlich-grau, dann ohne erkennbare Zeichnung am Hinterleib.

Verwechslungsarten: alle anderen Blaupfeile (Gattung *Orthetrum*), Spitzenfleck (*Libellula fulva*), Plattbauch (*L. depressa*), ♂♂ der Zierlichen und Östlichen Moosjungfer (*Leucorrhinia caudalis, L. albifrons*), ♀ der Feuerlibelle (*Crocothemis erythraea*)
<u>*O. albistylum:*</u> helle Längsstreifen an den Brustseiten, deutliches helles Band zwischen Flügeln; weiße Anhänge; unausgefärbte ♂♂ und ♀♀ weniger intensiv gelb gefärbt; schwarze Zeichnung am Hinterleib von oben betrachtet stärker gebogen
<u>*O. brunneum, O. coerulescens:*</u> zierlicher, Flügelmal ist gelb bis braun; Hinterleib ausgefärbter ♂♂ vollständig blau bereift (auch S8–S10) und der der ♀♀ ohne breite schwarze paarige Längslinien
<u>*L. fulva, L. depressa:*</u> Hinterleib der ♂♂ ebenfalls blau bereift, aber deutlich breiter; Basis der Hinterflügel dunkel
<u>♂ *L. caudalis, L. albifrons:*</u> zierlicher; Hinterflügelbasis dunkel; Gesicht weiß
<u>♀ *C. erythraea:*</u> Hinterflügelbasis gelb-orange; deutlich sichtbare Legescheide an S8.

Verhalten: ♂♂ sitzen am Ufer in vegetationsarmen Bereichen am Boden oder an sonnenexponierten Stellen in der Vegetation; auch abseits der Gewässer auf sonnigen Wegen.

Verbreitung und Lebensraum: nahezu flächendeckend verbreitet, in Höhen ab 700 m ü. NN seltener. Besiedelt eine Vielzahl an sonnigen, vegetationsarmen Gewässern mit einer größeren, offenen Wasserfläche wie Seen, Teichen und Weihern bis hin zu Altarmen, strömungsberuhigten Flussbuchten sowie Brackwasser.

Schlupf und Phänologie: schlüpft unter günstigen Bedingungen bereits ab Anfang Mai, in der Regel jedoch Mitte Mai bis Juli; bis Ende August/Anfang September können regelmäßig Tiere beobachtet werden, in Ausnahmefällen bis Mitte Oktober.

	Feb.	März	Apr.	Mai	Juni	Juli	Aug.	Sept.	Okt.	Nov.
Schlupf										
Imagines										

Literatur: Brockhaus 2004; Gewecke & Odendahl 2004; Hadjoudj et al. 2015; Krüner 1977; Mühle et al. 2009; Siva-Jothy 1984, 1987

Unausgefärbt

Übergangsfärbung

Hinterleib blau
bereift; S8–S10 und
Hinterleibsanhänge
verwaschen dunkel
Flügelmal
schwarz
Ausgefärbt

♂

♀

Hinterleib gelb, mit
schwarzen, relativ
geraden Längslinien
Ausgefärbt

Unausgefärbt

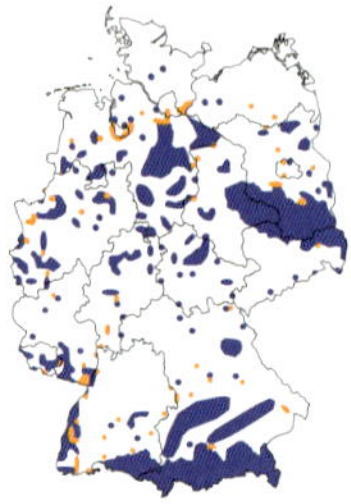

Kleiner Blaupfeil

Orthetrum coerulescens (Fabricius, 1798)

Merkmale: GL 36–45 mm, Ab 23–38 mm, HF 28–33 mm
♂♀: schlanker Hinterleib; Gesicht gelb-braun; Flügelmal groß hellgelb; heller Antehumeralstreifen (im Alter undeutlicher); in der Regel in den Flügeln zwischen den Adern IR_3 und Rspl eine einfache Zellreihe mit maximal zwei Zellverdoppelungen
♂: unausgefärbt wie ♀; ausgefärbt vollständig blau bereifter Hinterleib, braune Brust
♀: gelblich-ocker, dünne Mittellinie auf dem Hinterleib mit kurzen Querbalken auf S3–S7, diese selten zu Punkten aufgelöst; S8 nur gering nach unten erweitert.

Verwechslungsarten: alle anderen Blaupfeile (*Orthetrum*), Spitzenfleck (*Libellula fulva*), Plattbauch (*L. depressa*), ♂♂ der Zierlichen und Östlichen Moosjungfer (*Leucorrhinia caudalis, L. albifrons*), ♀ der Feuerlibelle (*Crocothemis erythraea*)
O. brunneum: kräftiger gebaut; im Flügel zwischen IR_3 und Rspl in der Regel viele Zellverdopplungen; ausgefärbtes ♂ mit blau bereifter Brust und hellblau-weißlichem Gesicht; ♀♀ und unausgefärbte ♂♂ ohne Querbalken, aber mit zwei Punkten neben der schwarzen Mittellinie auf dem Hinterleib; S8 nach unten erweitert
O. cancellatum, O. albistylum: ohne Antehumeralstreifen; schwarzes Flügelmal; ausgefärbte ♂♂ mit schwarzem Hinterleibsende
L. fulva, L. depressa: Hinterleib der ausgefärbten ♂♂ ebenfalls blau bereift, aber deutlich breiter; Basis der Hinterflügel dunkel
♂ *L. caudalis, L. albifrons*: zierlicher; Hinterflügelbasis dunkel; Gesicht weiß
♀ *C. erythraea*: Hinterflügelbasis gelb-orange; deutlich sichtbare Legescheide an S8.

Verhalten: ♂♂ in der Fortpflanzungsperiode territorial, besetzen Sitzwarten und starten von dort zu Kontroll- und Jagdflügen.

Verbreitung und Lebensraum: vor allem in der Oberrheinebene, dem Alpenvorland und im Tiefland von Nordsachsen, Südbrandenburg, dem Thüringer Becken sowie der Lüneburger Heide, darüber hinaus nur zerstreute Vorkommen; überwiegend in Höhen bis 200 m ü. NN, im Alpenvorland bis 700 m ü. NN. Besiedelt werden wärmebegünstigte, flache, langsam strömende oder vom Grundwasser beeinflusste Gewässer wie Kalk- und Hangquellmoore, kleine Seeabflüsse, Gräben, Wiesenbäche, Ablaufgräben und Rinnsale in Kiesgruben und Steinbrüchen.

Schlupf und Phänologie: schlüpft ab Mitte Mai bis Anfang August; die Flugzeit endet in der Regel Anfang September.

	Feb.	März	Apr.	Mai	Juni	Juli	Aug.	Sept.	Okt.	Nov.
Schlupf										
Imagines										

Literatur: Buchwald & Schmidt 1990; Chovanec 2021; Clausnitzer & Benken 2015; Gelpke 2013; Lissak 2013; Heymer 1969; Juillerat & Wildermuth 2006; Mauersberger 1994; Wildermuth 2007a, 2008b

unausgefärbt wie ♀
einfache Zellreihe mit maximal 2 Zellverdoppelungen zwischen den Adern IR3 und Rspl
Flügelmal gelb-braun-orange
Ausgefärbt vollständig blau bereifter Hinterleib
heller Antehumeralstreifen
Gesicht gelb-braun
♂

♀
dünne Mittellinie mit kurzen Querbalken auf S3–S7, selten zu Punkten aufgelöst
S7
S8
S9
S8 nur gering nach unten erweitert
Gesicht gelb-braun

Wanderlibelle

Pantala flavescens (Fabricius, 1798)

Merkmale: GL 45–55 mm, Ab 26–37 mm, HF 38–42 mm
♂♀: große Segellibelle mit sehr langen, zugespitzten Flügeln und relativ kleinem Flügelmal, im Hinterflügel deutlich kürzer als im Vorderflügel, Hinterflügel nahezu dreieckig mit sehr breiter, meist gelb getönter Flügelbasis, Adern R_3 und IR_3 mit deutlich wellenartigem Verlauf; Augen oberseits rot-braun, unterseits blau-grau; Hinterleib zylindrisch zulaufend, oberseits dunkle Zeichnung mit Querleisten auf S3–S5, auf S8–S10 oval, tropfen- oder kegelförmig; Anhänge auffallend lang
♂: ausgefärbte Männchen mit oranger Grundfarbe des Hinterleibs, oberseits rötlich überlaufen; Spitzen der Hinterflügel oft mit braunem Fleck
♀: Hinterleib gelblich ohne rötliche Tönung; Spitzen der Hinterflügel ohne braunen Fleck.

Verwechslungsarten: ♀ und unausgefärbtes ♂ der Frühen Heidelibelle (*Sympetrum fonscolombii*), diese sind jedoch deutlich kleiner mit kürzeren Flügeln und schwarzer Längszeichnung an den Hinterleibsseiten.

Verhalten: eine regelmäßig wandernde Art, hervorragender Flieger und äußerst mobil.

Verbreitung und Lebensraum: weltweit in den Tropen häufig, bekannt für regelmäßige Langstreckenwanderungen. In Europa bislang fast nur Nachweise aus dem Mittelmeerraum, erste nachgewiesene Freiland-Beobachtung für Deutschland im Sommer 2019 in Südostbrandenburg, mit Fortpflanzungsnachweis durch einen Exuvienfund. Potenziell könnte die Art als Irrgast überall in Deutschland auftreten. Als Fortpflanzungsgewässer dienen flache, sich schnell erwärmende, vegetationsfreie und oft temporäre Stillgewässer.

Schlupf und Phänologie: Die Nachweise in Europa erfolgten zwischen Ende Mai und September, in Deutschland Anfang Juli bis Mitte August.

	Feb.	März	Apr.	Mai	Juni	Juli	Aug.	Sept.	Okt.	Nov.
Schlupf										
Imagines										

Literatur: Buczyński et al. 2014; Buczyński et al. 2019; Corso et al. 2017; De Knijf 2015; Finkenzeller 2010; Günther 2019a, 2019b; Henseler et al. 2019; Ober 2008; Piretta & Assandri 2019; Troast et al. 2016; Van Damme & Dumont 1999; Vieira & Cordero-Rivera 2015

♂

♀

Augen oben rotbraun, unten blaugrau
Flügelmal relativ klein, gelb-braun
S8
S9
S10
dunkle Zeichnung oval, tropfen- oder kegelförmig
auffallend lange Anhänge
deutlich wellenartiger Verlauf der Adern R_3/IR_3
R_3
IR_3

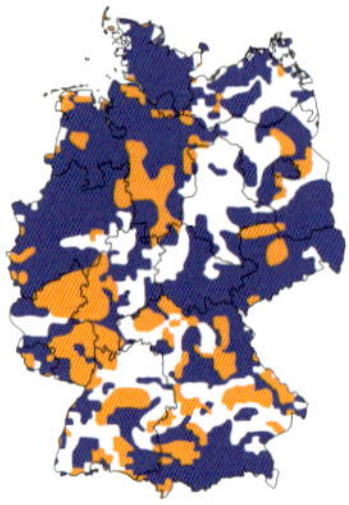

Schwarze Heidelibelle

Sympetrum danae (Sulzer, 1776)

Merkmale: GL 29–34 mm, Ab 18–26 mm, HF 20–30 mm
♂♀: Brustseite mit charakteristischer breiter schwarzer Binde mit drei gelben Flecken; Beine schwarz; Flügelmal nach dem Schlupf zunächst hell, später schwarz; Hinterleibsseiten durchgehend schwarz
♂: unausgefärbt gelblich-ocker mit schwarzen Seiten des Hinterleibs (S3–S9 ca. zur Hälfte schwarz gefärbt); ausgefärbt unverwechselbar mit nahezu vollständig schwarzem Hinterleib; sekundärer Kopulationsapparat groß mit deutlichem Haken am Hamulus, über den Genitallobus hinaus reichend
♀: gelblich-ocker mit schwarzen Seiten des Hinterleibs (S3–S7 ca. zur Hälfte schwarz gefärbt), S8 und S9 seitlich und von oben schwarz mit jeweils paarigen, rundlichen gelben Flecken; Brustoberseite mit dunklem Dreieck; Legescheide deutlich, meist senkrecht, vom Hinterleib abstehend.

Verwechslungsarten: ♀ und unausgefärbtes ♂ könnte mit anderen Heidelibellen (Gattung *Sympetrum*) verwechselt werden. Die Kombination aus schwarzer Hinterleibsseite, der breiten schwarzen Binde mit drei gelben Flecken der Brustseite, den schwarzen Beinen sowie dem schwarzen Flügelmal ist jedoch eindeutig für die Schwarze Heidelibelle.

Verhalten: Eiablage meist im Uferbereich über seichtem Wasser, feuchtem Untergrund oder nassem Moos.

Verbreitung und Lebensraum: In ganz Deutschland verbreitet, Schwerpunkte liegen im Nordwestdeutschen Tiefland, dem Alpenvorland sowie dem östlichen Brandenburg, Sachsen und Thüringen bis in Höhenlagen von etwa 1600 m ü. NN. Besiedelt werden sonnige, meist oligo- bis mesotrophe Flachgewässer und Verlandungszonen, in der Regel in Moor- und Heidelandschaften mit nährstoffarmen Böden.

Schlupf und Phänologie: Schlupf im Tiefland frühestens Mitte Mai, in der Regel jedoch Mitte Juni bis Mitte August; Flugzeit kann sich bis Mitte November erstrecken.

Literatur: König 1990; Michiels 1992; Michiels & Dhondt 1989; Westermann 2015a, 2015b

Unausgefärbt

Übergangsfärbung

Ausgefärbt

♂

♀

Ausgefärbt

Ausgefärbt, alt

♀

♀

Ausgefärbt, sehr alt

Sumpf-Heidelibelle

Sympetrum depressiusculum (Selys, 1841)

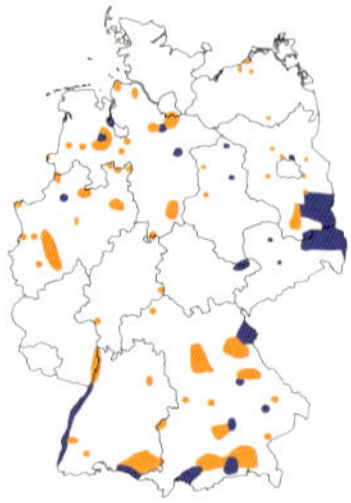

Merkmale: GL 29–34 mm, Ab 20–24 mm, HF 24–28 mm
♂♀: Beine komplett schwarz; Flügelmal zunächst hell-weißlich, im Alter bräunlich; Hinterleib von S4–S7 gleichmäßig verbreitert, S3–S9 mit schwarzen tropfen- oder keilförmigen Flecken jeweils an den Seiten des Hinterleibs (vor allem auf S4–S7 deutlich);
♂: unausgefärbt vollständig gelblich-orangebraun; ausgefärbt Hinterleib orangerot mit gelblicher Unterseite; Gesicht hell gelblich-grün mit einem breiten schwarzen Augenstreif, der leicht am Auge hinab läuft; Seiten der Brust gelblichbraun mit schwarzer Zeichnung; oberseits bräunlich; sekundärer Kopulationsapparat mit kleinem Haken am Hamulus
♀: Hinterleib vollständig gelblich-orange, im Alter mit leicht rötlicher Tönung; Legescheide von der Seite kaum sichtbar, S9 von unten gesehen mit zwei Höckern.

Verwechslungsarten: andere Heidelibellen (Gattung *Sympetrum*), vor allem die Blutrote Heidelibelle (*S. sanguineum*), beim ♀ auch die Große Heidelibelle (*S. striolatum*)

S. sanguineum: ♂ im ausgefärbten Zustand dunkelrot mit einem rötlichen Gesicht sowie einer dunkleren, rötlich-braunen Brust; der Hinterleib ist am Ende keulenartig verbreitert, keine tropfenförmigen Flecken auf dem Hinterleib
♀ *S. striolatum*: Hinterleib ähnlich gefleckt, aber Beine schwarz mit gelben Streifen auf Schiene und Schenkel.

Verhalten: kann regional große Schlafgemeinschaften bilden; dort findet bereits morgens die Tandembildung statt. Eiablage meist über flachem Wasser im Uferbereich, ähnlich *S. pedemontanum* mit falterartigem Flug

Verbreitung und Lebensraum: Vor allem im Alpenvorland, der südlichen Oberrheinebene, der Lausitz-Niederung, dem Spreewald und zerstreut in Niedersachsen bis etwa 700 m ü. NN verbreitet. Benötigt sich schnell erwärmende, periodisch überschwemmte bzw. wintertrockene Lebensräume wie Flussauen, Flachufer mit Ried- und Tauchblattvegetation sowie Sumpf- und Feuchtwiesen. Einen Ersatzhabitat stellen Karpfen-Anzuchtteiche dar.

Schlupf und Phänologie: Schlupf in warmen Jahren bereits Mitte Juni, in der Regel jedoch im Juli und August; Hauptflugzeit bis Mitte September, einzelne Tiere bis etwa Mitte Oktober.

	Feb.	März	Apr.	Mai	Juni	Juli	Aug.	Sept.	Okt.	Nov.
Schlupf										
Imagines										

Literatur: Burbach & Schiel 2016; Hykel et al. 2016, 2018; Schiel 2014; Schmidt 1993, 2006, 2012; Šigutová et al. 2015

Ausgefärbt: Hinterleib rot mit gelber Unterseite
S3–S9 mit schwarzen tropfen- oder keilförmigen Flecken
Beine schwarz
Unausgefärbt: Hinterleib gelb-ockerfarben
♂

♀
Legescheide unscheinbar

Gefleckte Heidelibelle

Sympetrum flaveolum (Linnaeus, 1758)

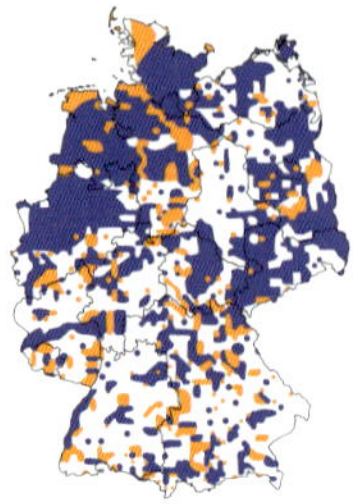

Merkmale: GL 32–37 mm, Ab 19–27 mm, HF 23–32 mm
♂♀: Beine schwarz mit hellen Längsstreifen; Hinterflügel etwa zu einem Drittel, von der Basis bis hinter das Flügeldreieck und oft bis zum Knoten gelb; Basis der Vorderflügel oft auch anteilig gelb
♂: Hinterleib unterseits schwarz, oberseits bei unausgefärbten Tieren gelblich-ockerfarben, im ausgefärbten Zustand orange-rot; Haken am Hamulus so hoch wie der Genitallobus, mit kleinem Haken
♀: gelbe Flügelfärbung kann reduziert sein oder vollständig fehlen; gelbliche Grundfärbung (im Alter zunehmend ocker-braun) mit zwei parallelen, nahezu durchgehenden schwarzen Längslinien an den Hinterleibsseiten; Legescheide von der Seite kaum sichtbar.

Verwechslungsarten: andere Heidelibellen (Gattung *Sympetrum*), vor allem die Schwarze (*S. danae*), die Blutrote (*S. sanguineum*) und die Frühe Heidelibelle (*S. fonscolombii*)
S. danae: ♀ und unausgefärbtes ♂ ebenfalls mit schwarzer Unterseite des Hinterleibs, aber mit komplett schwarzen Beinen; helle Brustseite mit dunkler Binde und hellen gelben Flecken; Hinterflügelbasis transparent
S. sanguineum: nur kleine gelbe Flügelbasis; vollständig schwarze Beine; ♀ mit gestrichelter oberer Längslinie an den Hinterleibsseiten
S. fonscolombii: gelbe Flügelbasis weniger ausgedehnt; helle Flügeladern; helleres Flügelmal; Augenunterseite grau-bläulich.

Verhalten: wanderfreudige Art, die auch an weniger optimalen Gewässern zu beobachten ist. Bei großen Individuendichten kann es zur Bildung von dichten Schlafgemeinschaften kommen. Eiablage oft über lediglich feuchtem Untergrund in Überschwemmungszonen.

Verbreitung und Lebensraum: in allen Bundesländern mit Schwerpunkt im Norddeutschen Tiefland bis 200 m ü. NN, vereinzelte Fortpflanzungsnachweise bis etwa 900 m ü. NN. Nutzt vor allem Fortpflanzungsgewässer mit starken Wasserstandschwankungen bis hin zu sommerlichem Trockenfallen, z. B. gut besonnte Überschwemmungsbereiche im Grünland oder flache Verlandungszonen von Seen und Weihern. Aktuell nur sehr wenige bodenständige Vorkommen.

Schlupf und Phänologie: Schlupf kann bereits Mitte Mai beginnen, in der Regel jedoch erst Mitte Juni bis Ende Juli; Hauptflugzeit zwischen Mitte Juli und Ende August, Einzeltiere bis Ende Oktober.

	Feb.	März	Apr.	Mai	Juni	Juli	Aug.	Sept.	Okt.	Nov.
Schlupf										
Imagines										

Literatur: König 1990; Kunz 2005; Lempert 1984; Rehfeldt & Hadrys 1988; Schmidt 1998

Beine schwarz mit
hellen Längsstreifen
Unterseite des
Hinterleibs schwarz
Unausgefärbt
♂

♂
Hinterflügelbasis mit
großem gelbem Fleck
Ausgefärbt

Ausgefärbt

♂

♀

Ausgefärbt

Ausgefärbt

♀

Ausgefärbt, alt

Frühe Heidelibelle

Sympetrum fonscolombii (Selys, 1840)

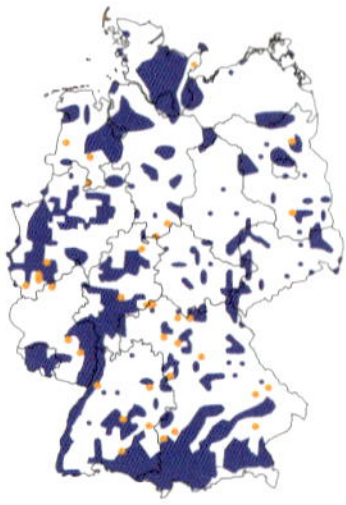

Merkmale: GL 33–40 mm, Ab 22–29 mm, HF 26–31 mm
♂♀: Unterseite der Augen auffallend bläulich-grau; Flügelmal hellbraun bis hellbraun-rot, breit schwarz umrandet; schwarze Beine mit hellen Längsstreifen
♂: unausgefärbt mit komplett gelblicher Grundfärbung, Stirnseite hell; ausgefärbt mit leuchtend rotem Hinterleib und oft einem auffallenden hellen bläulich-weißen Streifen an der Brustseite; rötliche Färbung im Gesicht, Stirnseite hell; Hauptadern von der vorderen Flügelbasis bis zum Knoten und der vorderen Flügelkante rot, Basis der Hinterflügel mit gelbem Fleck, der bis an das Flügeldreieck reichen kann; sekundärer Kopulationsapparat mit sehr kleinem, kaum wahrnehmbarem Haken am Hamulus
♀: gelblich gefärbt; Brustseite mit sehr dünnen schwarzen Linien entlang der Nähte; Hauptadern an der Flügelbasis gelb; Hinterleibsseiten mit nur einer schwarzen Längslinie; Legescheide angedrückt, von der Seite kaum sichtbar.

Verwechslungsarten: andere Heidelibellen (Gattung *Sympetrum*), vor allem die Blutrote (*S. sanguineum*) und die Gefleckte Heidelibelle (*S. flaveolum*)
S. sanguineum: es fehlen die hellen Adern im Flügel; die Beine sind vollständig schwarz; die Augen dunkler, ohne blaugraue Unterseite; abweichende Färbung von Brust und Hinterleib
S. flaveolum: Basis der Hinterflügel mit deutlicher Gelbfärbung; Augen ohne blaugraue Unterseite; Färbung von Hinterleib und Brust unterscheiden sich ebenfalls.

Verhalten: Wanderfreudige und flugaktive Art, die regelmäßig im Frühjahr aus dem Süden nach Deutschland einwandert. Die Eiablage findet typischerweise im Tandem über offenem Wasser statt.

Verbreitung und Lebensraum: Nachweise liegen zerstreut aus allen Bundesländern vor mit einer Häufung in den südlichen Bundesländern; wird vor allem im offenen Flachland und regelmäßig bis in Höhen von 600 m ü. NN nachgewiesen, in den Alpen bis über 2000 m ü. NN. Bevorzugt gut besonnte, offene Flachgewässer wie Altarme, Seen, Teiche, Weiher und Moorgewässer, seltener auch Parkteiche oder Springbrunnen, zum Teil auch mit Fortpflanzungserfolg.

Schlupf und Phänologie: fliegt ab Mai bei uns aus dem Süden ein, aus den im Frühjahr abgelegten Eiern schlüpft meist ab Ende Juli bis in den Oktober – in Ausnahmefällen sogar bis November – die neue Generation, die in der Regel nur im unausgefärbten Zustand zu beobachten ist und schnell abwandert. Schlupfnachweise einer Frühjahrsgeneration sind bisher nur in Einzelfällen dokumentiert.

	Feb.	März	Apr.	Mai	Juni	Juli	Aug.	Sept.	Okt.	Nov.
Schlupf										
Imagines										

Literatur: Benken 2015; Hunger & Schiel 1999; Lempert 1997; Martens & Zinecker 2012; Schiel 2007

Unausgefärbt

♂

♂

Übergangsfärbung
Beine schwarz mit
hellen Längsstreifen

Ausgefärbt

Unausgefärbt

Ausgefärbt

♀

♀

Ausgefärbt, sehr alt

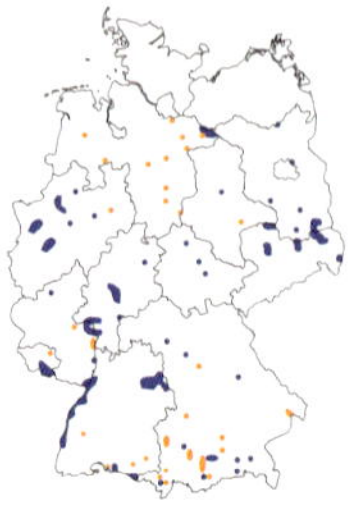

Südliche Heidelibelle

Sympetrum meridionale (Selys, 1841)

Merkmale: GL 35–40 mm, Ab 22–28 mm, HF 25–30 mm
♂♀: kontrastarm, höchstens schwarze Flecken oben auf S8 und S9; helle Beine mit schwarzen Längsstreifen; Brustseite mit sehr dünnen schwarzen Linien entlang der Nähte, Interpleuralnaht ohne dunkle Linie; Flügel oft von Wassermilben-Larven befallen
♂: unausgefärbt mit hellgelber Grundfärbung; ausgefärbt Gesicht rötlich, Brust braun, Hinterleib leuchtend orange-rot bis rot, meist ohne oder nur mit reduzierter schwarzer Zeichnung auf S8 und S9; Flügelmal rot-bräunlich, bei frisch geschlüpften Tieren fast weiß; Hamulus mit langem schlankem Haken.
♀: insgesamt hell gelblich, im Alter dunkler bis schmutzig grau-bräunlich, oft mit rötlichen Anteilen und gräulich bereifter Unterseite; Seiten des Hinterleibs mit schwacher schwarzer Längszeichnung; rundliche Legescheide angelegt an Hinterleib, steht kaum ab.

Verwechslungsarten: andere Arten der Gattung *Sympetrum*, vor allem die Große (*S. striolatum*) und die Gemeine Heidelibelle (*S. vulgatum*), ggf. die Frühe Heidelibelle (*S. fonscolombii*)
S. striolatum, S. vulgatum: Nähte der Brustseiten deutlich erkennbar schwarz, besonders Interpleuralnaht dunkel gezeichnet; S8 und S9 der ♂♂ mit Zeichnungen auf Oberseite; Haken am Hamulus kürzer und zum Teil kräftiger; Legescheide der ♀♀ deutlicher erkennbar und abstehend
S. fonscolombii: unausgefärbte Tiere mit ähnlich heller Grundfärbung, Unterseite der Augen jedoch blau-grau; Beine dunkler; kräftige Längszeichnung an den Seiten des Hinterleibs.

Verhalten: wanderfreudig mit zum Teil starken Einflügen aus dem Süden. Eiablage oft über feuchten bis nahezu trockenen Flächen, die im Herbst überschwemmt werden. Jagt und ruht in der weiteren Gewässerumgebung.

Verbreitung und Lebensraum: zerstreute Nachweise aus nahezu allen Bundesländern; überwiegend im Tiefland und in Flusstälern, wie der Oberrheinebene bis zur hessischen Wetterau. Fortpflanzungsnachweise in Deutschland bis etwa 600 m ü. NN. Bevorzugt gut besonnte Flachgewässer mit oft starken Wasserschwankungen und hoher Vegetationsdichte in der Umgebung.

Schlupf und Phänologie: Schlüpft in der Regel ab Ende Juni, in Ausnahmefällen auch etwas früher, bis Anfang August, Flugzeit in der Regel bis Ende Oktober, im Extremfall bis ins letzte November-Drittel.

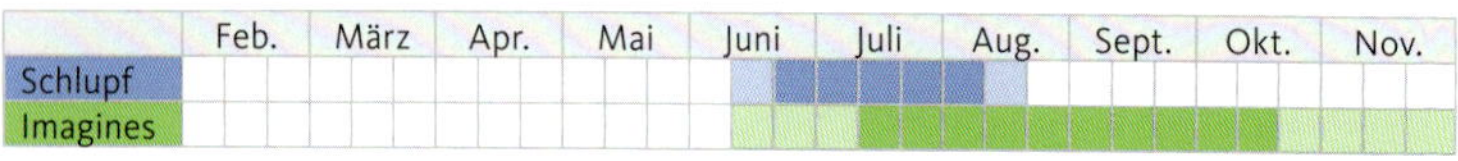

Literatur: Böhm 2002; Günther & Kipping 2007; Münchberg 1965; Pankratius 2000; Pflugfelder 1970; Roland et al. 2014a; Roland et al. 2014b; Roland & Stübing 2014; Seifert 2018; Stübing & Roland 2010

Unausgefärbt
♂

♂
Interpleuralnaht ohne schwarze Linie
Hamulus mit langem schlankem Haken
S8/S9 oberseits ohne deutliche schwarze Zeichnung
S8
S9
Ausgefärbt

Ausgefärbt

♂

♀

Ausgefärbt

Unausgefärbt

Ausgefärbt mit bereifter Unterseite des Hinterleibs

Gebänderte Heidelibelle

Sympetrum pedemontanum
(Müller in Allioni, 1766)

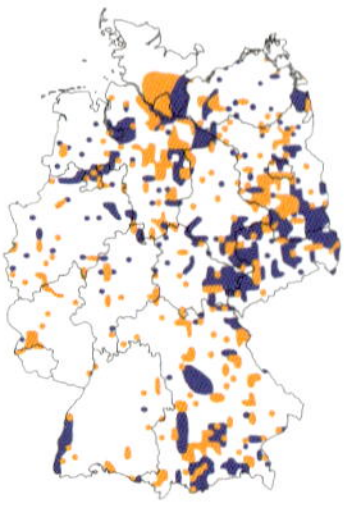

Merkmale: GL 28–35 mm, Ab 18–24 mm, HF 21–28 mm
♂♀: auffällige dunkelbraune Flügelbinden auf Höhe des Knotens und Flügelmals; Beine vollständig schwarz; Brust nahezu einfarbig mit sehr dünner schwarzer Nahtzeichnung
♂: unausgefärbt mit gelb-ockerfarbener Grundfärbung von Brust und Hinterleib, Flügelmal gelblich-weiß; ausgefärbt Brust bräunlich, Hinterleib rot, Flügelmal hell rötlich, Gesicht meist rot; Hamulus des sekundären Kopulationsapparates relativ flach, mit kleinem Haken
♀: Brust und Hinterleib gelb-ockerfarben; Flügelmal gelblich-weiß; Unterseite des Hinterleibs dunkel grau-schwarz; leicht abstehende Legescheide, von der Seite kaum sichtbar.

Verwechslungsarten: nahezu unverwechselbar, ggf. junge Tiere der Südlichen Heidelibelle (*S. meridionale*) und ♀ der Zierlichen Moosjungfer (*Leucorrhinia caudalis*)
S. meridionale: kurz nach dem Schlupf weist *S. pedemontanum* noch keine bzw. nur rauchartig getönte Flügelbinden auf, dann mit jungen Tieren von *S. meridionale* verwechselbar, die jedoch schwarz-gelb gestreifte Beine besitzen
♀ *L. caudalis*: selten mit dunkel getönten Flügelspitzen, die dann wie Flügelbinden wirken können; jedoch mit weißem Gesicht, dunklen Basalflecken an den Hinterflügeln und weißen Hinterleibsanhängen.

Verhalten: Flug wirkt oft schmetterlingshaft, die dunklen Flügelbinden erzeugen ein – je nach Betrachtungswinkel – „körperauflösend“ wirkendes Flimmern. Die Art besitzt gegenüber anderen Vertretern der Gattung eine deutlich wahrnehmbar größere Fluchtdistanz.

Verbreitung und Lebensraum: schwerpunktmäßig im nordwestlichen und nordöstlichen Tiefland sowie Teilen des Alpenvorlandes und des südlichen Oberrheingrabens bis etwa 500 m ü. NN Höhe, in den Alpen bis etwa 900 m ü. NN. Bevorzugt gut besonnte, flache Überschwemmungsbereiche von Flüssen sowie langsam fließende Gräben und Kanäle, auch in gehölzarmen Altwässern und Gewässern in Abbaugebieten entlang der Flusstäler.

Schlupf und Phänologie: Schlupf beginnt frühestens ab Ende Mai, kann sich bis Anfang September ausdehnen. Hauptflugzeit zwischen Mitte Juli und Mitte September, bei günstiger Witterung sind noch Tiere im November zu finden.

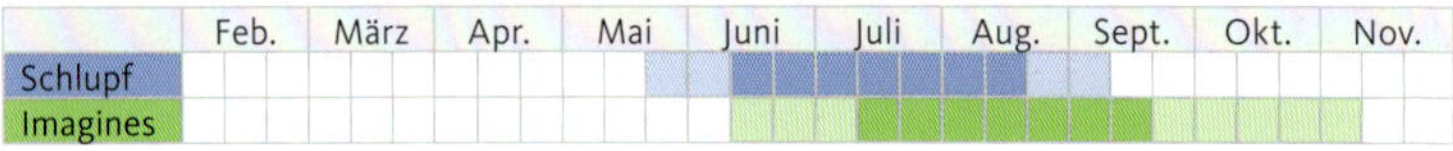

Literatur: Brockhaus 2001; Gallesi et al. 2015; Popova 2004; Sonnenburg & Dense 1998; Tamm 1982; Westermann 2009; Westermann & Westermann 2006

Beine vollständig schwarz
hellrotes Flügelmal und dunkle Flügelbinde
♂

♀
nur sehr dünne schwarze Nähte
weiß-gelbliches Flügelmal und dunkle Flügelbinde
leicht abstehende Legescheide

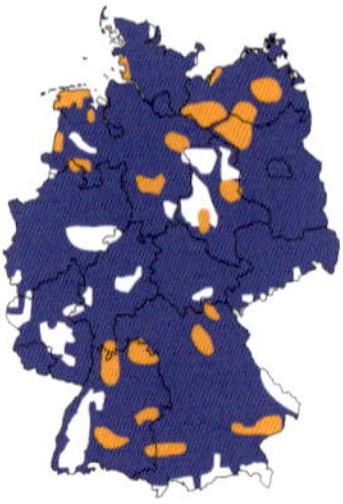

Blutrote Heidelibelle

Sympetrum sanguineum (Müller, 1764)

Merkmale: GL 34–39 mm, Ab 20–26 mm, HF 23–31 mm
♂♀: Beine schwarz; Flügelbasis mit kleiner, gelber Färbung, am Hinterflügel etwas deutlicher deutlicher; S3–S9 mit schwarzen strichförmigen Flecken an den Hinterleibsseiten
♂: Hinterleib von S6–S8 typisch keulenartig verbreitert; unausgefärbt mit gelblich-ockerfarbener Grundfarbe; ausgefärbt mit dunkelrotem Hinterleib, einer rötlich-braunen Brust und rötlichem Gesicht; Hamulus des sekundären Kopulationsapparates mit einem langen, schlanken Haken, der über den Genitallobus hinausreicht
♀: mit gelblich-ockerfarbener Grundfarbe, im Alter deutlich dunkler (braun), seltener rötlich; Legescheide nur wenig abstehend und kaum sichtbar.

Verwechslungsarten: Alle anderen rot bzw. gelblich gefärbten Heidelibellen (*Sympetrum*), besonders die deutlich seltenere Sumpf-Heidelibelle (*S. depressiusculum*). Die vollständig schwarzen Beine in Kombination mit Färbung von Brust und Gesicht der ausgefärbten ♂♂ und keulenartig verdicktem Hinterleibsende schließen jedoch nahezu alle anderen Heidelibellen aus.
S. depressiusculum: schwarze Längszeichnung am Hinterleib tropfenförmig; Flügelmal dunkler; ♂ im ausgefärbten Zustand insgesamt heller (insbesondere auffallend an der Brust und im Gesicht); Haken am Hamulus kleiner.

Verhalten: Eiablage oft über lediglich feuchtem Uferbereich, zunächst im Tandem, später auch allein.

Verbreitung und Lebensraum: In ganz Deutschland verbreitet und in der Regel eine der häufigen Heidelibellen, lediglich die höheren Gebirgslagen und alpine Bereiche werden gemieden; Entwicklungsnachweise bis etwa 800 m ü. NN. Besiedelt werden diverse stehende und langsam fließende Gewässer wie Seen, Weiher, Niedermoore, Randbereiche der Hochmoore, Gräben, Altarme und auch Brackwasser, bevorzugt gut besonnte Gewässer mit strukturreichen Verlandungszonen in einem fortgeschrittenen Sukzessionsstadium.

Schlupf und Phänologie: schlüpft in Extremfällen je nach geografischer Region bereits Ende April, in der Regel jedoch frühestens ab Mitte Mai mit Höhepunkt im Juni und Juli; Imagines können bis November beobachtet werden.

	Feb.	März	Apr.	Mai	Juni	Juli	Aug.	Sept.	Okt.	Nov.
Schlupf										
Imagines										

Literatur: Gorb 1994; Hofmann & Martens 2005; König 1990; Rehfeldt & Hadrys 1988; Sternberg 1989

Schwarze Beine
Unausgefärbt
♂

♂
Gesicht rötlich
rötlich-braune Brust
Ausgefärbt

Ausgefärbt

♂

♀

Ausgefärbt mit rötlichem Hinterleib

Unausgefärbt

♀

♀

Ausgefärbt

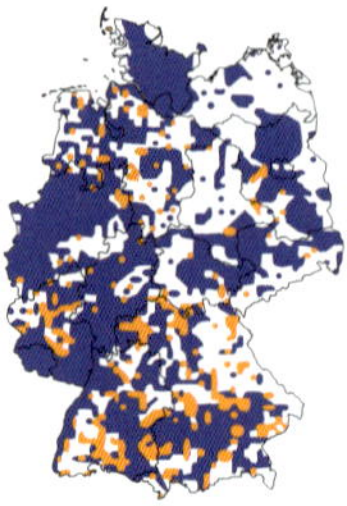

Große Heidelibelle

Sympetrum striolatum (Charpentier, 1840)

Merkmale: GL 35–44 mm, Ab 20–30 mm, HF 24–30 mm
♂♀: schwarze Linie im Gesicht auf den Bereich zwischen Scheitel und Stirn beschränkt, seltener ein kleiner grauer, mit zunehmendem Alter dunkler werdender Fleck; Brust zunächst komplett hell gelblich-ockerfarben, dann bräunlich mit seitlich zwei deutlich voneinander unterscheidbaren, gelb-braunen Binden, die mit zunehmendem Alter nachdunkeln und nur noch als kleine gelbe Flecken zu erkennen sind; schwarze Beine mit gelben Streifen
♂: unausgefärbt gelblich-ockerfarbene Grundfärbung; ausgefärbt mit rotem Hinterleib; Haken am Hamulus des sekundären Kopulationsapparates schlank und gerade spitz zulaufend
♀: Grundfarbe gelblich-ockerfarben, mit zunehmendem Alter dunkler werdend bis hin zu grau-braun; Legescheide von der Seite unauffällig, vordere Kante verläuft nach hinten schräg in einem Winkel von < 45° zum Hinterleib, ähnelt in der Form der eines länglichen Dreiecks.

Verwechslungsarten: andere Heidelibellen (Gattung *Sympetrum*), vor allem die Gemeine Heidelibelle (*S. vulgatum*) und die Südliche Heidelibelle (*S. meridionale*)
<u>*S. vulgatum*:</u> schwarzer Strich zwischen den Augen läuft weiter am Augenrand herab; Brust kontrastarm braun; ♂ mit kräftigem und leicht gebogenem Haken am Hamulus; ♀ mit deutlich abstehender Legescheide, Winkel zum Hinterleib ≥ 45°
<u>*S. meridionale*:</u> Beine hell gelblich mit schwarzen Streifen; Brust kontrastarm mit dünnen schwarzen Linien entlang der Nähte, Interpleuralnaht ohne dunkle Linie; Haken am Hamulus des ♂ deutlich länger und dünner; Legescheide des ♀ flach angedrückt und abgerundet, von der Seite unscheinbar.

Verhalten: Eiablage meist über flachem Wasser, oft mit submerser Vegetation, im Tandem.

Verbreitung und Lebensraum: in ganz Deutschland verbreitet, nach Norden und Nordosten seltener, überwiegend in Höhen unter 500 m ü. NN. Besiedelt verschiedene Stillgewässer wie Teiche und Seen mit unterschiedlicher Strukturierung, aber auch langsam fließende Gewässer mit mindestens teilweiser Besonnung sowie einer freien Wasserfläche.

Schlupf und Phänologie: Im Süden Deutschlands und in tieferen Lagen bei günstiger Witterung Schlupfbeginn bereits Ende Mai, in der Regel jedoch ab Mitte Juni; Hauptflugzeit von Ende Juni bis Mitte Oktober, vereinzelt treten jedoch auch noch im November Tiere auf.

	Feb.	März	Apr.	Mai	Juni	Juli	Aug.	Sept.	Okt.	Nov.
Schlupf										
Imagines										

Literatur: Jödicke 2000; Jödicke & Thomas 1993; Koch 2015; Oehme 1999; Wildermuth et al. 2019

Unausgefärbt

Übergangsfärbung

Beine schwarz mit im Alter bräunlichen Längsstreifen
Ausgefärbt

♂

♀

schwarzer Strich zwischen den Augen auf die Stirn beschränkt
Beine schwarz mit gelben Längsstreifen
Legescheide von der Seite unauffällig, steht in einem Winkel von < 45° vom Hinterleib ab
Unausgefärbt

Ausgefärbt
♀

♀
manchmal grauer (im Alter dunkler) Fleck an der Stirnseite – kein herablaufender schwarzer Strich
Sehr alt
gelb-braune Binden nur noch als kleine halbmondförmige gelbe Flecken erkennbar

Gemeine Heidelibelle

Sympetrum vulgatum (Linnaeus, 1758)

Merkmale: GL 35–40 mm, Ab 23–29 mm, HF 24–29 mm
♂♀: Schwarze Linie im Gesicht zwischen Scheitel und Stirn zieht sich noch ein Stück seitlich am Auge herab, variabel in Länge und Stärke, daher nicht immer eindeutig; Brustseiten einfarbig ohne helle Seitenbinden; Beine schwarz mit gelben Streifen
♂: unausgefärbt zunächst hell gelbliche Grundfärbung; ausgefärbt roter Hinterleib und einheitlich braune Brustseiten mit schwarzer Zeichnung entlang der Nähte; Haken am Hamulus des sekundären Kopulationsapparates kräftig, etwa so lang wie die Basis (kräftiges „Y“)
♀: zunächst gelblich, mit zunehmendem Alter dunkler werdend mit brauner bis grau-brauner Grundfärbung, auch rötlicher Färbung der Hinterleibsoberseite ist möglich; Legescheide deutlich sichtbar abstehend, vordere Kante verläuft nach hinten in einem Winkel von ≥45° zum Hinterleib, ähnelt in der Form der eines gleichseitigen Dreiecks.

Verwechslungsarten: andere Heidelibellen (Gattung *Sympetrum*), vor allem die Große Heidelibelle (*S. striolatum*) und die Südliche Heidelibelle (*S. meridionale*)
S. striolatum: es fehlt der an der Stirnseite herablaufende schwarze Strich; Brust in der Regel durch zwei gelb-braune Felder an den Seiten kontrastreicher gezeichnet; ♂ mit schlankerem, geradem, spitz zulaufendem Haken am Hamulus; ♀ mit wenig hervorstehender, nach hinten laufender Legescheide, Vorderkante im Winkel von <45°, ähnelt in der Form der eines länglichen, gleichschenkligen Dreiecks
S. meridionale: Beine hell gelblich mit schwarzen Streifen; Brust kontrastarm mit dünnen schwarzen Linien entlang der Nähte, Interpleuralnaht ohne dunkle Linie; Haken am Hamulus des ♂ flach angedrückt, von der Seite unscheinbar.

Verhalten: Die Eiablage findet in der Regel fliegend über flachem Wasser, oft mit submerser Vegetation, statt.

Verbreitung und Lebensraum: in ganz Deutschland verbreitet, größtenteils in Höhen unter 500 m ü. NN, im Alpenvorland jedoch auch bis etwa 1000 m ü. NN. Besiedelt unterschiedliche Stillgewässer wie Teiche und Seen, aber auch Moore sowie langsam fließende Gräben und Altarme. Diese sollten gut besonnt sein und Flachwasser- und Verlandungszonen mit einer ausgedehnten Röhricht- oder Riedvegetation aufweisen, angrenzend offeneres Gelände.

Schlupf und Phänologie: In tieferen Lagen und bei günstiger Witterung Schlupf bereits Ende Mai, in der Regel jedoch ab Mitte Juni; Hauptflugzeit von Juli bis Oktober, vereinzelt findet man noch Tiere im November.

Literatur: Brockhaus 1998b; Rehfeldt 1992; Staufer 2010; Sternberg 1989

Unausgefärbt

Beginnende Übergangsfärbung

schwarze Linie zwischen Scheitel und Stirn läuft seitlich etwas am Auge herab
Brustseiten ohne Seitenbinden
Beine schwarz mit im Alter bräunlichen Längsstreifen
Ausgefärbt

♂

♀

Unausgefärbt

Ausgefärbt

♀

♀

Ausgefärbt mit rötlicher Hinterleibsoberseite

Glossar

♂: Männchen (Einzahl)
♂♂: Männchen (Mehrzahl)
♀: Weibchen (Einzahl)
♀♀: Weibchen (Mehrzahl)
♂♀: Männchen und Weibchen

adult: erwachsen, geschlechtsreif; gemeint ist ein Entwicklungsstadium und bezieht sich bei Libellen auf das flugfähige, geschlechtsreife Tier, das eine typische Färbung aufweist

alpin: in den Alpen, im Zusammenhang mit der Höhenstufe handelt es sich um den Bereich zwischen der oberen Baumgrenze und der oberen Grenze der flächendeckenden →Vegetation

Analdreieck: aus zwei oder mehr Zellen gebildetes dreieckiges Feld an der Flügelbasis nahe der →Membranula einiger Großlibellen

Analschleife: Gruppe von Zellen an der Basis des Hinterflügels von Großlibellen, sie wird nach unten durch eine gebogene Ader abgegrenzt, die nahe an der unteren Ecke des →Flügeldreiecks beginnt und in der Nähe des →Analdreiecks endet

Anisoptera: wissenschaftlicher Name für die Unterordnung der Großlibellen

Anisozygoptera: wissenschaftlicher Name für die Unterordnung der Urlibellen

Antehumeralstreifen: die oben auf der →Brust befindlichen mittleren hellen Streifen oder Flecken

Antenodalqueradern: Queradern am Flügelvorderrand zwischen Flügelbasis und Knoten

anthropogen: durch menschliche Aktivität entstanden oder verursacht

Altmoränen: Moränen sind eine von Gletschern mitgeführte und abgelagerte Materialienmischung aus Erde, Sand, Schotter und Gesteinsblöcken. Altmoränen sind Formen, die aus der vorletzten Eiszeit (Saale- oder Riß-Eiszeit) oder älteren Vereisungen stammen

Atlantisches Klima: Klima küstennaher Gebiete, geprägt vom ausgleichenden Einfluss des angrenzenden Meeres

Arculus: gebogene Querader in der Nähe der Flügelbasis

ausgefärbt: typische Farbgebung ist erreicht

Bodenständigkeit: als bodenständig gilt eine Art, wenn sie in mehreren aufeinander folgenden Jahren durch Larven, Exuvien oder Schlupf nachgewiesen werden kann

Cubitoanalqueradern: Queradern zwischen Flügelbasis und Flügeldreieck

Detritus: durch die Zersetzung von Tier- und Pflanzenresten entstandenes Material am Gewässergrund

Discoidalfeld: größere Gruppe von Zellen, die am →Flügeldreieck beginnt und sich bis zum hinteren Flügelrand zieht

elektrolytarm: wenige dissoziierte, elektrisch geladene Ionen enthaltend

Emergenz: der Schlupf des erwachsenen Tieres aus der Larve

emers: aufgetaucht (Wasserpflanzen, die teilweise oder komplett über die Wasseroberfläche hinausragen)

eutroph: nährstoffreich
Exuvie: leere Larvenhülle, die nach dem Schlupf zurückbleibt
Flügeldreieck: Gruppe von Zellen in den Flügeln von Großlibellen, die zusammen ein deutlich abgrenzbares Dreieck bildet
Flügelmal: besonders kräftige, undurchsichtige Zelle an der Vorderkante der Flügel, nahe der Flügelspitze, wissenschaftlich als Pterostigma bezeichnet
Genitallobus (Mehrzahl Genitalloben): Genitallappen, paarige Ausstülpungen des zweiten Hinterleibssegmentes am →sekundären Kopulationsapparat
Habitat: Lebensraum, der durch spezifische Faktoren charakterisiert ist und den eine bestimmte Art besiedelt
Halsschild-Hinterrand: Hinterrand der Rückenplatte der Vorderbrust, diese weist, von oben gesehen, bei einigen Kleinlibellenarten eine charakteristische Form auf
Hamulus (Mehrzahl Hamuli): paarige Greiforgane des →sekundären Kopulationsapparates, die aus einem vorderen Haken und einem hinteren Lappen bestehen
Hinteraugenflecken: helle paarige Flecken zwischen den Komplexaugen auf dem Hinterkopf vieler Kleinlibellen
Hinterbrust: drittes Brustsegment, bei den Libellen mit der →Mittelbrust zum sogenannten Synthorax verschmolzen
Hinterhauptsdreieck: dreieckiger Bereich auf der Kopfoberseite zwischen den Augen bei Arten, deren →Komplexaugen in der Mitte zusammenstoßen
Hinterleib: Körperende der Insekten, bestehend aus 10 →Segmenten
Hinterleibsanhänge: Männchen haben zwei obere und einen (Großlibellen) oder zwei (Kleinlibellen) untere Hinterleibsanhänge. Weibchen haben immer nur zwei Hinterleibsanhänge.
Humeralstreifen: der oben-seitlich, auf der „Schulter" der →Brust, befindliche dunkle Streifen unterhalb des →Antehumeralstreifens
Imago (Mehrzahl: Imagines): das fertig entwickelte, erwachsene Insekt
Individuum (Mehrzahl Individuen): Einzelorganismus
Insekt (Mehrzahl: Insekten): Kerbtier, artenreichste Tierklasse, aus dem lateinischen insectum = eingeschnitten, was sich auf die drei deutlich voneinander abgesetzten Körperteile Kopf, →Brust und →Hinterleib bezieht
Interpleuralnaht: farblich abgesetzte Naht zwischen →Mittel- und →Hinterbrust
Interpleuralstreifen: dunkler Streifen auf der Brustseite, auf der Trennlinie zwischen →Mittel- und →Hinterbrust
intraspezifisch: innerartlich, zwischen →Individuen der gleichen Art
IR_3: Seitenast der Radialader bei Großlibellen
Jungmoränen: Moränen sind eine von Gletschern mitgeführte und abgelagerte Materialienmischung aus Erde, Sand, Schotter und Gesteinsblöcken. Jungmoränen sind die von der letzten Eiszeit (Würm- bzw. Weichsel-Eiszeit) geschaffenen Formen
Jungpleistozän: letzter Abschnitt des Zeitalters der wechselnden Warm- und Eiszeiten, umfasst die letzte Kaltzeit und die zeitlich davor liegende Warmzeit
Jura: Periode der Erdgeschichte, vor ungefähr 200 bis 145 Millionen Jahren

Karbon: Periode der Erdgeschichte, Steinkohlezeitalter, vor ungefähr 360 bis 300 Millionen Jahre

Knoten: Auffallende, kräftige Querader in der Mitte des Flügelvorderrandes, wissenschaftlich als Nodus bezeichnet

kontinentales Klima: Klima in den meerfernen Gebieten des Festlands ohne ausgleichenden Einfluss größerer Wasserflächen

Komplexaugen: die Augen der Libellen sind aus tausenden kleinen Einzelaugen - den sogenannten Ommatidien – zusammengesetzt, wobei jedes einzelne eine eigene Linse darstellt; durch die jeweils halbkugelförmige Gestalt wird ein guter Rundumblick ermöglicht

Kopula/Kopulation: Paarung

Kopulationsmarken: entstehen bei der Paarung, es handelt sich dabei um durch die Zangen des Männchens beschädigte Stellen an Kopf oder Vorderbrust der Weibchen oder (bei Tieren mit Bereifung) durch die Klauen des Weibchens abgeschabte Stellen am Hinterleib des Männchens.

Lamina anterior: vorderer Teil des →sekundären Kopulationsapparates der Männchen

Lappen: Ausbuchtungen des Halsschild-Hinterrandes, wichtige Bestimmungshilfe zur Unterscheidung der weiblichen *Coenagrion*-Arten

Legeapparat: Eiablagevorrichtung der Weibchen, die entweder aus einem →Legebohrer oder einer →Legescheide besteht

Legebohrer: röhrenförmige Eiablagevorrichtung der Weibchen, die aus Anhängen des 8. und 9. Hinterleibssegmentes gebildet wird, um Eier in Pflanzen, Pflanzenreste oder den Boden einzustechen

Legescheide: klappen- oder wulstartige Eiablagevorrichtung der Weibchen, die dazu dient, Eiklumpen ins freie Wasser oder auf feuchte Bodenstellen abzuwerfen

m ü. NN: Meter über dem Meeresspiegel

Membranula: mehr oder weniger dreieckige, undurchsichtige Membran an der Hinterflügelbasis der Großlibellen

mesotroph: mäßig nährstoffreich

Metamorphose: die Verwandlung der Gestalt über die verschiedenen Stadien Ei, Larve zur →Imago

Metapleuralstreifen: dunkler Streifen auf der (letzten) Naht auf der →Hinterbrust

Mittelbrust: Zweites Brustsegment, bei den Libellen mit der →Hinterbrust zum sogenannten Synthorax verschmolzen

Mittelleiste: auch →Rückenleiste, Leiste oben auf der Brust, die rechte und linke Körperhälfte voneinander trennt

Monsun: großräumige Luftzirkulation, die zwei Mal im Jahr ihre Hauptwindrichtung deutlich ändert, besonders bekannt aus Indien und von China bis nach Indonesien

montan: im Gebirge

Morphe: Erscheinungsbild von →Individuen einer Art

Nodus: wissenschaftliche Bezeichnung für →Knoten; auffallende, kräftige Querader in der Mitte des Flügelvorderrandes

Odonata: wissenschaftlicher Name für die Ordnung der Libellen; abgeleitet von den kräftigen Beißwerkzeugen (griechisch odon = Zahn)
Öhrchen: gezackte Hautausstülpungen an den Seiten von S2 der meisten Großlibellenmännchen
oligotroph: nährstoffarm
Phänologie: die im Jahresablauf periodisch wiederkehrenden Entwicklungserscheinungen, oft klima- und witterungsabhängig
Pigment: farbgebende Substanz
polytroph: sehr nährstoffreich, überdüngt
Population: die Gesamtheit aller Individuen einer Art, die in einem bestimmten Gebiet vorkommt
Pseudoflügelmal: Fleck in der Nähe der Flügelspitze, der einem Flügelmal ähnelt, jedoch von Adern durchzogen ist und sich nur durch seine hellere Farbe vom Rest des Flügels abhebt
Quadrilateral: eine Zelle des Flügelgeäders im Vorderflügel von Kleinlibellen, nahe des →Arculus, meist viereckig ausgebildet
R_3: Ast 3 der Radialader
R_4: Ast 4 der Radialader
Radialsupplementader (Rspl): kleinere Längsader ohne deutlichen Anfang oder Ende, liegt zentral im äußeren Teil des Großlibellenflügels hinter IR_3
Reproduktion: Fortpflanzung
reversibel: umkehrbar
Rspl: →Radialsupplementader
Ruderalfläche: Fläche, die früher genutzt und danach über einen längeren Zeitraum sich selbst überlassen wurde
Rückenleiste: auch →Mittelleiste, Leiste oben auf der Brust, die rechte und linke Körperhälfte voneinander trennt
Sediment: Substrat, Ablagerung um Gewässerboden
Segment: Körperabschnitt der Insekten, die Brust wird von 3 Segmenten gebildet, der Hinterleib besteht aus 10 Segmenten, die Nummerierung erfolgt, bei der Brust beginnend, mit 1 (S1, S2, S3, ...; S10)
Seitenlobus (Seitenloben): gemeint ist hier die seitliche Ausstülpung der Vorderbrust
Sekundärer Kopulationsapparat: Begattungsorgan, das sich nicht an der männlichen Geschlechtsöffnung an S9 befindet, sondern an der Unterseite von S2, dort wird der Samen zwischengespeichert und bei der Paarung auf das Weibchen übertragen
Sekundärgewässer: künstliches, durch den Menschen geschaffenes Gewässer
subalpin: Vegetationszone über der Waldgrenze in den Alpen, unterhalb der alpinen Höhenstufe
submers: untergetaucht (komplett unter der Wasseroberfläche wachsende Pflanzen)
Subpopulation: Teilpopulation
Sukzession: die vom Menschen unbeeinflusste Rückkehr der für einen Standort typischen Lebensgemeinschaft, die sich aufgrund der vorherrschenden Umweltfaktoren dort wieder einstellt

synchronisierte Emergenz: die Mehrzahl der Tiere schlüpft innerhalb einer kurzen Zeitspanne, meist innerhalb weniger Tage
Tandem: Paarungskette, Männchen (vorne) mit angekoppeltem Weibchen (hinten)
temporäres Gewässer, temporäre Wasserführung: Gewässer, das nicht das gesamte Jahr über Wasser führt, das zeitweise trockenfällt
Trophie: Nährstoffangebot eines Standorts
unausgefärbt: typische Farbgebung ist noch nicht erreicht (bei Jungtieren)
Vegetation: Gesamtheit der Pflanzen, die in einem Gebiet wachsen
Vorderbrust: erstes Brustsegment
Vulvardorn: nach unten gerichteter Dorn am Hinterleibsende an der Basis des →Legeapparates, bei einigen Kleinlibellen-Arten vorhanden
Zygoptera: wissenschaftlicher Name für die Unterordnung der Kleinlibellen

Ausgewählte Literatur zur Verbreitung der Libellen in Deutschland

Deutschland

BROCKHAUS, T., H.-J. ROLAND, T. BENKEN, K.-J. CONZE, A. GÜNTHER, K. G. LEIPELT, M. LOHR, A. MARTENS, R. MAUERSBERGER, J. OTT, F. SUHLING, F. WEIHRAUCH & C. WILLIGALLA (HRSG.) (2015): Atlas der Libellen Deutschlands (Odonata). Libellula Supplement 14.

Baden-Württemberg

STERNBERG, K. & R. BUCHWALD (HRSG.) (1999): Die Libellen Baden-Württembergs. Band 1 - Allgemeiner Teil, Kleinlibellen (Zygoptera). Ulmer. Stuttgart (Hohenheim).

STERNBERG, K. & R. BUCHWALD (HRSG.) (2000): Die Libellen Baden-Württembergs. Band 2 - Großlibellen (Anisoptera). Ulmer. Stuttgart.

HUNGER, H., F.-J. SCHIEL & B. KUNZ (2006): Verbreitung und Phänologie der Libellen Baden-Württembergs. Libellula Supplement 7: 15–188.

Bayern

KUHN, K. & K. BURBACH (HRSG.) (1998): Libellen in Bayern. Ulmer. Stuttgart (Hohenheim).

DIV. AUTOREN (2003): Studien zur Libellenfauna Bayerns I. Libellula Supplement 4: 3–142.

Brandenburg

MAUERSBERGER, R., O. BRAUNER, F. PETZOLD & M. KRUSE (2013): Die Libellenfauna des Landes Brandenburg. Naturschutz und Landschaftspflege in Brandenburg 22 (3).

Hamburg

Röbbelen, F. & K. Schütte (2020): Atlas der Libellen Hamburgs. Artbestand, Verbreitung, Gefährdung, Schutz. Behörde für Umwelt, Klima, Energie und Agrarwirtschaft, Abteilung Naturschutz. Hamburg.

Hessen

Hill, B., H.-J. Roland, S. Stübing & C. Geske (2011): Atlas der Libellen Hessens. Hessen-Forst, FENA. Gießen. FENA Wissen Bd. 1.

Mecklenburg-Vorpommern

Bönsel, A. & M. Frank (2013): Verbreitungsatlas der Libellen Mecklenburg-Vorpommerns. Natur+Text. Rangsdorf.

Niedersachsen-Bremen

Baumann, K., R. Jödicke, F. Kastner, A. Borkenstein, W. Burkart, U. Quante & T. Spengler (Hrsg.) (2021): Atlas der Libellen in Niedersachsen/Bremen. Mitteilungen der Arbeitsgemeinschaft Libellen in Niedersachsen und Bremen, Sonderband.

Nordrhein-Westfalen

Menke, N., C. Göcking, N. Grönhagen, R. Joest, M. Lohr, M. Olthoff & K.-J. Conze (Hrsg.) (2016): Die Libellen Nordrhein-Westfalens. LWL-Museum für Naturkunde. Münster.

Rheinland-Pfalz

Schotthöfer, A., C. Willigalla, D. Frank & J. Ott (2017): Libellen in Rheinland-Pfalz - beobachten und erkennen. KoNat.

Saarland

Trockur, B., J.-P. Boudot, V. Fichefet, P. Goffart, J. Ott & R. Proess (2010): Atlas der Libellen / Atlas des libellules (Insecta, Odonata). Fauna und Flora in der Großregion / Faune et Flore dans la Grande Région. Landsweiler-Reden.

Sachsen

Brockhaus, T. & U. Fischer (2005): Die Libellenfauna Sachsens. Natur und Text. Rangsdorf. Beitrag zur Insektenfauna Sachsens Bd. 2.

Sachsen-Anhalt

Müller, J., R. Steglich & V. E. Müller (2018): Libellenatlas Sachsen-Anhalt. Beitrag zur historischen und aktuellen Erforschung der Libellen-Fauna (Odonata) Sachsen-Anhalts bis zum Jahr 2016. Entomologen-Vereinigung Sachsen-Anhalt. Schönebeck.

Schleswig-Holstein

Arbeitskreis Libellen Schleswig-Holstein (Hrsg.) (2015): Die Libellen Schleswig-Holsteins. Natur+Text. Rangsdorf.

Thüringen

Zimmermann, W., F. Petzold & F. Fritzlar (2005): Verbreitungsatlas der Libellen (Odonata) im Freistaat Thüringen. Thüringer Ministerium für Landwirtschaft, Naturschutz und Umwelt. Jena. Naturschutzreport 22.

Literatur zur Libellen-Bestimmung

BELLMANN, H. (2013): Der Kosmos Libellenführer. Franckh Kosmos. Stuttgart.

BOUDOT, J.-P., G. DOUCET & D. GRAND (2021): Dragonflies and Damselflies of Britain and Western Europe. A Photographic Guide. Bloomsbury Wildlife. London.

DIJKSTRA, K.-D. B., A. SCHRÖTER & R. LEWINGTON (2021): Libellen Europas. Der Bestimmungsführer. Haupt. Bern.

DREYER, W. (2018): Welche Libelle ist das? Franckh Kosmos. Stuttgart.

GLITZ, D. (2012): Libellen in Norddeutschland. Geländeschlüssel. NABU-Landesverbände: Niedersachsen, Schleswig-Holstein, Hamburg, Mecklenburg-Vorpommern.

LEHMANN, A. & J. H. NÜSS (2015): Libellen - Bestimmungsschlüssel für Nord- und Mitteleuropa. DJN. Göttingen.

PAPE-LANGE, D. (2014): Libellen-Handbuch. Libellen sicher bestimmen. Schwarmstedt.

SCHMIDT, E. G. (2011): *Odonata* - Libellen (Imagines). In: KLAUSNITZER, B. (Hrsg.): Exkursionsfauna von Deutschland. Spektrum Akademischer Verlag. Heidelberg: 69–85.

Literatur zur Exuvien-Bestimmung

BROCHARD, C., D. GROENENDIJK, E. VAN DER PLOEG & T. TERMAAT (2012): Fotogids Larvenhuidjes van Libellen. KNNV. Zeist.

CHAM, S. (2007): Field guide to the larvae and exuviae of British dragonflies. Volume 1: Dragonflies (Anisoptera). The British Dragonfly Society. Peterborough.

CHAM, S. (2009): Field guide to the larvae and exuviae of British dragonflies. Volume 2: Damselflies (Zygoptera). The British Dragonfly Society. Peterborough.

GERKEN, B. & K. STERNBERG (1999): Die Exuvien Europäischer Libellen (Insecta Odonata). Huxaria. Höxter.

HEIDEMANN, H. & R. SEIDENBUSCH (2002): Die Libellenlarven Deutschlands. Handbuch für Exuviensammler. Goecke & Evers.

Allgemeine Libellen-Literatur Europa

BERNARD, R., P. BUCZYŃSKI, G. TONCZYK & J. WENDZONKA (2009): A distribution atlas of dragonflies (Odonata) in Poland. Bogucki Wydawnictwo Naukowe. Poznań.

BILLQVIST, M., A. SWASH & D. SMALLSHIRE (2012): Svenska Trollsländeguiden. en fälthandbok. Hirschfeld Media. Malmö.

BOUDOT, J.-P., V. J. KALKMAN, M. A. AMORÍN, T. BOGDANOVIC, A. C. RIVERA, G. DEGABRIELE, L. DOMMANGET, S. FERREIRA, B. GARRIGÓS, M. JOVIC, M. KOTARAC, W. LOPAU, M. MARINOV, N. MIHOKOVIC, E. RISERVATO, B. SAMRAOUI & W. SCHNEIDER (2009): Atlas of the Odonata of the Mediterranean and North Africa. Libellula Supplement (9): 1–256.

BOUDOT, J.-P. & V. J. KALKMAN (2015): Atlas of the European dragonflies and damselflies. KNNV. the Netherlands.

BOUDOT, J.-P., D. GRAND, H. WILDERMUTH & C. MONNERAT (2017): Les libellules de France, Belgique, Luxembourg et Suisse. Biotope. Mèze.

CHAM, S., B. NELSON, A. J. PARR, S. PRENTICE, D. SMALLSHIRE & P. TAYLOR (2014): Atlas of Dragonflies in Britain and Ireland. BDS, CEH. Peterborough, Wallingford.

DE KNIJF, G., A. ANSELIN, P. GOFFART & M. TAILLY (2006): De Libellen (Odonata) van Belgïe: verspreiding, evolutie, habitats. Natuurpunt vzw. Mechelen.

DOLNÝ, A., M. WALDHAUSER, O. HOLUSA, D. BARTA & L. HANEL (2008): The Dragonflies of the Czech Republic: ecology, conservation and distribution. Český svaz ochránců přírody. Vlašim.

GALLIANI, C., R. SCHERINI & A. PIGLIA (2017): Dragonflies and damselflies of Europe. WBA Handbooks 7. Verona.

GLIWA, B. & G. ŠVITRA (2016): Odonata of Lithuania. UAB Kruenta. Sargeliai.

KARJALAINEN, S. (2010): Suomen sudenkorennot (Odonata). The Dragonflies of Finland. Tammi. Helsinki.

LOPAU, W. (2010): Verbreitungsatlas der Libellen in Griechenland (Odonata). Libellula Supplement 10: 5–153.

MARAVALHAS, E. & A. SOARES (2013): As Libélulas de Portugal. The Dragonflies of Portugal. Booky. Maia.

MARTIN, M. (2013): Eesti kiilide määraja (Die Libellen Estlands). Dragonlife. Tallinn.

PROESS, R. (2006): Verbreitungsatlas der Libellen des Großherzogtums Luxemburg. Ferrantia 47. Musée National d'Histoire Naturelle. Luxembourg.

RAAB, R., A. CHOVANEC & J. PENNERSTORFER (HRSG.) (2007): Libellen Österreichs. Springer. Wien, New York.

SAHLÉN, G. (1996): Sveriges Trollsländor (Odonata). Fältbiologerna. Stockholm.

SMALLSHIRE, D. & A. SWASH (2020): Europe's Dragonflies. A field guide to the damselflies and dragonflies. WildGuides. Old Basing, Hampshire.

WILDERMUTH, H., Y. GONSETH & A. MAIBACH (2005): Odonata - die Libellen der Schweiz. CSCF / SEG. Neuchâtel.

Spezielle Literatur

ABBOTT, J. K. & T. P. GOSDEN (2009): Correlated morphological and colour differences among females of the damselfly *Ischnura elegans*. Ecological Entomology 34 (3): 378–386.

ALLEN, K. A., M. G. LE DUV & D. J. THOMPSON (2010): Habitat and conservation of the enigmatic damselfly *Ischnura pumilio*. Journal of Insect Conservation 14 (6): 689–700.

ALLEN, K. A. & D. J. THOMPSON (2014): Population size and survival estimates for the rare damselflies, *Coenagrion mercuriale* and *Ischnura pumilio*. Insect Conservation and Diversity 7 (3): 241–251.

ANDRÉS, J. A. & A. CORDERO (1999): The inheritance of female colour morphs in the damselfly *Ceriagrion tenellum* (Odonata, Coenagrionidae). Heredity 82 (3): 328–335.

BANKS, M. J. & D. J. THOMPSON (1985): Emergence, longevity and breeding area fidelity in *Coenagrion puella* (L.) (Zygoptera: Coenagrionidae). Odonatologica 14 (4): 279–286.

BAUDERMANN, S. & A. MARTENS (2011): Ortstreue und tagesrhythmischer Ortswechsel der Larven von *Cordulegaster bidentata* in Quellrinnsalen (Odonata: Cordulegastridae). Libellula 30 (3/4): 133–144.

BAUMANN, K. & T. BROCKHAUS (2015): *Somatochlora alpestris* (Selys, 1840) Alpen-Smaragdlibelle. In: BROCKHAUS, T.; H.-J. ROLAND; T. BENKEN; K.-J. CONZE; A. GÜNTHER; K. G. LEIPELT; M. LOHR; A. MARTENS; R. MAUERSBERGER; J. OTT; F. SUHLING; F. WEIHRAUCH & C. WILLIGALLA (Hrsg.): Atlas der Libellen Deutschlands (Odonata). Libellula Supplement. 14: 234–237.

BAUMANN, K. (2016): Veränderungen von Höhenverbreitung und Abundanz von *Somatochlora alpestris* und *Somatochlora arctica* im Harz unter dem Einfluss des Klimawandels (Odonata: Corduliidae). Libellula 35 (1/2): 43–64.

BENKEN, T. & R. RAAB (2008): Die Libellenfauna des Seewinkels am Neusiedler See: Häufigkeit, Bestandsentwicklung und Gefährdung (Odonata). Libellula 27 (3/4): 191–220.

BENKEN, T. & M. OLTHOFF (2015): *Coenagrion hastulatum* (Charpentier, 1825) Speer-Azurjungfer. In: BROCKHAUS, T.; H.-J. ROLAND; T. BENKEN; K.-J. CONZE; A. GÜNTHER; K. G. LEIPELT; M. LOHR; A. MARTENS; R. MAUERSBERGER; J. OTT; F. SUHLING; F. WEIHRAUCH & C. WILLIGALLA (Hrsg.): Atlas der Libellen Deutschlands (Odonata). Libellula Supplement. 14: 62–65.

BENKEN, T. (2015a): Einflug von *Sympetrum fonscolombii* nach Baden-Württemberg 2015 (Odonata: Libellulidae). Mercuriale 15: 13–18.

BENKEN, T. (2015b): *Lestes macrostigma* (Eversmann, 1836) Dunkle Binsenjungfer. In: BROCKHAUS, T.; H.-J. ROLAND; T. BENKEN; K.-J. CONZE; A. GÜNTHER; K. G. LEIPELT; M. LOHR; A. MARTENS; R. MAUERSBERGER; J. OTT; F. SUHLING; F. WEIHRAUCH & C. WILLIGALLA (Hrsg.): Atlas der Libellen Deutschlands (Odonata). Libellula Supplement. 14: 34–37.

BENNETT, S. & P. J. MILL (1993): Larval development and emergence in *Pyrrhosoma nymphula* (Sulzer) (Zygoptera: Coenagrionidae). Odonatologica 22 (2): 133–145.

BERNARD, R. & H. WILDERMUTH (2005a): *Nehalennia speciosa* (Charpentier, 1840) in Europe: a case of a vanishing relict (Zygoptera: Coenagrionidae). Odonatologica 34 (4): 335–378.

BERNARD, R. & H. WILDERMUTH (2005b): Verhaltensbeobachtungen an *Nehalennia speciosa* in Bezug auf Raum, Zeit und Wetter (Odonata: Coenagrionidae). Libellula 24 (3/4): 129–153.

BERNARD, R. & T. SCHMITT (2010): Genetic povertry of an extremely specialized wetland species, Nehalennia speciosa: implications for conservation (Odonata: Coenagrionidae). Bulletin of Entomological Research 100: 405–413.

BERNARD, R., M. HEISER, A. HOCHKIRCH & T. SCHMITT (2011): Genetic homogeneity of the Sedgling *Nehalennia speciosa* (Odonata: Coenagrionidae) indicates a single Würm glacial refugium and trans-Palaearctic postglacial expansion. Journal of Zoological Systematics and Evolutionary Research 49 (4): 292–297.

BERTHELMANN, J. (1989): Die Pokal-Azurjungfer, *Cercion lindeni* (SELYS, 1840), in einer Kiesgrube bei Holzminden – Erstfund für Niedersachsen (Zygoptera: Coenagrionidae). Libellula 8 (3/4): 145–150.

BEUTLER, H. (1985): Biometrische und variationsstatistische Untersuchungen an der Kleinlibelle *Cercion lindenii* (Selys, 1840), mit der Beschreibung einer neuen Unterart (Odonata, Coenagrionidae). Entomologische Abhandlungen Staatliches Museum für Tierkunde Dresden 49: 69–82.

BEUTLER, H. (1986a): Terrestrische Überwinterung der Larven von Platetrum depressum (L., 1758) (Odonata, Libellulidae). Entomologische Nachrichten und Berichte 33 (1): 37–40.

BEUTLER, H. (1986b): Was ist Libellula quadrimaculata ab praenubila NEWMAN, 1833? Entomologische Nachrichten und Berichte 30 (3): 97–100.

BEUTLER, H. (2006): Vogel-Azurjungfer – *Coenagrion ornatum* (SELYS). Naturschutz und Landschaftspflege in Brandenburg 15 (3): 84.

BILEK, A. (1954): Eine neue Agrionide aus Bayern (Odonata). Nachrichtenblatt der Bayerischen Entomologen 3: 97–99.

BILEK, A. (1955): Das bisher unbekannte Männchen von *Agrion* (= *Coenagrion*) *freyi* Bilek 1955 (Odonata). Nachrichtenblatt der Bayerischen Entomologen 4 (9): 89–91.

BILEK, A. (1960): Die Bestimmung „auf Anhieb“ von Aeschna subarctica Walk. (Odonata). Nachrichtenblatt der Bayerischen Entomologen 9: 67–68.

BILEK, A. (1964): Beobachtungen über Odonaten in Südfrankreich mit besonderer Berücksichtigung der Färbungsstadien von *Anax parthenope* Selys. Nachrichtenblatt der Bayerischen Entomologen 13: 59–64.

BILEK, A. (1967): Über die Ausfärbungsdauer bei Aeschna subarctica Walk., sowie vergleichende Größenangaben von Aeschna coerulea Ström. Nachrichtenblatt der Bayerischen Entomologen 16: 14.

BLANCKENHAGEN, B. VON (2015): Die Arktische Smaragdlibelle *Somatochlora arctica* (Zetterstedt, 1840) im Burgwald. Libellen in Hessen 8: 39–52.

BLISCHKE, H. (1999): Schlupf von *Lestes viridis* (Vander Linden) abseits vom Gewässer (Zygoptera: Lestidae). Libellula 18 (1/2): 55–58.

BÖHM, K. (2002): Erstfund und zugleich erster Entwicklungsnachweis von *Sympetrum meridionale* in Nordrhein-Westfalen (Odonata: Libellulidae). Libellula 21 (1/2): 45–47.

BÖHM, K. (2004): Zur Entwicklung und Phänologie von *Crocothemis erythraea* in Nordrhein-Westfalen: Nachweis einer zweiten Jahresgeneration? (Odonata: Libellulidae). Libellula 23 (3/4): 153–160.

BÖHM, K., B. RAAB, F. GRIMMER, K. MÜLLER & H. ALBRECHT (2013): Habitatansprüche der Imagines von *Ophiogomphus cecilia* an mittelfränkischen Gewässern (Odonata: Gomphidae). Libellula 32 (3/4): 97–114.

BOLLIGER, J., D. KELLER & R. HOLDEREGGER (2011): When landscape variables do not explain migration rates: An example from an endangered dragonfly, *Leucorrhinia caudalis* (Odonata: Libellulidae). European Journal of Entomology 108 (2): 327–330.

BÖNSEL, A. (1999): Der Einfluß von Rothirsch und Wildschwein auf die Entwicklung der Habitate von Aeshna subarctica in wiedervernäßten Regenmooren. Libellula 18 (3/4): 163–168.

BÖNSEL, A. (2001): Zusammenhänge zwischen der Gewässereutrophierung und der Ausbreitung von *Erythromma viridulum* (CHARP. 1840) (Zygoptera: Coenagrionidae), am Beispiel von Mecklenburg-Vorpommern. Zeitschrift für Ökologie und Naturschutz 9 (4): 211–217.

BÖNSEL, A. (2004): Hinweise zur Verbreitung von *Epitheca bimaculata* CHARPENTIER, 1825 (Anisoptera, Corduliidae) und zu ökologischen Habitatparametern in der nordostdeutschen Jungmoränenlandschaft. Entomologische Nachrichten und Berichte 48 (3/4): 191–198.

BÖNSEL, A. (2006): Schnelle und individuenreiche Besiedlung eines revitalisierten Waldmoores durch *Leucorrhinia pectoralis* (Odonata: Libellulidae). Libellula 25 (3/4): 151–157.

BÖNSEL, A. & M. FRANK (2011): Eine Momentaufnahme von *Crocothemis erythraea* (Brullé, 1832) und *Aeshna affinis* (vander Linden, 1820) in der nordostdeutschen Jungmoränenlandschaft von Mecklenburg-Vorpommern (Odonata). Entomologische Nachrichten und Berichte 55 (1): 37–42.

BÖNSEL, A. & M. FRANK (2013): Verbreitungsatlas der Libellen Mecklenburg-Vorpommerns. Natur+Text. Rangsdorf.

BORKENSTEIN, A., A. SCHRÖTER & R. JÖDICKE (2016): *Aeshna viridis* is an early bird – matutinal matings in a crepuscular species (Odonata: Aeshnidae). Odonatologica 45 (1): S. 37–56.

BORKENSTEIN, A. & R. JÖDICKE (2016): Crepuscular collective flight of *Aeshna viridis* in Central Europe (Odonata: Aeshnidae). Notulae odonatologicae 8: 297–307.

Borkenstein, A., A. Schröter & R. Jödicke (2017): Matutinal mating in *Aeshna grandis* and *A. viridis* – a behavioural pair of twins prefers early-morning sex (Odonata: Aeshnidae). Odonatologica 46 (3/4): 207–226.

Borkenstein, A., R. Jödicke & K. Baumann (2021): *Coenagrion lunulatum* – Mond-Azurjungfer. In: Baumann, K.; R. Jödicke; F. Kastner; A. Borkenstein; W. Burkart; U. Quante & T. Spengler (Hrsg.): Atlas der Libellen in Niedersachsen/Bremen. Mitteilungen der Arbeitsgemeinschaft Libellen in Niedersachsen und Bremen, Sonderband: 90–93.

Borkenstein, A. & R. Jödicke (2022): Färbungsvielfalt niedersächsischer *Coenagrion lunulatum* (Odonata: Coenagrionidae). Mitteilungen der AG Libellen in Niedersachsen und Bremen 4: 3–18.

Börnecke, S. (2015): Beobachtungen zum Revierverhalten der Arktischen Smaragdlibelle *Somatochlora arctica* im Naturschutzgebiet Wiesbüttmoor im Sommer 2014. Libellen in Hessen 8: 53–56.

Boudot, J.-P. & G. Jacquemin (1995): Revision of *Cordulegaster boltonii* (Donovan, 1807) in southwestern Europe and northern Africa, with description of *C. b. iberica* ssp. nov. from Spain (Anisoptera: Cordulegastridae). Odonatologica 24 (2): 149–173.

Boudot, J.-P. (2021): Synchronism, sex ratio at emergence, and voltinism of *Epitheca bimaculata* in Lorraine (North-East France) (Odonata: Corduliidae). Libellula Supplement 16: 67–78.

Bouwmann, J. H. & D. Groenendijk (2007): New records of *Somatocholora arctica* in northwestern Lower Saxony (Odonata: Corduliidae). Libellula 26 (1/2): 35–40.

Bouwmann, J. H. & R. Ketelaar (2008): New records of *Coenagrion armatum* in Schleswig-Holstein (Odonata: Coenagrionidae). Libellula 27 (3/4): 185–190.

Brauner, O. (2005): Vorkommen, Entwicklung und Verbreitung von *Aeshna affinis* in Brandenburg (Odonata: Aeshnidae). Libellula 24 (3/4): 191–219.

Brauner, O. (2006): Einjährige Entwicklung von *Leucorrhinia pectoralis* und *Brachytron pratense* in einem Kleingewässer Nordostbrandenburgs (Odonata: Libellulidae, Aeshnidae). Libellula 25: 61–75.

Brauner, O. (2009): Erstnachweis von *Ceriagrion tenellum* in Brandenburg (Odonata: Coenagrionidae). Libellula 28 (1/2): 25–29.

Breithaupt, N. (2013): Zur Häufigkeit der Farbmorphen von Weibchen der Zarten Rubinjungfer (*Ceriagrion tenellum*) im Naturschutzgebiet Mindelsee (Odonata: Coenagrionidae). Mercuriale 13 (1): 8–10.

Brockhaus, T. (1993): Die Federlibelle *Platycnemis pennipes* (PALLAS, 1771) in Mecklenburg-Vorpommern, Berlin/Brandenburg, Sachsen-Anhalt, Thüringen und Sachsen (Odonata). Entomologische Nachrichten und Berichte 37 (4): 213–224.

Brockhaus, T. (1998a): Gemeinsame Vorkommen der Smaragdlibellen *Somatochlora alpestris* (Selys 1840) und *Somatochlora arctica* (Zetterstedt 1840) im Erzgebirge (Odonata Corduliidae). Veröffentlichungen des Museums für Naturkunde Chemnitz 21: 79–82.

Brockhaus, T. (1998b): Terrestrische Eiablage durch *Sympetrum vulgatum* (Linnaeus) (Anisoptera: Libellulidae). Libellula 17 (1/2): 103–105.

Brockhaus, T. (2001): Untersuchungen zur Individualentwicklung, Phänologie und Populationsdynamik der Imagines von *Sympetrum pedemontanum* (Odonata: Libellulidae). Libellula 20 (3/4): 115–130.

BROCKHAUS, T. (2004): Interspezifische Konkurrenz zwischen *Sympetrum fonscolombii* und *Orthetrum cancellatum* in Mitteleuropa? (Odonata: Libellulidae). Libellula 23 (1/2): 77–86.

BROCKHAUS, T. (2012a): Westpaläarktische Verbreitungsmuster von Libellen – Zeugnisse einer kaltzeitlichen Libellenfauna? Die Beispiele *Sympecma paedisca* und *Somatochlora metallica* (Odonata: Lestidae, Corduliidae). Libellula Supplement 12: 211–226.

BROCKHAUS, T. (2012b): Wie kam *Somatochlora alpestris* (SÉLYS) in die zentraleuropäischen Gebirge? Der Lebensraumwechsel einer stenothermen transpaläarktisch verbreiteten Kaltzeitart am Beispiel des Erzgebirges (Sachsen) (Odonata, Anisoptera, Corduliidae). Entomologische Nachrichten und Berichte 56 (1): 17–28.

BROCKHAUS, T. (2021): Eine auffällige Farbvariante bei Männchen von *Somatochlora metallica* (Odonata: Corduliidae)*. Libellula Supplement 16: 79–85.

BRUENS, A. & F. RÖBBELEN (2015): Fledermaus-Azurjungfer – *Coenagrion pulchellum* (Vander Linden, 1825). In: Arbeitskreis Libellen Schleswig-Holstein (Hrsg.): Die Libellen Schleswig-Holsteins. Natur+Text. Rangsdorf: 180–185.

BUCHHOLTZ, C. (1956): Eine Analyse des Paarungsverhaltens und der dabei wirkenden Auslöser bei den Libellen *Platycnemis pennipes Pall.* und *Pl. dealbata* Klug. Zeitschrift für Tierpsychologie 13: 13–25.

BUCHHOLZ, K. F. (1950): Zur Paarung und Eiablage der Agrioninen (Odonata). Bonner Zoologische Beiträge (2–4): 262–275.

BUCHWALD, R. & B. SCHMIDT (1990): Der Kleine Blaupfeil (*Orthetrum coerulescens*, Odonata) in Südbaden – Spezielle Untersuchungen zu ökologischen Ansprüchen, Populationsdynamik und Gefährdung. Mitteilungen des Badischen Landesvereins für Naturkunde und Naturschutz N.F. 15: 109–144.

BUCHWALD, R. (1994): Zur Bedeutung der Artenzusammensetzung und Struktur von Fließgewässer-Vegetation für die Libellenart *Coenagrion mercuriale* mit Bemerkungen zur Untersuchungsmethodik. Berichte der Reinhard-Tüxen-Gesellschaft 6: 61–81.

BUCZYŃSKI, P., A. ZAWAL & E. FILIPIUK (2002): Neue Nachweise von *Orthetrum albistylum* in Nordpolen: Erweitert sich sein Verbreitungsgebiet in Mitteleuropa? (Odonata: Libellulidae). Libellula 21 (1/2): 15–24.

BUCZYŃSKI, P., A. P. SHAPOVAL & E. BUCZYNSKA (2014): *Pantala flavescnes* at the coast of the Baltic Sea (Odonata: Libellulidae). Odonatologica 43 (1/2): 3–11.

BUCZYŃSKI, P., E. BUCZYNSKA & W. MICHALCZUK (2019): From southern Balkans to western Russia: Do first polish records of *Pantala flavescens* (Fabricius, 1798) (Odonata: Libellulidae) indicate a migration route? Journal of the Entomological Research Society 21 (1): 11–16.

BÜHLER, W. (2011): Ein zweiter aktueller Fund der Gabel-Azurjungfer (*Coenagrion scitulum*) in Baden-Württemberg. Mercuriale 11 (1): 47–48.

BÜHLER, W. & H. HUNGER (2012): Neue Funde der Gabel-Azurjungfer (*Coenagrion scitulum*) in Südbaden bei Buggingen, Gottenheim und Riegel (Odonata: Coenagrionidae). Mercuriale 12 (1): 27–32.

BURBACH, K., I. FALTIN, M. KÖNIGSDORFER, J. E. KRACH & M. WINTERHOLLER (1996): *Coenagrion ornatum* (Selys) in Bayern (Zygoptera: Coenagrionidae). Libellula 15 (3/4): 131–168.

BURBACH, K. & M. WINTERHOLLER (1997): Die Invasion von *Hemianax ephippiger* (Burmeister) in Mittel- und Nordeuropa 1995/1996 (Anisoptera: Aeshnidae). Libellula 16 (1/2): 33–59.

Burbach, K. (2000): Nachweis einer zweiten Jahresgeneration von *Enallagma cyathigerum* und *Ischnura pumilio* in Mitteleuropa (Odonata: Coenagrionidae). Libellula 19 (3/4): 217–227.

Burbach, K. & F.-J. Schiel (2004): Beobachtungen zur Ausbreitungsfähigkeit von *Nehalennia speciosa* (Odonata: Coenagrionidae). Libellula 23 (3/4): 115–126.

Burbach, K., H. Hunger & F. Petzold (2015): *Coenagrion mercuriale* (Charpentier, 1840) Helm-Azurjungfer. In: Brockhaus, T.; H.-J. Roland; T. Benken; K.-J. Conze; A. Günther; K. G. Leipelt; M. Lohr; A. Martens; R. Mauersberger; J. Ott; F. Suhling; F. Weihrauch & C. Willigalla (Hrsg.): Atlas der Libellen Deutschlands (Odonata). Libellula Supplement. 14: 74–77.

Burbach, K. & F.-J. Schiel (2016): Verbreitung und Bestandssituation von *Sympetrum depressiusculum* im Südteil des Regierungsbezirks Schwaben, Südwestbayern. Mercuriale 16: 9–23.

Busch, R. (2012): Hinweise zu Vorkommen und Ausbreitung der Gabel-Azurjungfer *Coenagrion scitulum* (Rambur, 1842) in Hessen und dem nördlichen Rheinland-Pfalz. Libellen in Hessen 5: 45–48.

Buttstedt, L. & W. Zimmermann (1998): Die Vogelazurjungfer (*Coenagrion ornatum*) im Grenzraum von Sachsen-Anhalt und Thüringen. Pedemontanum 3: 6–9.

Buttstedt, L. & W. Zimmermann (2005): Über Entwicklungsnachweise der Feuerlibelle, *Crocothemis erythraea* (BRULLÉ, 1832), in Thüringen und Sachsen-Anhalt (Odonata). Entomologische Nachrichten und Berichte 49 (3/4): 171–178.

Cham, S. (2004): Oviposition behaviour of the two British species of red-eyed damselflies *Erythromma najas* (Hansemann) and *E. viridulum* (Charpentier). Journal of the British Dragonfly Society 20 (2): 37–41.

Chovanec, A. (2017): Beobachtungen zur Unterbrechung der Eiablage von *Orthetrum brunneum* (Odonata: Libellulidae) und anderen Libellenarten an einem kleinen Feuchtgebiet in Niederösterreich. Libellula 36 (3/4): 139–144.

Chovanec, A. (2018a): Beobachtungen zum Sitzverhalten des Südlichen Blaupfeils (*Orthetrum brunneum*) und anderer Libellulinae (Odonata: Libellulidae). Zeitschrift der Arbeitsgemeinschaft Österreichischer Entomologen 70: 9–18.

Chovanec, A. (2018b): Beobachtungen zur Wahl des Schlupfsubstrates beim Südlichen Blaupfeil, *Orthetrum brunneum* (Odonata: Libellulidae). Zeitschrift der Arbeitsgemeinschaft Österreichischer Entomologen 70: 19–23.

Chovanec, A. (2021): Beispiele starker Thoraxbereifung bei Männchen von *Orthetrum coerulescens* in Niederösterreich (Odonata: Libellulidae). Libellula Supplement 16: 87–100.

Clausen, W. (2003): Die Bestandsentwicklung von *Coenagrion ornatum* in Ostwestfalen, Nordrhein-Westfalen (Odonata: Coenagrionidae). Libellula 22 (1/2): 1–10.

Clausnitzer, H.-J., C. Clausnitzer & R. Hengst (2007a): Ergänzungen zur Ökologie von *Ceriagrion tenellum* in der südlichen Lüneburger Heide (Odonata: Coenagrionidae). Libellula 26 (3/4): 157–160.

Clausnitzer, H.-J., C. Clausnitzer & R. Hengst (2007b): Zur Ökologie von *Ceriagrion tenellum* im Bereich der nordöstlichen Verbreitungsgrenze in Niedersachsen (Odonata: Coenagrionidae). Libellula 26 (1/2): 19–34.

Clausnitzer, H.-J., R. Hengst, C. Krieger & A. Thomes (2010): *Boyeria irene* in Niedersachsen (Odonata: Aeshnidae). Libellula 29 (3/4): 155–168.

Clausnitzer, H.-J. (2015): *Ceriagrion tenellum* (de Villers, 1789) – Zarte Rubinjungfer. In: Brockhaus, T.; H.-J. Roland; T. Benken; K.-J. Conze; A. Günther; K. G. Leipelt; M.

LOHR; A. MARTENS; R. MAUERSBERGER; J. OTT; F. SUHLING; F. WEIHRAUCH & C. WILLIGALLA (Hrsg.): Atlas der Libellen Deutschlands (Odonata). Libellula Supplement. 14: 54–57.

CLAUSNITZER, H.-J. & T. BENKEN (2015): *Orthetrum coerulescens* (Fabricius, 1798) Kleiner Blaupfeil. In: BROCKHAUS, T.; H.-J. ROLAND; T. BENKEN; K.-J. CONZE; A. GÜNTHER; K. G. LEIPELT; M. LOHR; A. MARTENS; R. MAUERSBERGER; J. OTT; F. SUHLING; F. WEIHRAUCH & C. WILLIGALLA (Hrsg.): Atlas der Libellen Deutschlands (Odonata). Libellula Supplement. 14: 298–301.

CONZE, K.-J. & R. JOEST (2013): Die Grüne Flussjungfer etabliert sich wieder in NRW – Ergebnisse einer gezielten Suche nach der Grünen Flussjungfer (Ophiogomphus cecilia) an der Lippe im Kreis Soest. Natur in NRW 38 (1): 28–31.

CORBET, P. S. (1957): The life-history of the Emperor Dragonfly *Anax imperator* Leach (Odonata: Aeshnidae). Journal of Animal Ecology 26: 1–69.

CORBET, P. S. & I. F. HARVEY (1989): Seasonal regulation in *Pyrrhosoma nymphula* (Sulzer) (Zygoptera: Coenagrionidae) 1. Seasonal development in nature. Odonatologica 18 (2): 133–145.

CORSO, A., O. JANNI, M. PAVESI & M. VIGANÒ (2017): Update to the status of *Pantala flavescens* (Fabricius, 1798) and *Trithemis kirbyi* Selys, 1891 for Italy and Central Mediterranean basin (Odonata Libellulidae). Biodiversity Journal 8 (1): 33–38.

DE KNIJF, G. (2015): *Pantala flavescens* – a new species for the fauna of Bulgaria (Odonata: Libellulidae). Notulae odonatologicae 8 (6): 191–196.

DEUBELIUS, K. & R. JÖDICKE (2010): *Leucorrhinia caudalis* in Nordwestdeutschland (Odonata: Libellulidae). Libellula 29 (1/2): 1–12.

DIJKSTRA, K.-D. B. & V. J. KALKMAN (2012): Phylogeny, classification and taxonomy of European dragonflies and damselflies (Odonata): a review. Organisms Diversity & Evolution 12 (3): 209–227.

DIJKSTRA, K.-D. B., G. BECHLY, S. M. BYBEE, R. A. DOW, H. J. DUMONT, G. FLECK, R. W. GARRISON, M. HÄMÄLÄINEN, V. J. KALKMAN, H. KARUBE, M. L. MAY, A. G. ORR, D. R. PAULSON, A. C. REHN, G. THEISCHINGER, J. W.H. TRUEMAN, J. VAN TOL, N. VON ELLENRIEDER & J. WARE (2013): The classification and diversity of dragonflies and damselflies (Odonata). Zootaxa 3707 (1): 36–45.

DÖLER, H.-P. & S. EHRET (2014): Zur Verbreitung der Speer-Azurjungfer (*Coenagrion hastulatum*) auf der östlichen Schwäbischen Alb (Odonata: Coenagrionidae). Mercuriale 14: 13–26.

DOLMEN, D. & J. PEDERSEN (2018): *Coenagrion hastulatum* and *C. lunulatum* – their responses to the liming of acidified lakes and the release of fish (Odonata: Coenagrionidae). Odonatologica 47 (1/2): 101–120.

DOLNÝ, A. (2013): Population size estimation of *Aeshna caerulea* (Odonata: Aeshnidae) in the Czech part of Úpské rašeliniště bog (Giant Mountains). Casopis slezskeho zemskeho muzea (A) 62 (1): 83–89.

DONATH, H. (1989): Verbreitung und Ökologie der Zweigestreiften Quelljungfer *Cordulegaster boltoni* (DONOVAN, 1807) in der DDR (Insecta, Odonata: Cordulegasteridae). Faunistische Abhandlungen Staatliches Museum für Tierkunde Dresden 16: 97–106.

DREES, C., T. O. EGGERS, I. JÖKEL, B. KÜHNE & C. ZEISS (1996): Entwicklungserfolg von *Aeshna affinis* Vander Linden nach einem strengen Winter in Norddeutschland (Anisoptera: Aeshnidae). Libellula 15 (3/4): 203–206.

Drews, A. (2015): Torf-Mosaikjungfer – *Aeshna juncea* (Linnaeus, 1758). In: Arbeitskreis Libellen Schleswig-Holstein (Hrsg.): Die Libellen Schleswig-Holsteins. Natur+Text. Rangsdorf: 211–217.

Dyatlova, E. S. & V. J. Kalkman (2008): Massive migration of *Aeshna mixta* and *Sympetrum meridionale* in the Ukrainian Danube delta (Odonata-Anisoptera: Aeschnidae, Libellulidae). Entomologische Berichten 68 (5): 188–190.

Ellwanger, G. (1996): Zur Ökologie von Somatochlora alpestris Selys (Anisoptera: Corduliidae) am Brocken im Hochharz (Sachsen-Anhalt). Libellula 15 (3/4): 101–129.

Ferreras-Romero, M. & F. Suhling (2021): On the dimorphism shown by the females of *Boyeria irene* (Odonata: Aeshnidae) in a southern Spain population. Libellula Supplement 16: 115–125.

Fiebrich, M. (2011): Beobachtungen von Schabrackenlibelle (*Anax ephippiger*) und Gelber Keiljungfer (*Gomphus simillimus*) im Naturschutzgebiet „Wollmatinger Ried". Mercuriale 11: 35–38.

Finkenzeller, M. (2010): First record of *Pantala flavescens* for Croatia (Odonata: Libellulidae). Libellula 29 (3/4): 205–208.

Fischer, C. (2009): *Enallagma cyathigerum* und *Ischnura elegans* als Kleptoparasiten in Spinnennetzen (Odonata: Coenagrionidae). Libellula 28 (3/4): 183–186.

Fischer, S. (2019): Massenauftreten von *Libellula quadrimaculata* im Linumer Teichgebiet/Brandenburg (Odonata: Libellulidae). Libellula 38 (1/2): 103–109.

Flenner, I., K. Olne, F. Suhling & G. Sahlén (2009): Predator-induced spine length and exocuticle thickness in *Leucorrhinia dubia* (Insecta Odonata): a simple physiological trade-off? Ecological Entomology 34 (6): 735–740.

Fliedner, H. (2004): Flügel als Sonnenreflektoren bei *Lestes viridis*? (Odonata: Lestidae). Libellula 23 (3/4): 179–182.

Fliedner, T. & H. Fliedner (2000): Herbstschlupf von *Gomphus vulgatissimus* (Odonata: Gomphidae). Libellula 19 (1/2): 79–84.

Folz, H.-G. (2010): Gabel-Azurjungfer (*Coenagrion scitulum*) in Rheinhessen angekommen. Fauna und Flora in Rheinland-Pfalz 11 (4): 1411–1412.

Förster, S. (1995): Inverses Schlüpfen bei *Ischnura elegans* (Vander Linden) (Odonata: Coenagrionidae). Libellula 14 (3/4): 203–208.

Frank, M. (2010a): Nachweis der Zierlichen Moosjungfer (*Leucorrhinia caudalis* Charpentier, 1840) im Landkreis Nordwest-Mecklenburg. Virgo 13 (2): 71–72.

Frank, M. (2010b): Zum Vorkommen der Feuerlibelle (*Crocothemis erythraea* Brullé) in Nordwestmecklenburg im fünften Jahr nach der Erstfeststellung dort. Virgo 13 (2): 72–74.

Frank, M. (2014): Spätsommerbeobachtungen von Libellen auf Kos, Griechenland, mit vier Erstnachweisen (Odonata). Libellula 33 (3/4): 211–216.

Frank, M. (2017): Zwerglibelle (*Nehalennia speciosa*, Charpentier 1840) – Libelle des Jahres 2018 (Odonata: Coenagrionidae) und ihr Vorkommen in Mecklenburg-Vorpommern. Virgo 20: 65–66.

Freienstein, F. M., T. Fartmann, F. Gabel & F. Löffler (2017): Erstnachweis von *Orthetrum albistylum* in Sachsen (Odonata Libellulidae). Libellula 36 (3/4): 149–158.

Freyhof, J., I. Steinmann & T. Krause (1998): Weitere Funde von *Gomphus flavipes* (CHARPENTIER) im Rhein (Anisoptera: Gomphidae). Libellula 17 (3/4): 247–252.

Friedritz, L., R. Joest & J. Kamp (2018): Abundanz und Habitatwahl von Imagines von *Ophiogomphus cecilia* an renaturierten und ausgebauten Abschnitten der Lippe, Nordrhein-Westfalen (Odonata: Gomphidae). Libellula 37 (1/2): 1–22.

FROBEL, K. & H. SCHLUMPRECHT (2015): Untersuchungen zur Substrat- und Habitatwahl von *Cordulegaster bidentata* im Landkreis Nürnberger Land (Odonata: Cordulegastridae). Libellula 34 (1/2): 3–26.

FROUFE, E., S. FERREIRA, J.-P. BOUDOT, P. C. ALVES & D. J. HARRIS (2014): Molecular phylogeny of the Western Palaearctic *Cordulegaster* taxa (Odonata: Anisoptera: Cordulegastridae). Biological Journal of the Linnean Society 111 (1): 49–57.

GALLESI, M. M., S. MOBILI, R. CIGOGNINI, S. HARDERSEN & R. SACCHI (2015): Sexual dimorphism in wings and wing bands of *Sympetrum pedemontanum* (Müller in Allioni 1776). Zoomorphology 134 (4): 531–540.

GELPKE, C. (2013): Zum Vorkommen des Kleinen Blaupfeils *Orthetrum coerulescens* (Fabricius 1798) an einem Ablaufgraben in Nordhessen. Libellen in Hessen 6 (2): 2–7.

GEWECKE, M. & A. ODENDAHL (2004): The Movement Apparatus of the Antennae of the Dragonfly species *Orthetrum cancellatum* (Odonata Libellulidae). Entomologia Generalis 27 (2): 73–85.

GLITZ, D. (2008): Erstnachweis von *Coenagrion scitulum* in Rheinland-Pfalz (Odonata: Coenagrionidae). Libellula 27 (1/2): 33–37.

GÖCKING, C. (1999): Lebenszyklus von *Platycnemis pennipes* (Pallas) und *Calopteryx splendens* (Harris) in zwei Fließgewässern Brandenburgs (Zygoptera: Platycnemididae, Calopterygidae). Libellula 18 (3/4): 147–162.

GORB, S. (1994): Female perching behaviour in *Sympetrum sanguineum* (Müller) at feeding places (Anisoptera: Libellulidae). Odonatologica 23 (4): 341–353.

GREBE, B., R. HOFLAND & J. RODENKIRCHEN (2006): Neue Nachweise von *Coenagrion scitulum* in Nordrhein-Westfalen (Odonata: Coenagrionidae). Libellula 25 (1/2): 19–26.

GRUNERT, H. (1995): Eiablageverhalten und Substratnutzung von *Erythromma najas* (Odonata: Coenagrionidae). Braunschweiger Naturkundliche Schriften (4): 769–794.

GÜNTHER, A. & R. MAUERSBERGER (1999): Verhaltensbeobachtungen an *Anax ephippiger* (Burmeister) 1995/1996 in Brandenburg (Anisoptera: Aeshnidae). Libellula 18 (1/2): 1–14.

GÜNTHER, A. (2005): *Anax ephippiger* in Europa – immer Invasionen in eine Sackgasse? (Odonata: Aeshnidae). Libellula 24 (3/4): 241–247.

GÜNTHER, A. & J. KIPPING (2007): Nachweise der Südlichen Heidelibelle *Sympetrum meridionale* (Sélys, 1841) in Sachsen und Südostbrandenburg (Odonata: Libellulidae). Sächsische Entomologische Zeitschrift 2: 9–12.

GÜNTHER, A. (2012): Wiederfund von *Somatochlora arctica* in Brandenburg (Odonata: Corduliidae). Libellula Supplement 12: 143–150.

GÜNTHER, A. & C. SCHULZE (2016): Erstnachweis von *Orthetrum albistylum* in Brandenburg (Odonata: Libellulidae). Libellula 35 (3/4): 207–215.

GÜNTHER, A., S. HEISE, M. HELD, N. JÄGER, J. KIPPING, R. MORITZ, H. SCHNABEL, H. VOIGT & T. BROCKHAUS (2018): Neue Nachweise der Zierlichen Moosjungfer *Leucorrhinia caudalis* (Charpentier 1840) in Sachsen und einige Bemerkungen zur Ökologie der Art (Odonata, Libellulidae). Entomologische Nachrichten und Berichte 62 (1): 19–25.

GÜNTHER, A. (2019a): Erster Freilandnachweis von *Pantala flavescens* in Deutschland (Odonata: Libellulidae). Libellula 38 (3/4): 127–136.

GÜNTHER, A. (2019b): Successful breeding by *Pantala flavescens* in Germany (Odonata: Libellulidae). Odonatologica 48 (3/4): 203–210.

GÜNTHER, A., B. NICOLAI, F. PETZOLD, M. WALDHAUSER & M. LANGE (2021a): Aktueller Kenntnisstand zur Verbreitung von *Erythromma lindenii* in Ostdeutschland und der Tschechischen Republik (Odonata: Coenagrionidae). Libellula 40 (1/2): 107–135.

GÜNTHER, A., M. LANGE & I. PALFI (2021b): Erste Nachweise von *Coenagrion scitulum* in Ostdeutschland (Sachsen) deuten auf einen neuen Einwanderungsweg der Art hin (Odonata: Coenagrionidae). Libellula 40 (1/2): 47–56.

GYULAVÁRI, H. A., T. FELFÖLDI, T. BENKEN, L. J. SZABÓ, M. MISKOLCZI, C. CSERHÁTI, V. HORVAI, K. MÁRIALIGETI & G. DÉVAI (2011): Morphometric and molecular studies on the populations of the damselflies *Chalcolestes viridis* and *C. parvidens* (Odonata, Lestidae). International Journal of Odonatology 14 (4): 329–339.

HAACKS, M., F. PETZOLD & C. WILLIGALLA (2015): *Erythromma viridulum* (Charpentier, 1840), Kleines Granatauge. In: BROCKHAUS, T.; H.-J. ROLAND; T. BENKEN; K.-J. CONZE; A. GÜNTHER; K. G. LEIPELT; M. LOHR; A. MARTENS; R. MAUERSBERGER; J. OTT; F. SUHLING; F. WEIHRAUCH & C. WILLIGALLA (Hrsg.): Atlas der Libellen Deutschlands (Odonata). Libellula Supplement. 14: 106–109.

HAACKS, M. (2015): Keilfleck-Mosaikjungfer – *Aeshna isoceles* (Müller, 1767). In: Arbeitskreis Libellen Schleswig-Holstein (Hrsg.): Die Libellen Schleswig-Holsteins. Natur+Text. Rangsdorf: 255–260.

HADJOUDJ, S., R. KHELIFA, A. GUEBAILIA, H. AMARI, S. HADJADJI, R. ZEBSA, M. HOUHAMDI & R. MOULAÏ (2015): Emergence ecology of *Orthetrum cancellatum*: temporal pattern and microhabitat selection (Odonata: Libellulidae). Annales de la Société entomologique de France (N.S.) 50 (3–4): 343–349.

HA, L. Y., H. WILDERMUTH & S. DORN (2002): Emergenz von *Cordulia aenea* (Odonata: Corduliidae). Libellula 21 (1/2): 1–14.

HÄMÄLÄINEN, M., L. HULDÉN & S. KARJALAINEN (2003): Etelänukonkorennon (*Aeshna mixta* Latreille, 1805) vaellukset Suomeen 2002–2003 (Odonata, Aeshnidae). Sahlbergia 8: 49–54.

HAMMERS, M., R. A. SÁNCHEZ-GUILLÉN & H. VAN GOSSUM (2009): Differences in mating propensity between immature female color morphs in the damselfly *Ischnura elegans* (Insecta: Odonata). Journal of Insect Behavior 22 (4): 324–337.

HANSCHITZ-JANDL, W. (2005): Erstfund von *Gomphus flavipes* an der bayerischen Donau (Odonata: Gomphidae). Libellula 24 (3/4): 227–232.

HARABIŠ, F., A. DOLNÝ, S. R. LEATHER & S. YANOVIAK (2015): Necessity for the conservation of drainage systems as last refugia for threatened damselfly species, *Coenagrion ornatum*. Insect Conservation and Diversity 8 (2): 143–151.

HASSALL, C. & D. J. THOMPSON (2012): Study design and mark-recapture estimates of dispersal: a case study with the endangered damselfly *Coenagrion mercuriale*. Journal of Insect Conservation 16 (1): 111–120.

HASSALL, C., S. KEAT, D. J. THOMPSON & P. C. WATTS (2014): Bergmann's rule is maintained during a rapid range expansion in a damselfly. Global Change Biology 20 (2): 475–482.

HAVERMEIER, L. & T. BÜCHNER (2019): Erfolgreiche Reproduktion von *Anax ephippiger* im Niederspreer Teichgebiet, Oberlausitz, Sachsen (Odonata: Aeshnidae). Libellula 38 (3/4): 205–210.

HEIDEMANN, H. (1974): Ein neuer europäischer Fund von *Coenagrion hylas* (Trybom) (Zygoptera: Coenagrionidae). Odonatologica 3 (3): 181–185.

HEIDEMANN, H. (1988): Die *Gomphus*-Arten Deutschlands und Frankreichs – Bestimmungsschlüssel der Larven und Felddiagnose der Imagines (Anisoptera: Gomphidae). Libellula 7 (3/4): 89–101.

HEITZ, A., S. HEITZ & K. BRUDER (1987): Fortpflanzung des Östlichen Blaupfeils (*Orthetrum albistylum* SELYS 1884) am südlichen Oberrhein. Libellula 6 (3/4): 117–120.

HEITZ, S. (1993): Neufunde von *Gomphus simillimus* (SELYS) am Hochrhein (BRD). Libellula 12 (3/4): 277–280.

HENRIKSON, B.-I. (1993): Sphagnum mosses as a microhabitat for invertebrates in acidified lakes and the colour adaptation and substrate preference in *Leucorrhinia dubia* (Odonata, Anisoptera). Ecography 16 (2): 143–153.

HENSELER, D., M. MÜLLER & R. HOESS (2019): *Pantala flavescens* neu für die Schweiz, inklusive Entwicklungsnachweis (Odonata: Libellulidae). Libellula 38 (3/4): 211–218.

HENZE, M. J., O. LIND, B. D. WILTS & A. KELBER (2019): Pterin-pigmented nanospheres create the colours of the polymorphic damselfly *Ischnura elegans*. Journal of the Royal Society Interface 16 (153): 20180785.

HERTZOG, M. (2010): Beobachtung eines frisch geschlüpften Weibchens von *Boyeria irene* am Seerhein (Odonata: Aeshnidae). Libellula 29 (3/4): 169–174.

HEYMER, A. (1964): Ein Beitrag zur Kenntnis der Libelle *Oxygastra curtisi* (DALE, 1834). Beiträge zur Entomologie 14 (1/2): 31–44.

HEYMER, A. (1969): Fortpflanzungsverhalten und Territorialität bei *Orthetrum coerulescens* (Fabr., 1798) und *O. brunneum* (Fons., 1837) (Odonata; Anisoptera). Revue du Comportement Animal 3: 1–24.

HIEMEYER, F., E. MILLER & J. MILLER (2001): Winterbeobachtungen an Sympecma paedisca (Odonata: Lestidae). Libellula 20 (3/4): 103–113.

HINNEKINT, B. O. N. (1987): Population dynamics of *Ischnura E. elegans* (Vander Linden) (Insecta: Odonata) with special reference to morphological colour changes, female polymorphism, multiannual cycles and their influence on behaviour. Hydrobiologia (146): 3–31.

HOESS, R. & E. WERMEILLE (2014): Erstmaliger Nachweis der Entwicklung von *Gomphus vulgatissimus* auf über 1.000 m. Mercuriale 14: 33–38.

HOESS, R. (2019): Erstnachweis einer zweiten Jahresgeneration von *Orthetrum brunneum* (Odonata: Libellulidae) für Mitteleuropa. Libellula 38 (1/2): 97–102.

HOFMANN, B. & A. MARTENS (2005): Eine Fang-Wiederfang-Studie zur Ortstreue und Kurzstreckenausbreitung von *Sympetrum sanguineum* (Odonata: Libellulidae). Libellula 24 (1/2): 63–72.

HOLMES, J. D. & S. RANDOLPH (1994): An early emergence (one-year life-cycle) of *Libellula depressa* Linnaeus and *Anax imperator* Leach. Journal of the British Dragonfly Society 10 (2): 25–28.

HÖPPNER, B. (1994): Ökologische Untersuchungen an der Kleinen Mosaikjungfer (*Brachytron pratense*) und dem Spitzenfleck (*Libellula fulva*) in der Oberrheinebene unter besonderer Berücksichtigung der Vegetation. Mitteilungen des badischen Landesvereins für Naturkunde N.F. 16 (1): 43–73.

HORN, R. (2003): Eine zweite Jahresgeneration bei *Crocothemis erythraea* in Deutschland während des extrem heißen Sommers 2003 (Odonata: Libellulidae)? Libellula 22 (3/4): 139–142.

HUNGER, H. (1998a): Biozönologische Untersuchungen zum Habitatschema der Pokal-Azurjungfer (*Cercion lindenii* SÉLYS 1840) in der südlichen Oberrheinebene. Naturschutz am südlichen Oberrhein 2: 159–166.

HUNGER, H. (1998b): Biozönologische Untersuchungen zum Habitatschema des Kleinen Granatauges (*Erythromma viridulum* CHARPENTIER 1840) in der südlichen Oberrheinebene. Naturschutz am südlichen Oberrhein 2: 149–158.

HUNGER, H. & F.-J. SCHIEL (1999): Massenentwicklung von *Sympetrum fonscolombii* (Selys) und Entwicklungsnachweis von *Anax ephippiger* (Burmeister) in Überschwemmungsflächen am südlichen Oberrhein (Anisoptera: Libellulidae, Aeshnidae). Libellula 18 (3/4): 189–195.

Hunger, H. & W. Röske (2001): Short-range dispersal of the southern damselfly (*Coenagrion mercuriale*, Odonata) defined experimentally using UV fluorescent ink. Zeitschrift für Ökologie und Naturschutz 9: 181–187.

Hunger, H. & F.-J. Schiel (2008): Erstnachweis von *Gomphus flavipes* am deutsch-schweizerischen Hochrhein (Odonata: Gomphidae). Libellula 27 (3/4): 221–228.

Hunger, H. (2011): Wiederfund von *Coenagrion scitulum* in Baden-Württemberg nach fast 90 Jahren (Odonata: Coenagrionidae). Libellula 30 (1/2): 43–50.

Hunger, H. & F.-J. Schiel (2014): Sympecma paedisca am westlichen Bodensee neue Beobachtungen zu Bestandsschwankungen und Fortpflanzungshabitaten (Odonata: Lestidae). Libellula 33 (3/4): 195–209.

Hunger, H. & F.-J. Schiel (2015): *Gomphus simillimus* Selys, 1840 Gelbe Keiljungfer. In: Brockhaus, T.; H.-J. Roland; T. Benken; K.-J. Conze; A. Günther; K. G. Leipelt; M. Lohr; A. Martens; R. Mauersberger; J. Ott; F. Suhling; F. Weihrauch & C. Willigalla (Hrsg.): Atlas der Libellen Deutschlands (Odonata). Libellula Supplement. 14: 194–197.

Hunger, H. (2018): *Sympecma paedisca* am westlichen Bodensee – weitere neue Beobachtungen zu Bestands-schwankungen und Fortpflanzungshabitaten (Odonata: Lestidae). Mercuriale 16: 33–43.

Hykel, M., F. Harabiš & A. Dolný (2016): Assessment of the quality of the terrestrial habitat of the threatened dragonfly, *Sympetrum depressiusculum* (Odonata Libellulidae). European Journal of Entomology 113: 476–481.

Hykel, M., F. Harabiš & A. Dolný (2018): Diel changes in habitat use by dragonflies: Nocturnal roosting site selection by the threatened dragonfly *Sympetrum depressiusculum* (Odonata: Libellulidae). Entomological Science 21 (2): 154–163.

Inden-Lohmar, C. (1997): Nachweis einer zweiten Jahresgeneration von *Ischnura elegans* (Vander Linden) und *I. pumilio* (Charpentier) in Mitteleuropa (Zygoptera: Coenagrionidae). Libellula 16 (1/2): 1–15.

Jäckel, K., S. Prinzhorn, J. Falk, A. Deichmann, C. Willigalla & K. Koch (2014): Nächtliche Ruheplätze der Odonata, insbesondere der Arten *Ischnura elegans* und *Coenagrion pulchellum* (Odonata). Libellula 33 (1/2): 113–126.

Jödicke, R. & B. Thomas (1993): Bivoltine Entwicklungszyklen bei *Sympetrum striolatum* (Charpentier) in Mitteleuropa (Anisoptera: Libellulidae). Odonatologica 22 (3): 357–364.

Jödicke, R. (1997): Die Binsenjungfern und Winterlibellen Europas. Lestidae. Westarp Wissenschaften. Magdeburg. Die neue Brehm-Bücherei 631.

Jödicke, R. (1998): Indizien tür gelegentliches Abtauchen weiblicher Lestes virens vestalis Rambur bei der Eiablage (Zygoptera: Lestidae). Libellula 17 (1/2): 107–108.

Jödicke, R. (1999): Nachweis einjähriger Entwicklung bei *Aeshna cyanea* (Mueller) (Anisoptera: Aeshnidae). Libellula 18 (3/4): 169–174.

Jödicke, R. (2000): Späte Herbstnachweise von *Lestes sponsa* und *Sympetrum striolatum* (Odonata: Lestidae, Libellulidae). Libellula 19 (1/2): 113–115.

Jödicke, R. & K. Fuhrmann (2011): Die Libelle *Crocothemis erythraea* (Insecta: Odonata: Libellulidae) ist Neubürger zwischen Weser und Ems. Drosera 2010: 109–115.

Jödicke, R. & A. Borkenstein (2021): 100 Jahre *Aeshna subarctica* in Europa (Odonata: Aeshnidae). Libellula Supplement 16: 141–160.

JÖDICKE, R. & A. BORKENSTEIN (2021): Der lange Tag der *Leucorrhinia rubicunda* (Odonata: Libellulidae). Libellula 40 (1/2): 77–92.

JOEST, R., J. WREDE & B. BECKERS (2015): Auswirkungen der Entnahme von Fichten und der Renaturierung von Waldbächen auf die Blauflügel-Prachtlibelle und andere Libellenarten. ABU-Info 36–38: 36–43.

JOHANSSON, F. & U. NORLING (1994): A five year study of the larval life history of *Coenagrion hastulatum* (Charpentier) and *C. armatum* (Charpentier) in northern Sweden (Zygoptera: Coenagrionidae). Odonatologica 23 (4): 355–364.

JOHANSSON, F. (2003): Latitudinal shifts in body size of *Enallagma cyathigerum* (Odonata). Journal of Biogeography 30 (1): 29–34.

JOOP, G., A. GILLEN & D. J. MIKOLAJEWSKI (2007): Colour polymorphism in female *Coenagrion puella*: differences in egg shape (Odonata: Coenagrionidae). International Journal of Odonatology 10 (1): 71–80.

JUILLERAT, L. & H. WILDERMUTH (2006): Landmilben als Libellenparasiten: Befall von *Orthetrum coerulescens* mit Leptus sp. (Odonata: Libellulidae; Parasitengona: Erythraeidae). Libellula 25 (3/4): 171–184.

JURZITZA, G. (1960): Die Unterscheidung von Aeschna juncea (L.) und Ae. subarctica Walker im Fluge (Odonata). Nachrichtenblatt der Bayerischen Entomologen 9: 111–112.

JURZITZA, G. (1961): Die feldentomologische Unterscheidung von *Onychogomphus forcipatus* (L.) und *O. uncatus* (Charp.) (Odonata). Nachrichtenblatt der Bayerischen Entomologen 10: 133–134.

JURZITZA, G. (1964): Ein Beitrag zur subspezifischen Gliederung der *Aeshna subarctica Walker in Europa (Odonata, Aeshnidae). Beiträge zur naturkundlichen Forschung in Südwestdeutschland 23 (2): 123–135.*

JURZITZA, G. (1967a): Ein Beitrag zur Kenntnis der *Boyeria irene* (Fonscolombe). (Odonata, Aeshnidae). Beiträge zur naturkundlichen Forschung in Südwestdeutschland 26 (2): 149–154.

JURZITZA, G. (1967b): Über einen reversiblen, temperaturabhängigen Farbwechsel bei *Anax imperator* Leach, 1815 (Odonata; Aeschnidae) Vorläufige Mitteilung. Deutsche Entomologische Zeitschrift N.F. 14 (3–4): 387–389.

JURZITZA, G. (1970): Beobachtungen zur Oekologie und Ethologie von *Ischnura pumilio* (Charp.). Beiträge zur naturkundlichen Forschung in Südwestdeutschland 29 (2): 151–153.

KAISER, H. & R. FRIEDRICH (1974): Die Libelle *Orthetrum albistylum* am Oberrhein. Mitteilungen des Badischen Landesvereins für Naturkunde und Naturschutz N.F. 11 (2): 145–146.

KAISER, H. (1974a): Die Regelung der Individuendichte bei Libellenmännchen (*Aeschna cyanea*, Odonata). Eine Analyse mit systemtheoretischem Ansatz. Oecologia 14 (1–2): 53–74.

KAISER, H. (1974b): Die tägliche Dauer der Paarungsbereitschaft in Abhängigkeit von der Populationsdichte bei den Männchen der Libelle *Aeschna cyanea* (Odonata). Oecologia 14: 375–387.

KAISER, H. (1974c): Intraspezifische Aggression und räumliche Verteilung bei der Libelle *Onychogomphus forcipatus* (Odonata). Oecologia 15 (3): 223–234.

KAISER, H. (1974d): Verhaltensgefüge und Temporialverhalten der Libelle *Aeschna cyanea* (Odonata). Zeitschrift für Tierpsychologie 34 (4): 398–429.

KAISER, H. (1976): Quantitative description and simulation of stochastic behaviour in dragonflies (*Aeschna cyanea*, Odonata). Acta Biotheoretica 25 (2–3): 163–210.

Kaiser, H. (1984): Bestimmung der Populationsdichte von Aeshniden am Beispiel von *Aeshna cyanea* MÜLLER. Libellula 3 (1–2): 20–31.

Kappes, E. & W. Kappes (2016): Massenauftreten des Vierflecks (*Libellula quadrimaculata*) am Neusiedler See. Mercuriale 16: 49–52.

Karle-Fendt, A. (2008): Bestandserfassung der Libellen des Strausbergmooses mit besonderer Berücksichtigung der Alpen-Mosaikjungfer (*Aeshna caerulea*). Mitteilungen des Naturwissenschaftlichen Arbeitskreises Kempten 43 (1/2): 3–8.

Karle-Fendt, A., H. Stadelmann & M. Winterholler (2015): *Aeshna caerulea* (Ström, 1783) Alpen-Mosaikjungfer. In: Brockhaus, T.; H.-J. Roland; T. Benken; K.-J. Conze; A. Günther; K. G. Leipelt; M. Lohr; A. Martens; R. Mauersberger; J. Ott; F. Suhling; F. Weihrauch & C. Willigalla (Hrsg.): Atlas der Libellen Deutschlands (Odonata). Libellula Supplement. 14: 134–137.

Kastner, F. & R. Buchwald (2016): Habitate von *Coenagrion mercuriale* am nördlichen Arealrand (Kreis Minden-Lübbecke, NRW, Deutschland) (Odonata: Coenagrionidae). Libellula 35 (1/2): 23–42.

Kastner, F., R. Buchwald & R. Biedermann (2018): Occurrence of *Aeshna viridis* in marsh ditches in relation to habitat conditions (Odonata Aeshnidae). International Journal of Odonatology 5 (2): 1–15.

Kastner, F. & R. Buchwald (2020): Die Sommerlibelle *Aeshna viridis* – Emergenzverlauf in Nordwest-Deutschland (Odonata: Aeshnidae). Libellula 39 (1/2): 63–78.

Kastner, F. & K. Baumann (2021): *Coenagrion puella* – Hufeisen-Azurjungfer. In: Baumann, K.; R. Jödicke; F. Kastner; A. Borkenstein; W. Burkart; U. Quante & T. Spengler (Hrsg.): Atlas der Libellen in Niedersachsen/Bremen. Mitteilungen der Arbeitsgemeinschaft Libellen in Niedersachsen und Bremen, Sonderband: 103–106.

Kaunisto, K. M., P. Kaunisto, V. Vahtera & J. Suhonen (2015): Populations of the damselfly *Coenagrion hastulatum* at the edge of the species range have fewer gregarine and water mite parasites. Freshwater Biology 60 (4): 794–801.

Kern, D. (1999): Langzeituntersuchungen zur Populationsentwicklung und zum Lebenszyklus von *Gomphus vulgatissimus* (Linnaeus) an einem nordwestdeutschen Fließgewässer (Anisoptera: Gomphidae). Libellula 18 (3/4): 107–132.

Kipping, J. (2005): Wiederfund von *Somatochlora flavomaculata* (VANDER LINDEN, 1825) (Odonata, Corduliidae) für Thüringen. Entomologische Nachrichten und Berichte 49 (1): 47.

Kipping, J. (2014): *Coenagrion ornatum* (Sélys, 1850) – Vogel-Azurjungfer. Bewertung des Erhaltungszustandes der wirbellosen Tierarten der Anhänge IV und V der Fauna-Flora-Habitat-Richtlinie sowie der EU-Osterweiterung in Sachsen-Anhalt: 63–74.

Klausnitzer, B. (2001): Gemeinschaftsjagd von *Aeshna mixta* Latreille, 1805 (Odonata) in einem Naturgarten in der Oberlausitz. Entomologische Nachrichten und Berichte 45 (2): 137–138.

Knaus, P. (2000): Emergenzstudien an *Somatochlora alpestris* in den Zentralalpen (Odonata: Corduliidae). Libellula 19 (3/4): 117–142.

Koch, B., H. Wildermuth & T. Walter (2009): Einfluss der Habitateigenschaften auf das Verbreitungsmuster von *Coenagrion mercuriale* an einem renaturierten Fließgewässer im Schweizer Mittelland (Odonata: Coenagrionidae). Libellula 28 (3/4): 139–158.

Koch, K. (2015): Influence of temperature and photoperiod on embryonic development in the dragonfly *Sympetrum striolatum* (Odonata: Libellulidae). Physiological Entomology 40 (1): 90–101.

KOCH, L. & J. D. SCHUSTER (2013): Nachweise der beiden Quelljungfer-Arten *Cordulegaster bidentata* und *Cordulegaster boltonii* (Odonata: Cordulegastridae) im südlichen Ennepe-Ruhr-Kreis und Untersuchung ihrer Habitate. Beiträge zur Heimatkunde der Stadt Schwelm und ihrer Umgebung 62: 25–42.

KOHLI, M. K., T. SCHNEIDER, O. MÜLLER & J. L. WARE (2014): Counting the spots: a molecular and morphological phylogeny of the spotted darner *Boyeria* (Odonata: Anisoptera: Aeshnidae) with an emphasis on European taxa. Systematic Entomology 39 (1): 190–195.

KOHL, S. (2007): *Cordulegaster boltonii* als Beute der Gerandeten Jagdspinne Dolomedes fimbriatus (Odonata: Cordulegastridae; Araneae: Pisauridae). Libellula 26 (3/4): 203–206.

KÖNIG, A. (1990): Ökologische Einnischungsstrategien von vier Arten der Gattung *Sympetrum* (Anisoptera: Libellulidae). Libellula 9 (1/2): 1–11.

KORDGES, T. (2017): Die Rückkehr der Blauflügel-Prachtlibelle *Calopteryx virgo* (Linnaeus, 1758) (Odonata, Zygoptera) in Fließgewässer des Niederbergischen Hügellandes (NRW). Jahresberichte des Naturwissenschaftlichen Vereins in Wuppertal 64: 103–130.

KOSHKIN, M., A. SCHRÖTER & H. WILDERMUTH (2016): The 'waterfall spectacle' of *Libellula quadrimaculata*-aggregations (Odonata: Libellulidae). Odonatologica 45 (3/4): 213–224.

KOSKIMÄKI, J., M. J. RANTALA & J. SUHONEN (2009): Wandering males are smaller than territorial males in the damselfly *Calopteryx virgo* (L.) (Zygoptera: Calopterygidae). Odonatologica 38 (159–165).

KOTARAC, M. (1996): A note on the existence of androchrome females in *Crocothemis erythraea* (Brullé) (Anisoptera: Libellulidae). Notulae odonatologicae 7 (4): 123–124.

KRAWUTSCHKE, A. & M. KRUSE (1999): *Gomphus flavipes* (Charpentier) an der Unteren Havel (Anisoptera: Gomphidae). Libellula 18 (1/2): 71–77.

KRECH, M. (2007): Reproduktionsnachweise der Asiatischen Keiljungfer (*Gomphus flavipes* Charpentier 1825) für den Unter- und Mittellauf der Unstrut in Sachsen-Anhalt und Thüringen (Odonata: Gomphidae). Mitteilungen des Thüringer Entomologenverbandes e.V. 14 (1): 2–5.

KRÜNER, U. (1977): Revier-und Fortpflanzungsverhalten von *Orthetrum cancellatum* (Linnaeus) (Anisoptera: Libellulidae). Odonatologica 6 (4): 263–270.

KRÜNER, U. (2003): Die Häufigkeitsverteilung der Weibchenfarben von *Ceriagrion tenellum* an drei Gewässern im Naturpark Schwalm-Nette (Odonata: Coenagrionidae). Libellula 22 (3/4): 107–117.

KUHN, J. (1998): Ein neuer Fund von *Lestes macrostigma* (Eversmann) in Bayern (Zygoptera: Lestidae). Libellula 17 (1/2): 97–101.

KUHN, J. & D. GUSTER (2003): Beobachtung einer *Boyeria irene* bei Mittenwald, Oberbayern (Odonata: Aeshnidae). Libellula 22 (1/2): 41–48.

KULL, R. (1982): Fragen zum Rückgang der Blauflügel-Prachtlibelle (*Calopteryx virgo*) unter Berücksichtigung ihrer Ansprüche an den Lebensraum. Libellula 1: 37–38.

KUNZ, B. (2002): *Coenagrion ornatum* an einem ausgebauten Wiesengraben in Baden-Württemberg (Odonata: Coenagrionidae). Libellula 21 (1/2): 49–55.

KUNZ, B. (2005): Entwurf eines Metapopulationsmodells anhand zahlreicher aktueller Funde von *Sympetrum flaveolum* in der Region Hohenlohe im Jahr 2005. Mercuriale 5: 26–32.

Kunz, B. (2007): *Coenagrion hastulatum* in Hohenlohe: Fallbeispiel für das regionale Verschwinden einer Libellenart (Odonata: Coenagrionidae). Libellula 26 (1/2): 93–106.

Kunz, B. (2015a): Ist der Waschbär *Procyon lotor* eine Gefahr für *Cordulegaster boltonii?* (Mamalia: Procynidae; Odonata Cordulegastridae). Libellula 34 (3/4): 203–207.

Kunz, B. (2015b): Paarungsaktivitäten mit Dreifach- und Vierfachverbindungen bei *Gomphus vulgatissimus* (Odonata: Gomphidae). Libellula 34 (1/2): 73–83.

Laister, G., G. Lehmann & R. Raab (1996): Beobachtung des reversiblen, temperaturabhängingen Farbwechsels bei *Enallagma cyathigerum* (Charpentier, 1840) und *Coenagrion puella* (Linnaeus, 1758) (Zygoptera: Coenagrionidae). Anax 1 (2): 77–78.

Laister, G. (2012a): Ortstreue und Gewässerwechsel von *Cordulegaster boltonii* (Odonata: Cordulegastridae). Libellula 31 (3/4): 113–130.

Laister, G. (2012b): Ortstreue und Ortswechsel von *Cordulia aenea* an Fortpflanzungsgewässern (Odonata: Corduliidae). Libellula 31 (3/4): 155–178.

Lambret, P., A. Besnard & N. Matushkina (2015): Plant preference during oviposition in the endangered dragonfly *Lestes macrostigma* (Odonata: Zygoptera) and consequences for its conservation. Journal of Insect Conservation 19 (4): 741–752.

Langenbach, A. (1993): Time of colour change in female *Ischnura pumilio* (Charpentier) (Zygoptera: Coenagrionidae). Odonatologica 22 (4): 469–477.

Leipelt, K. G., R. Sommer & A. Martens (2001): Territorialität bei *Oxygastra curtisii* (Odonata: Corduliidae). Libellula 20 (3/4): 155–170.

Lempert, J. (1984): Tagesaktivität und Verhalten am Schlafplatz von immaturen *Sympetrum flaveolum* L. auf Wangerooge. Libellula 3 (3/4): 29–34.

Lempert, J. (1997): Die Einwanderung von *Sympetrum fonscolombii* (Selys) nach Mitteleuropa im Jahre 1996 (Anisoptera: Libellulidae). Libellula 16 (3/4): 143–168.

LeNaour, A., R. Baeta, E. Sansault, M. Deville & S. Pincebourde (2019): Telemetry reveals the habitat selected by immature dragonflies: implications for conservation of the threatened dragonfly *Leucorrhinia caudalis* (Odonata: Anisoptera). Journal of Insect Conservation 23 (1): 147–155.

Liebel, H. T. & R. Segreto (2015): Erweiterung der Höhenverteilung von *Gomphus vulgatissimus* in Bayern (Odonata: Gomphidae). Libellula 34 (3/4): 195–202.

Liechti, T. & R. Jödicke (2011): Nachweis von *Sympecma fusca* unter Laubstreu (Odonata: Lestidae). Mercuriale 11: 39–42.

Lingenfelder, U. (2006): Nachweise des Zweiflecks – *Epitheca bimaculata* (CHARPENTIER, 1825) – im Pfälzerwald (Odonata: Corduliidae). Fauna Flora Rheinland-Pfalz 10 (4): 1219–1247.

Lingenfelder, U. (2008): Die Gabel-Azurjungfer – *Coenagrion scitulum* (Rambur, 1842) – erobert die Pfalz (Odonata: Coenagrionidae). Fauna Flora Rheinland-Pfalz 11 (2): 377–408.

Lingenfelder, U. (2011): *Coenagrion scitulum* im südwestdeutschen Raum – eine aktuelle Übersicht (Odonata: Coenagrionidae). Libellula 30 (1/2): 51–64.

Lissak, W. (2013): Erfolgreiches Artenhilfsprojekt für den Kleinen Blaupfeil *Orthetrum coerulescens* im Rahmen des Aktionsplans „Biologische Vielfalt Baden-Württemberg 111 Arten-Korb". Mercuriale 13: 29–36.

Lohmann, H. (1992): Ein Beitrag zum Status von *Coenagrion freyi* (Bilek, 1954) und zur subspezifischen Differenzierung von *C. hylas* (Trybom, 1889), C. johanssoni (Wallengren, 1894) und C. glaciale (Selys, 1872) mit Bemerkungen zur postglazialen Ausbreitung ostpaläartkischer Libellen (Zygoptera: Coenagrionidae). Odonatologica 21: 421–442.

LOHMANN, H. (1993): Revision der Cordulegastridae. 2. Beschreibung neuer Arten in den Gattungen Cordulegaster, Anotogaster, Neallogaster und Sonjagaster (Anisoptera). Odonatologica 22 (3): 273–294.

LOHR, M. (2003): *Crocothemis erythraea* auch in Niedersachsen (Odonata: Libellulidae). Libellula 22 (1/2): 35–39.

LOHR, M., R. PROESS, M. SCHORR & M. ZIMMERMANN (2004): Reproduktionsnachweise für *Oxygastra curtisii* am luxemburgisch-deutschen Grenzfluss Our (Odonata: Corduliidae). Libellula 23 (3/4): 173–178.

LOHR, M., R. MAUERSBERGER & T. BROCKHAUS (2015A): *Aeshna isoceles* (Müller, 1767) Keilfleck-Mosaikjungfer. In: BROCKHAUS, T.; H.-J. ROLAND; T. BENKEN; K.-J. CONZE; A. GÜNTHER; K. G. LEIPELT; M. LOHR; A. MARTENS; R. MAUERSBERGER; J. OTT; F. SUHLING; F. WEIHRAUCH & C. WILLIGALLA (Hrsg.): Atlas der Libellen Deutschlands (Odonata). Libellula Supplement. 14: 146–149.

LOHR, M., A. MARTENS & F. WEIHRAUCH (2015B): *Brachytron pratense* (Müller, 1764) Früher Schilfjäger. In: BROCKHAUS, T.; H.-J. ROLAND; T. BENKEN; K.-J. CONZE; A. GÜNTHER; K. G. LEIPELT; M. LOHR; A. MARTENS; R. MAUERSBERGER; J. OTT; F. SUHLING; F. WEIHRAUCH & C. WILLIGALLA (Hrsg.): Atlas der Libellen Deutschlands (Odonata). Libellula Supplement. 14: 182–185.

LOHR, M. (2015): *Erythromma lindenii* Pokaljungfer, Saphirauge. In: BROCKHAUS, T.; H.-J. ROLAND; T. BENKEN; K.-J. CONZE; A. GÜNTHER; K. G. LEIPELT; M. LOHR; A. MARTENS; R. MAUERSBERGER; J. OTT; F. SUHLING; F. WEIHRAUCH & C. WILLIGALLA (Hrsg.): Atlas der Libellen Deutschlands (Odonata). Libellula Supplement. 14: 98–101.

LOHR, M. (2019): Blaubereiftes Weibchen von *Crocothemis erythraea* (Odonata: Libellulidae). Libellula Supplement 15: 103–107.

LOHR, M. (2021): Erythromma lindenii – Saphirauge. In: BAUMANN, K.; R. JÖDICKE; F. KASTNER; A. BORKENSTEIN; W. BURKART; U. QUANTE & T. SPENGLER (Hrsg.): Atlas der Libellen in Niedersachsen/Bremen. Mitteilungen der Arbeitsgemeinschaft Libellen in Niedersachsen und Bremen, Sonderband: 115–118.

MALKMUS, R. (2014): Die Verbreitung der Zweigestreiften Quelljungfer *Cordulegaster boltonii* (DONOVAN 1807) im Spessart. Jahresberichte der Wetterauischen Gesellschaft für die gesamte Naturkunde zu Hanau 163–164: 253–259.

MANGER, R. & N. J. DINGEMANSE (2009): Adult survival of *Sympecma paedisca* (BRAUER) during hibernation (Zygoptera Lestidae). Odonatologica 38 (1): 55–59.

MARTENS, A. (1989): Aggregation of tandems in *Coenagrion pulchellum* (Van der Linden, 1825) during oviposition (Odonata: Coenagrionidae). Zoologischer Anzeiger 223 (1/2): 124–128.

MARTENS, A. (1993): Influence of conspecifics and plant structures on oviposition site selection in *Pyrrhosoma nymphula* (Sulzer) (Zygoptera: Coenagrionidae). Odonatologica 22 (4): 487–494.

MARTENS, A. (1994): Field experiments on aggregation behaviour and oviposition in *Coenagrion puella* (L.) (Zygoptera: Coenagrionidae). Advances in Odonatology 6 (1): 49–58.

MARTENS, A. (1996): Die Federlibellen Europas. Platycnemididae. Westarp Wissenschaften: Magdeburg; Spektrum Akademischer Verlag: Heidelberg. Die neue Brehm Bücherei 626.

MARTENS, A. & W. WIMMER (1996): Schwärmende Ameisen (Hymenoptera: Formicidae) als Beute von Großlibellen (Anisoptera: Aeshnidae). Libellula 15 (3/4): 197–202.

MARTENS, A. (1997): Erfolgreiche Entwicklung der Eier von *Lestes viridis* (Vander Linden) nach Ablage in Koniferen (Zygoptera: Lestidae). Libellula 16 (1/2): 65–68.

MARTENS, A. (2001): Perching side choice in *Onychogomphus f. forcipatus* (L.): an experimental approach (Odonata: Gomphidae). Odonatologica 30 (4): 445–449.

MARTENS, A., H. SCHIESS, B. KUNZ & H. WILDERMUTH (2008): *Onychogomphus uncatus* in Deutschland: die historischen Funde am Hochrhein (Odonata: Gomphidae). Libellula 27 (1/2): 53–61.

MARTENS, A., A. GÜNTHER & F. SUHLING (2012): Diversity in mate-guarding types within the genus *Anax* (Odonata: Aeshnidae). Libellula Supplement 12: 113–122.

MARTENS, A. & A. ZINECKER (2012): Springbrunnen – ein städtisches Extremhabitat als Entwicklungsgewässer von *Sympetrum fonscolombii* (Odonata: Libellulidae). Libellula 31 (3/4): 211–221.

MARTENS, A., F. PETZOLD & T. BROCKHAUS (2015): *Platycnemis pennipes* (Pallas, 1771), Blaue Federlibelle. In: BROCKHAUS, T.; H.-J. ROLAND; T. BENKEN; K.-J. CONZE; A. GÜNTHER; K. G. LEIPELT; M. LOHR; A. MARTENS; R. MAUERSBERGER; J. OTT; F. SUHLING; F. WEIHRAUCH & C. WILLIGALLA (Hrsg.): Atlas der Libellen Deutschlands (Odonata). Libellula Supplement. 14: 126–129.

MARTENS, A., J. DUNST, A. FRÖHLICH & K. GRABOW (2017): Just 55 days: Rapid development of *Ischnura elegans* and *I. pumilio* in a flooded maize field in Central Europe (Odonata: Coenagrionidae). Notulae odonatologicae 8 (10): 379–382.

MASIUS, P. (2019): Die Libellenfauna der Ostseeinseln Wollin (NW Polen) und Usedom (NO Deutschland) mit angrenzendem Festland – Frühjahrsaspekt 2018, und Anmerkungen zum Vorkommen von *Coenagrion armatum* (Charpentier, 1840). IDF-Report 130: 1–40.

MATUSHKINA, N. A. & P. H. LAMBRET (2011): Ovipositor morphology and egg laying behaviour in the dragonfly *Lestes macrostigma* (Zygoptera: Lestidae). International Journal of Odonatology 14 (1): 69–82.

MATUSHKINA, N. A., D. BUY & P. LAMBRET (2016): Egg clutch patterning in *Lestes virens* (Odonata, Lestidae) with evolutionary emphasis on endophytic oviposition in lestid dragonflies. Insect Science 23 (6): 893–902.

MAUERSBERGER, R. & D. HEINRICH (1993): Zur Habitatpräferenz von *Leucorrhinia caudalis* (CHARPENTIER) (Anisoptera: Libellulidae). Libellula 12 (1/2): 63–82.

MAUERSBERGER, R. (1994): Zur wirklichen Verbreitung von *Orthetrum coerulescens* (Fabricius) und *O. ramburi* (Selys) = *O. anceps* (Schneider) in Europa und die Konsequenzen für deren taxonomischen Rang (Odonata, Libellulidae). Deutsche Entomologische Zeitschrift N.F. 41 (1): 235–256.

MAUERSBERGER, R., A. BÖNSEL & H. MATTHES (2002): *Anax parthenope* in Seenlandschaften entlang der Pommerschen Eisrandlage in Nordost-Deutschland (Odonata: Aeshnidae). Libellula 21 (3/4): 145–165.

MAUERSBERGER, R. & F. PETZOLD (2002): Seen als Habitate für *Onychogomphus forcipatus forcipatus* im Jungpleistozängebiet Nordost-Deutschlands (Odonata: Gomphidae). Libellula 21 (3/4): 101–144.

MAUERSBERGER, R. (2003): *Crocothemis erythraea* im Nordosten Deutschlands (Odonata: Libellulidae). Libellula 22 (1/2): 55–60.

MAUERSBERGER, R., F.-J. SCHIEL & K. BURBACH (2003): Verbreitung und aktuelle Bestandssituation von *Leucorrhinia caudalis* in Deutschland (Odonata: Libellulidae). Libellula 22 (3/4): 143–182.

MAUERSBERGER, R., S. BAUHUS & P. SALM (2005): Zum Vorkommen der Grünen Mosaikjungfer (Aeshna viridis EVERSMANN) im Nordosten Brandenburgs (Odonata: Aeshnidae). Naturschutz und Landschaftspflege in Brandenburg 14 (1): 17–24.

MAUERSBERGER, R. (2006): Verbreitung und Phänologie des Zweiflecks, *Epitheca bimaculata* Charpentier, 1825 (Odonata, Corduliidae), im Norden Brandenburgs. Entomologische Nachrichten und Berichte 50 (1–2): 45–53.

MAUERSBERGER, R. (2007): Erstnachweis von *Ceriagrion tenellum* in Mecklenburg-Vorpommern (Odonata: Coenagrionidae). Libellula 26 (3/4): 151–156.

MAUERSBERGER, R. & T. SCHNEIDER (2007): Schlupfbereite Larven von *Epitheca bimaculata* als Opfer des Straßenverkehrs (Odonata: Corduliidae). Libellula 26 (3/4): 193–202.

MAUERSBERGER, R. (2009): Nimmt *Leucorrhinia caudalis* im Nordosten Deutschlands rezent zu? (Odonata: Libellulidae). Libellula 28 (1/2): 69–84.

MAUERSBERGER, R. (2010): *Leucorrhinia pectoralis* can coexist with fish (Odonata: Libellulidae). International Journal of Odonatology 13 (2): 193–204.

MAUERSBERGER, R. (2012): Über Neuansiedlungen von *Nehalennia speciosa* in Brandenburg und Mecklenburg-Vorpommern (Odonata: Coenagrionidae). Libellula Supplement 12: 199–209.

MAUERSBERGER, R., O. BRAUNER, F. PETZOLD & M. KRUSE (2013): Die Libellenfauna des Landes Brandenburg. Naturschutz und Landschaftspflege in Brandenburg 22 (3).

MAUERSBERGER, R. & H. HUNGER (2015): *Sympecma paedisca* (Brauer, 1877) Sibirische Winterlibelle. In: BROCKHAUS, T.; H.-J. ROLAND; T. BENKEN; K.-J. CONZE; A. GÜNTHER; K. G. LEIPELT; M. LOHR; A. MARTENS; R. MAUERSBERGER; J. OTT; F. SUHLING; F. WEIHRAUCH & C. WILLIGALLA (Hrsg.): Atlas der Libellen Deutschlands (Odonata). Libellula Supplement. 14: 50–53.

MESSLINGER, U. & I. FALTIN (2003): Verbreitung und Ökologie von *Coenagrion ornatum* in Westmittelfranken (Odonata: Coenagrionidae). Libellula Supplement 4: 19–42.

MEY, D. (2003): Vorkommen und Beobachtungen zur Verhaltensweise der Feuerlibelle *Crocothemis erythraea* Brullé, 1832 (Odonata: Libellulidae) in Thüringen. Veröffentlichungen des Naturkundemuseums Erfurt 22: 137–148.

MEY, D. (2019): Erster Reproduktionsnachweis der Schabrackenlibelle, *Anax ephippiger* (Burmeister, 1839) (Insecta: Odonata: Aeshnidae) in Thüringen. Thüringer Faunistische Abhandlungen 24: 81–94.

MICHIELS, N. K. & A. A. DHONDT (1989): Differences in male and female activity patterns in the dragonfly *Sympetrum danae* (Sulzer) and their relation to mate-finding (Anisoptera: Libellulidae). Odonatologica 18 (4): 349–364.

MICHIELS, N. K. (1992): Consequences and adaptive significance of variation in copulation duration in the dragonfly *Sympetrum danae*. Behavioral Ecology and Sociobiology 29 (6): 429–436.

MIKOŁAJCZUK, P. (2016): Roosting habitat of *Erythromma viridulum* (CHARPENTIER, 1840) (Odonata: Coenagrionidae) – data from Middle-Eastern Poland. Odonatrix 12 (4).

MIKOLAJEWSKI, D. J., D. MISCHKE, K. G. LEIPELT & F. SUHLING (2000): Geschlechterverhältnis und Größenunterschiede in französischen Populationen von *Boyeria irene (Odonata: Aeshnidae)*. Libellula 19 (1/2): 1–15.

MIKOLAJEWSKI, D. J. & F. JOHANSSON (2004): Morphological and behavioral defenses in dragonfly larvae: trait compensation and cospecialization. Behavioral Ecology 15 (4): 614–620.

MIKOLAJEWSKI, D. J., K. G. LEIPELT, A. CONRAD, S. GIERE & J. WEYER (2004): Schneller als gedacht: einjährige Larvalentwicklung und 'slow life style' bei *Leucorrhinia caudalis* (Odonata: Libellulidae). Libellula 23 (3/4): 161–170.

MIKOLAJEWSKI, D. J., M. DE BLOCK, J. ROLFF, F. JOHANSSON, A. P. BECKERMAN & R. STOKS (2010): Predator-driven trait diversification in a dragonfly genus: covariation in behavioral and morphological antipredator defense. Evolution 64 (11): 3327–3335.

MIKOLAJEWSKI, D. J., A. WEISSFLOG & O. BRAUNER (2016): Vergleichende Morphologie der Imagines von *Coenagrion lunulatum, C. pulchellum* und *C. puella* in einem syntopen Vorkommen (Odonata: Coenagrionidae). Libellula 35 (3/4): 153–165.

MILLER, E. & J. MILLER (2006): Beobachtungen zum winterlichen Verhalten von *Sympecma fusca (Odonata: Lestidae). Libellula 25 (3/4): 119–128.*

MÜHLE, L., L. ROHE, I. FLENNA & F. SUHLING (2009): Atmungsverhalten von *Orthetrum cancellatum*-Larven: Einfluss der aktuellen Temperatur und der Aufzuchtsbedingungen (Odonata: Libellulidae). Libellula 28 (1/2): 59–68.

MÜLLER, J. & R. STEGLICH (2000): Zur Verbreitung der Südlichen Mosaikjungfer *Aeshna affinis* (Odonata) in Sachsen-Anhalt in den Jahren 1993 bis 1999. Entomologische Mitteilungen Sachsen-Anhalt 8 (1): 22–32.

MÜLLER, J. & R. STEGLICH (2001): Zum aktuellen Vorkommen der Flußjungfern (*Gomphus* et *Ophiogomphus* – Odonata) in der Elbe Sachsen-Anhalts. Entomologische Nachrichten und Berichte 45 (3/4): 145–150.

MÜLLER, J., WESTERMANN ANNETTE & R. STEGLICH (2010): Erstnachweis der Zierlichen Moosjungfer (Leucorrhinia caudalis) in Sachsen-Anhalt. Naturschutz im Land Sachsen-Anhalt 47 (1/2): 52–53.

MÜLLER, J. M. (2001): Neue Erkenntnisse zu Ökologie und Verbreitung der Sibirischen Azurjungfer *Coenagrion hylas*. Mercuriale 1: 9–12.

MÜLLER, J. M. (2015): *Coenagrion hylas* (Trybom, 1889) Bileks-Azurjungfer, Sibirische Azurjungfer. In: BROCKHAUS, T.; H.-J. ROLAND; T. BENKEN; K.-J. CONZE; A. GÜNTHER; K. G. LEIPELT; M. LOHR; A. MARTENS; R. MAUERSBERGER; J. OTT; F. SUHLING; F. WEIHRAUCH & C. WILLIGALLA (Hrsg.): Atlas der Libellen Deutschlands (Odonata). Libellula Supplement. 14: 66–69.

MÜLLER, O. (1993a): Beobachtungen zur abendlichen Dämmerungsaktivität von *Aeshna grandis* (LINNAEUS, 1758) und *Aeshna mixta* (LATREILLE, 1805) (Odonata, Aeshnidae). Entomologische Nachrichten und Berichte 37 (1): 39–44.

MÜLLER, O. (1993b): Phänologie von *Gomphus vulgatissimus* (L.), *Gomphus flavipes* (CHARPENTIER) und *Ophiogomphus cecilia* (FOURCROY) an der Mittleren Stromoder (Anisoptera: Gomphidae). Libellula 12 (3/4): 153–159.

MÜLLER, O., C. SCHÜTTE, C. ARTMEYER, K. BURBACH, D. GRAND, D. KERN, K. G. LEIPELT, A. MARTENS, F. PETZOLD, F. SUHLING, F. WEIHRAUCH, J. WERZINGER & S. WERZINGER (2000): Entwicklungsdauer von *Gomphus vulgatissimus*: Einfluss von Gewässertyp und Klima (Odonata: Gomphidae). Libellula 19 (3/4): 175–198.

MÜLLER, O. (2004a): Steinschüttungen von Buhnen als Larval-Lebensraum für *Ophiogomphus cecilia* (Odonata: Gomphidae). Libellula 23 (1/2): 41–51.

MÜLLER, O. & T. BERGER (2005): Wiederfund von *Onychogomphus forcipatus forcipatus* (Odonata: Gomphidae) in Sachsen. Libellula 24 (3/4): 221–226.

MÜLLER, R. (2004b): *Cercion lindenii* (Selys, 1840) am Mittellandkanal – Erstnachweis für Sachsen-Anhalt (Insecta: Odonata). Lauterbornia 50: 79–83.

MÜLLER, R. & T. O. EGGERS (2018): Weiterer Fundort von *Boyeria irene* in Niedersachsen (Odonata: Aeshnidae). Libellula 37 (3/4): 187–191.

MÜNCHBERG, P. (1930): Zur Biologie der Odonatengenera Brachytron (Evans) und Aeshna (Fbr.). Zweite Mitteilung der „Beiträge zur Kenntnis der Biologie der Odonaten Nordostdeutschlands". Zeitschrift für Morphologie und Ökologie der Tiere 20 (1): 172–232.

MÜNCHBERG, P. (1956): Zur Bindung der Libelle *Aeschna viridis* Eversm. an die Pflanze *Stratiotes aloides* L. (Odon.). Nachrichtenblatt der Bayerischen Entomologen 5: 113–118.

MÜNCHBERG, P. (1965): Nochmals zum Flügelparasitismus der Larven von Arrenurus (A.) papillator (O.F. Müll.) (Acari, Hydrachnellae) bei Sympetrum meridionale Selys und Sympetrum fonscolombei Selys (Odonata). Zeitschrift für Parasitenkunde 25: 375–386.

MUTH, M. (2003): *Aeshna caerulea* im Landkreis Oberallgäu: Bestandssituation, Entwicklungsgewässer und Gefährdung (Odonata: Aeshnidae). Libellula Supplement 4: 71–97.

NAGY, B. H., N. SZÁLLASSY & G. DÉVAI (2008): Site fidelity, satellite tactics and mating success in *Libellula fulva* (Müller) (Anisoptera: Libellulidae). Odonatologica 37 (3).

NIEHUIS, O. & E. SCHNEIDER (1997): Nachweis von *Gomphus flavipes* (Charpentier) in Hessen (Anisoptera: Gomphidae). Libellula 16 (3/4): 203–205.

NORLING, U. (1984a): Photoperiodic control of larval development in *Leucorrhinia dubia* (Vander Linden): a comparison between populations from northern and southern Sweden (Anisoptera: Libellulidae). Odonatologica 13 (4): 529–550.

NORLING, U. (1984b): The life cycle and larval photoperiodic responses of *Coenagrion hastulatum* (Charpentier) in two climatically different areas (Zygoptera: Coenagrionidae). Odonatologica 13 (3): 429–449.

NOWAK, M. (2013): Blaugrüne Mosaikjungfer *Aeshna cyanea* auf systematischer Jagd nach Tandems der Weidenjungfer *Lestes viridis*. Mercuriale 13: 41–42.

OBER, S. V. (2008): First record of *Pantala flavescens* for the western Balkans (Odonata: Libellulidae). Libellula 27 (1/2): 117–121.

OEHME, H. (1999): Jagderfolg und Jagdtaktik bei *Sympetrum striolatum* (Charpentier) (Anisoptera: Libellulidae). Libellula 18 (1/2): 79–87.

OLBRICH, M. & M. SEIFERT (2017): Erstnachweis der Zierlichen Moosjungfer *Leucorrhinia caudalis* (Charpentier, 1840) (Insecta: Odonata) in Thüringen und Anmerkungen zur Libellenfauna des Naturschutzgebietes „Phönix Nord" (Altenburger Land, Thüringen). Mauritiana (Altenburg) 32: 346–359.

OLIAS, M. & A. GÜNTHER (2007): Alpen-Smaragdlibelle (*Somatochlora alpestris*) bodenständig im Hochmoor bei Deutscheinsiedel im Osterzgebirge – Entwicklung der Libellenfauna des Deutscheinsiedler Moores nach Revitalisierungsmaßnahmen. Mitteilungen des Naturschutzinstitutes Freiberg (3): 40–45.

OLTHOFF, M., N. MENKE & J. RODENKIRCHEN (2011): *Leucorrhinia caudalis* in der Ville bei Köln: Wiederfund für Nordrhein-Westfalen (Odonata: Libellulidae). Libellula 30 (1/2): 1–12.

OTT, J. (1988a): Beiträge zur Biologie und zum Status von *Crocothemis erythraea (Brullé, 1832). Libellula 7 (1/2): 1–25.*

OTT, J. (1988b): Markierungsexperimente an der Zweigestreiften Quelljungfer *Cordulegaster boltoni* DONOVAN, 1807 – ein Beitrag zum Artenschutz (Anisoptera: Cordulegasteridae). Libellula 7 (3/4): 77–88.

OTT, J. (2006a): Die Arktische Smaragdlibelle – *Somatochlora arctica* (ZETTERSTEDT, 1840) – in der Pfalz: übersehen oder kurz vor dem Aussterben? (Insecta: Odonata: Corduliidae). Fauna Flora Rheinland-Pfalz 10 (4): 1323–1338.

Ott, J. (2006b): Die Südliche Binsenjunger – *Lestes barbarus* (FABRICIUS, 1798) – erobert den Pfälzerwald (Insecta: Odonata: Lestidae). Fauna Flora Rheinland-Pfalz 10 (4): 1315–1321.

Ott, J., M. Schorr, B. Trockur & U. Lingenfelder (2007): Artenschutzprogramm fur die Gekielte Smaragdlibelle (Oxygastra curtisii, Insecta: Odonata) in Deutschland – das Beispiel der Population an der Our. Pensoft Publishers. Sofia-Moscow.

Ott, J. (2007): The expansion of *Crocothemis erythraea* in Germany – an indicator of climatic changes. Odonata: Biology of Dragonflies 14: 201–222.

Ott, J. (2010): Bemerkungen zum Vorkommen von *Aeshna affinis* VANDER LINDEN, 1820, *Somatochlora arctica* (ZETTERSTEDT, 1840) und *Crocothemis erythraea* (BRULLÉ, 1832) (Insecta: Odonata: Aeshnidae, Corduliidae, Libellulidae) in Woogen des Biosphärenreservates Pfälzerwald-Vosges du Nord. Fauna Flora Rheinland-Pfalz 11 (4): 1291–1310.

Ott, J. (2012): Zum starken Auftreten der Großen Moosjungfer – *Leucorrhinia pectoralis* (CHARPENTIER, 1825) – im Jahr 2012 in Rheinland-Pfalz nebst Bemerkungen zu *Leucorrhinia rubicunda* (L.) (Insecta: Odonata). Fauna Flora Rheinland-Pfalz 12 (2): 571–590.

Ott, J. (2013): Erfassung der Gestreiften Quelljungfer (*Cordulegaster bidentata*) SELYS, 1843 im Naturpark und Biosphärenreservat Pfälzerwald (Insecta: Odonata). Fauna und Flora in Rheinland-Pfalz 12 (3): 1039–1074.

Ott, J. (2018): Invasive Krebse und ihre Wirkungen auf Libellen: wie gewonnen, so zerronnen – erfolgreiche Ansiedlungen geschützter und gefährdeter Arten im Südwesten Deutschlands bedroht. Naturschutz und Landschaftsplanung 50 (2): 37–43.

Outomuro, D., L. Söderquist, S. Rodríguez-Martínez & F. Johansson (2014): A preliminary study on female-limited colour polymorphism in *Lestes sponsa*. International Journal of Odonatology 17 (2–3): 89–93.

Pajunen, V. I. (1964): Mechanism of sex recognition in *Leucorrhinia dubia* vd Lind., with notes on the reproductive isolation between *L. dubia* and *L. rubicunda* L. (Odon., Libellulidae). Annales Zoologici Fennici 1 (1): 55–71.

Pajunen, V. I. (1966): The influence of population density on the territorial behaviour of *Leucorrhinia rubicunda* L. (Odon., Libellulidae). Annales Zoologici Fennici 3 (1): 40–52.

Pankratius, U. (2000): Vermehrungsnachweis von *Sympetrum meridionale* in Nordbayern (Odonata: Libellulidae). Libellula 19 (1/2): 85–88.

Parr, A. J., G. De Knijf & M. Wasscher (2004): Recent appearances of the Lesser Emperor *Anax parthenope* (Sélys) in north-western Europe. Journal British Dragonfly Society 20 (1): 5–16.

Parr, A. J. (2017): A male *Coenagrion puella* resembling *C. pulchellum* (Odonata: Coenagrionidae). Libellula 36 (1/2): 59–65.

Paulson, D. R. & M. Schorr (2020): World Odonata List. <www.pugetsound.edu/academics/academic-resources/slater-museum/biodiversity-resources/dragonflies/world-odonata-list2/>. Aufgerufen am 22.09.2020.

Peters, G. (1987): Die Edellibellen Europas. *Aeshnidae*. Ziemsen. Wittenberg. Die neue Brehm-Bücherei 585.

Peters, G. (1989): Variabilitätsmuster der atavistischen Geäderstrukturen bei *Aeshna grandis* (Insecta, Odonata: Aeshnidae). Entomologische Abhandlungen Staatliches Museum für Tierkunde Dresden 52 (4): 109–112.

Petrin, Z., E. G. Schilling, C. S. Loftin & F. Johansson (2010): Predators shape distribution and promote diversification of morphological defenses in *Leucorrhinia*, Odonata. Evolutionary Ecology 24 (5): 1003–1016.

PETZOLD, F. (2015): Zur aktuellen Verbreitung der Westlichen Keiljungfer *Gomphus pulchellus*, Selys 1840 in Thüringen (Insecta: Odonata). Thüringer Faunistische Abhandlungen 20: 71–82.

PFLUGFELDER, O. (1970): Schadwirkungen der *Arrenurus*-Larven (Acari, Hydrachnellae) am Flügel der Libelle *Sympetrum meridionale* Selys. Zeitschrift für Parasitenkunde 34 (2): 171–176.

PICKUP, J., D. J. THOMPSON & J. H. LAWTON (1984): The life history of *Lestes sponsa* (Hansemann): larval growth (Zygoptera: Lestidae). Odonatologica 13 (3): 451–459.

PICKWELL, A., D. E. GENNARD, P. TAYLOR & R. CHADD (2012): The Norfolk Hawker *Aeshna isosceles* (Müller): a step further from the brink? Journal of the British Dragonfly Society 28: 44–55.

PIERSSANTI, S., M. REBORA, G. SALERNO & E. GAINO (2007): Behaviour of the larval dragonfly *Libellula depressa* (Odonata Libellulidae) in drying pools. Ethology Ecology & Evolution 19: 127–136.

PIRETTA, L. & G. ASSANDRI (2019): First record of the migrant dragonfly *Pantala flavescens* for mainland Italy (Insecta Odonata). Fragmenta Entomologica 51 (2): 247–250.

PIX, A. (2011): Variation des Analdreiecks bei *Cordulegaster bidentata* (Odonata: Cordulegastridae). Libellula 30 (1/2): 25–32.

PIX, A. (2016): Beobachtungen zum Bade- bzw. Eintauchverhalten bei *Cordulegaster bidentata* – eine Verhaltensweise zur Thermoregulation? (Odonata: Cordulegastridae). Libellula 35 (1/2): 81–88.

POPOVA, O. N. (2004): Infraspecific taxonomy of *Sympetrum pedemontanum* (Müller, 1766) (Anisoptera: Libellulidae). Odonatologica 32 (2): 207–216.

POPOVA, O. N. & A. Y. HARITONOV (2014): Disclosure of biotopical groups in the population of the dragonfly *Coenagrion armatum* (Charpentier, 1840). Contemporary Problems of Ecology 7 (2): 175–181.

PURSE, B. V. & D. J. THOMPSON (2003): Emergence of the damselflies, *Coenagrion mercuriale* and *Ceriagrion tenellum* (Odonata Coenagrionidae), at their northern range margins, in Britain. European Journal of Entomology 100 (1): 93–99.

RAAB, B. (2016): Kieseintrag verbessert Paarungs- und Larvalhabitate der Grünen Keiljungfer. Anliegen Natur 38 (1): 49–58.

RACKOW, H. (2005): Beobachtungen zum Paarungs- und Eiablageverhalten von *Ophiogomphus cecilia* an der Lauter (Rheinland-Pfalz). Mercuriale 5: 5–8.

RADEMACHER, M. (1998): Biozönologische Untersuchungen zur Habitatpräferenz der Fledermaus-Azurjungfer (*Coenagrion pulchellum*). Naturschutz am südlichen Oberrhein 2: 119–128.

RANTALA, M. J., J. ILMONEN, J. KOSKIMÄKI, J. SUHONEN & K. TYNKKYNEN (2004): The macrophyte, *Stratiotes aloides*, protects larvae of dragonfly *Aeshna viridis* against fish predation. Aquatic Ecology 38 (1): 77–82.

REDER, G. (1997): Erster Nachweis von *Gomphus flavipes* (Charpentier) in Rheinland-Pfalz (Anisoptera: Gomphidae). Libellula 16 (3/4): 199–202.

REDER, G. (1998): Herbstfunde von *Somatochlora metallica* (Vander Linden) (Anisoptera: Corduliidae). Libellula 17 (1/2): 113–115.

REDER, G. (2001): Späte Flugzeit von *Gomphus flavipes* am nördlichen Oberrhein (Odonata: Gomphidae). Libellula 20 (3/4): 175–178.

REHFELDT, G. E. & H. HADRYS (1988): Interspecific competition in sympatric *Sympetrum sanguineum* (Müller) and *S. flaveolum* (L.) (Anisoptera: Libellulidae). Odonatologica 17 (3): 213–225.

REHFELDT, G. E. (1990): Anti-predator strategies in oviposition site selection of *Pyrrhosoma nymphula* (Zygoptera Odonata). Oecologia 85 (2): 233–237.

REHFELDT, G. E. (1992): Aggregation during oviposition and predation risk in *Sympetrum vulgatum* L. (Odonata: Libellulidae). Behavioral Ecology and Sociobiology 30 (5): 317–322.

REHFELDT, G. E. (1996): Copulation, Oviposition Site Selection and Predation Risk in the Dragonfly Species *Crocothemis erythraea* (Odonata Libellulidae). Entomologia Generalis 20 (4): 263–270.

REHFELDT, G. E. (2004): Diel pattern of activity, mating, and flight behaviour in *Onychogomphus uncatus* (Odonata: Gomphidae). International Journal of Odonatology 7 (1): 65–71.

REINHARDT, K. (1996): Negative Effects of *Arrenurus* Water Mites on the Flight Distances of the Damselfly *Nehalennia speciosa* (Odonata: Coenagrionidae). Aquatic Insects 18 (4): 233–240.

REINHARDT, K. (1998): Reproductive behaviour of *Leucorrhinia albifrons* (Burmeister) in a non-territorial situation (Anisoptera: Libellulidae). Odonatologica 27 (2): 201–211.

REINHARDT, K. & U. GERIGHAUSEN (2001): Oviposition site preference and egg parasitism in *Sympecma paedisca* (Odonata: Lestidae). International Journal of Odonatology 4 (2): 221–230.

ROLAND, H.-J. (2010): Schlupfphänologie von *Anax imperator* und *A. parthenope* an einem Braunkohlerestloch in der Wetterau (Odonata: Aeshnidae). Libellula 29 (3/4): 143–154.

ROLAND, H.-J. & S. STÜBING (2014): *Sympetrum meridionale* in Deutschland – langfristige Bestandsentwicklung und aktuelle Vorkommen (Odonata: Libellulidae). Libellula 33 (1/2): 75–98.

ROLAND, H.-J., A. T. HEIN, A. MARTENS & H. WILDERMUTH (2014a): *Sympetrum meridionale* mit Milbenbefall an den Flügeln: Analyse der Funde im Jahr 2013 in Deutschland (Acari: Hydrachnidia; Odonata: Libellulidae). Libellula 33 (1/2): 99–108.

ROLAND, H.-J., S. STÜBING, T. SACHER & N. ROLAND (2014b): Untersuchungen an der Südlichen Heidelibelle *Sympetrum meridionale* im und um das NSG Bingenheimer Ried (Wetteraukreis, Hessen). Libellen in Hessen 7: 37–50.

ROLFF, J., S. LEPKOJUS, K. KATZUR & S. BEFELD (1997): Emergence patterns of *Coenagrion hastulatum* (Charpentier) in northern Germany (Zygoptera: Coenagrionidae). Odonatologica 26 (3): 337–342.

RUF, C., C. GUFLER & D. KÜRY (2016): Populationsentwicklung und Habitatpräferenzen der Westlichen Keiljungfer (*Gomphus pulchellus* Sélys, 1840) in der Region Basel (Schweiz) (Odonata: Gomphidae). Mitteilungen der Naturforschenden Gesellschaften beider Basel 16: 109–122.

RÜPPELL, G., D. HILFERT-RÜPPELL, G. REHFELDT & C. SCHÜTTE (2005): Die Prachlibellen Europas. Die Neue Brehm-Bücherei 654. Westarp Wissenschaften. Hohenwarsleben.

RÜPPELL, G. & D. HILFERT-RÜPPELL (2021): Männchenabwehr und Männchenauswahl (female choice) bei Weibchen von *Libellula quadrimaculata* (Odonata: Libellulidae). Libellula Supplement 16: 229–238.

SADEGHI, S., D. ADRIAENS & H. J. DUMONT (2009): Geometric morphometric analysis of wing shape variation in ten European populations of *Calopteryx splendens* (Harris, 1782) (Zygoptera: Calopterygidae). Odonatologica 38 (4): 341–357.

SADEGHI, S., T. KYNDT & H. J. DUMONT (2010): Genetic diversity, population structure and taxonomy of *Calopteryx splendens* (Odonata: Calopterygidae): An AFLP analysis. European Journal of Entomology 107 (2): 137–146.

SADEGHI, S. & H. J. DUMONT (2014): Variation in the shape of the wings and taxonomy of Eurasian populations of the *Calopteryx splendens* complex (Odonata: Calopterygidae). European Journal of Entomology 111 (4): 575–583.

SAGE, W. (2011): Schabrackenlibelle *Hemianax ephippiger* (Burmeister, 1839) und Östlicher Blaupfeil *Orthetrum albistylum* (Sélys, 1848), zwei Großlibellenarten neu für den Unteren Inn (Odonata, Anisoptera). Mitteilungen der zoologischen Gesellschaft Braunau 10 (2): 219–226.

SALCHER, M. (2007): Beobachtungen zur Ausbreitungsfähigkeit der Zarten Rubinjungfer (*Ceriagrion tenellum*) auf dem Bodanrück (Odonata: Coenagrionidae). Mercuriale 7: 8–11.

SALCHER, M. & F.-J. SCHIEL (2015): Neunachweise der Helm-Azurjungfer (*Coenagrion mercuriale*) bei Tübingen (Odonata: Coenagrionidae). Mercuriale 15: 5–12.

SAMU, S. (1997): Zum Habitatschema der Mond-Azurjungfer (Coenagrion lunulatum) in Nordwest-Mecklenburg. Artenschutzreport 7: 15–20.

SAMU, S. (1998): Zur Populations- und Verhaltensökologie von *Coenagrion lunulatum* (Charpentier) (Zygoptera: Coenagrionidae). Libellula 17: 173–193.

SÁNCHEZ-GUILLÉN, R. A. & J. OTT (2018): Genetic consequences of range expansions along several fronts in *Crocothemis erythraea*. International Journal of Odonatology 21 (2): 81–91.

SCHAUB, M. (1997): Ein Massenzug von *Libellula quadrimaculata* L. entlang der Kurischen Nehrung (Anisoptera: Libellulidae). Libellula 16 (3/4): 181–184.

SCHIEL, F.-J. & R. BUCHWALD (1998): Aktuelle Verbreitung, ökologische Ansprüche und Artenschutzprogramm von *Leucorrhinia pectoralis* (Charpentier) (Anisoptera: Libellulidae) im baden-württembergischen Alpenvorland. Libellula 17 (1/2): 25–44.

SCHIEL, F.-J. (1998): Zur Habitatbindung des Großen Granatauges (*Erythromma najas* HANSEMANN 1823) (Zygoptera: Coenagrionidae) am südlichen Oberrhein. Naturschutz am südlichen Oberrhein (2): 129–138.

SCHIEL, F.-J. & M. RADEMACHER (1999): Wiederfunde von *Gomphus flavipes* (Charpentier) am Oberrhein in Baden-Württemberg (Anisoptera: Gomphidae). Libellula 18 (3/4): 181–185.

SCHIEL, F.-J. & B. KUNZ (2005): Zur aktuellen Bestandsentwicklung von *Lestes barbarus*, *Aeshna affinis* und *Sympetrum meridionale* in zwei Regionen Baden-Württembergs (Odonata: Lestidae, Aeshnidae, Libllulidae). Libellula 24 (3/4): 163–190.

SCHIEL, F.-J. & H. HUNGER (2006): Bestandssituation und Verbreitung von *Ophiogomphus cecilia* in Baden-Württemberg (Odonata: Gomphidae). Libellula 25 (1/2): 1–18.

SCHIEL, F.-J. (2006): Nachweis einer zweiten Jahresgeneration von *Erythromma najas* (Odonata: Coenagrionidae). Libellula 25 (3/4): 159–164.

SCHIEL, F.-J. (2007): Starker Einflug von *Sympetrum fonscolombii* im Jahr 2007. Mercuriale 7: 17–28.

SCHIEL, F.-J. & H. HUNGER (2013): Weitere Ausbreitung von *Coenagrion scitulum* in der baden-württembergischen Oberrheinebene (Odonata: Coenagrionidae). Mercuriale 13 (1): 21–24.

SCHIEL, F.-J. (2014): Eine Fang-Wiederfang-Studie an *Sympetrum depressiusculum* in Mittelbaden (Odonata: Libellulidae). Libellula 33 (3/4): 217–231.

SCHIEL, F.-J. & H. HUNGER (2015): Aktuelle Verbreitung von *Coenagrion scitulum* in Baden-Württemberg (Odonata: Coenagrionidae). Mercuriale 15: 19–22.

SCHIEL, F.-J. & R. BUCHWALD (2016): How to survive the brief water-coverage of vernal ponds? Early hatching date and rapid larval development in *Aeshna affinis* (Odonata: Aeshnidae). Odonatologica 45 (3/4): 155–177.

SCHIEL, F.-J. & H. HUNGER (2017): Ausbreitung von *Aeshna isoceles* in der südlichen Oberrheinebene (Odonata: Aeshnidae). Mercuriale 17: 37–46.

SCHIRMACHER, K., F.-J. SCHIEL & A. MARTENS (2007): Einjährige Entwicklung von *Gomphus pulchellus* und *Leucorrhinia caudalis* in einem neu angelegten Gewässer (Odonata: Gomphidae, Libellulidae). Libellula 26 (3/4): 189–192.

SCHLÜPMANN, M. & A. MARTENS (2015): *Pyrrhosoma nymphula* (Sulzer, 1776) Frühe Adonislibelle. In: BROCKHAUS, T.; H.-J. ROLAND; T. BENKEN; K.-J. CONZE; A. GÜNTHER; K. G. LEIPELT; M. LOHR; A. MARTENS; R. MAUERSBERGER; J. OTT; F. SUHLING; F. WEIHRAUCH & C. WILLIGALLA (Hrsg.): Atlas der Libellen Deutschlands (Odonata). Libellula Supplement. 14: 122–125.

SCHMID, F. (2011): Massenschlupf und weite Wanderungen schlüpfbereiter Larven des Zweiflecks (*Epitheca bimaculata*) an einem See im oberschwäbischen Alpenvorland. Mercuriale 11: 27–30.

SCHMID, F. (2012): Bemerkenswerte Schlupfhöhen von Zweifleck (*Epitheca bimaculata*) und Gemeiner Falkenlibelle (*Cordulia aenea*) an einem See im oberschwäbischen Alpenvorland (Odonata: Corduliidae). Mercuriale 12 (1): 57–58.

SCHMIDT, B. (2005): Erste Beobachtungen von *Boyeria irene* am Bodensee (Odonata: Aeshnidae). Libellula 24 (1/2): 31–37.

SCHMIDT, C., B. HACHMÖLLER & M. KÜHFUSS (2008): *Coenagrion ornatum* Selýs, 1850 (Odonata: Zygoptera: Coenagrionidae) im Landschaftsschutzgebiet „Nassau“ bei Meißen/Sachsen. Faunistische Abhandlungen Staatliches Museum für Tierkunde Dresden 26: 119–135.

SCHMIDT, E. G. (1964): Biologisch-ökologische Untersuchungen an Hochmoorlibellen (Odonata). Zeitschrift für wissenschaftliche Zoologie 169 (3/4): 313–386.

SCHMIDT, E. G. (1985): Suchstrategien für unauffällige Odonatenarten I: *Coenagrion lunulatum* (CHARP. 1840), Mond-Azurjungfer. Libellula 4 (1/2): 32–48.

SCHMIDT, E. G. (1986): Verdüsterung der Blaufärbung nach kühlen Nächten bei Männchen von *Aeshna mixta* (Eifel/BRD) und *A. interrupta* (Rocky-Mountains/Canada). Libellula 5 (1/2): 70–71.

SCHMIDT, E. G. (1987): Zur Felddiagnose und Habitatpräferenz des Östlichen Blaupfeils *Orthetrum albistylum* (SELYS 1884). Libellula 6 (3/4): 71–77.

SCHMIDT, E. G. (1991): Die Sibirische Azurjungfer *Coenagrion hylas freyi* (Bilek, 1954) – eine Herausforderung für Odonatologen und Libellenschutz in Mitteleuropa (Zygoptera: Coenagrionidae). Libellula 10 (3/4): 77–88.

SCHMIDT, E. G. (1993): Die ökologische Nische von *Sympetrum depressiusculum* (Selys) im Münsterland (Naturschutzgebiet Heubachwiesen). Libellula 12 (3/4): 175–198.

SCHMIDT, E. G. (1998): Die ökologische Nische von *Sympetrum flaveolum* (L., 1758) und die Problematik von Artenschutz und Einstufung in Rote Listen bei Odonaten mit temporärer Habitat-Besiedlung (Odonata: Libellulidae). Entomologia Generalis 23 (1/2): 129–138.

SCHMIDT, E. G. (2001): Der Plattbauch *Platetrum depressum* (L., 1758) (Odonata), das Insekt des Jahres 2001. Entomologische Nachrichten und Berichte 45 (1): 1–8.

SCHMIDT, E. G. (2006a): Ein dunkelflügliges Weibchen von *Calopteryx splendens* bei Wesel/Niederrhein mit Diskussion der östlichen ssp. *ancilla* (Selys, 1853). Beiträge zur Entomologie 56 (2): 422–432.

SCHMIDT, E. G. (2006b): Schlüsselfaktoren der Habitatpräferenz bei der südkontinentalen Sumpf-Heidelibelle *Sympetrum depressiusculum* (Selys, 1841) im atlantischen NW-Deutschland und ihre Anwendung für Naturschutz-Maßnahmen (Odonata: Libellulidae). Virgo 9 (1): 24–30.

SCHMIDT, E. G. (2009): Langzeit-Beobachtungen zur Libellenfauna am Garten-Kleinteich im Münsterland/Westfalen. Virgo 12: 37–43.

SCHMIDT, E. G. (2011): *Lestes virens*, eine leicht zu übersehene Libelle. Virgo 14 (1): 10–14.

SCHMIDT, E. G. (2012): Die ökologische Nische von *Sympetrum depressiusculum* in Nordwestdeutschland (Odonata: Libellulidae). Libellula Supplement 12: 161–176.

SCHMITZ, M. (2014): Besonders frühe Emergenz von *Aeshna subarctica elisabethae* (Odonata: Aeshnidae). Libellula 33 (1/2): 63–66.

SCHNEIDER, B. & H. WILDERMUTH (2009): Libellen als Individuen – zum Beispiel *Aeshna cyanea (Odonata: Aeshnidae)*. Entomo Helvetica 2: 185–199.

SCHNEIDER, T., O. BRAUNER & A. REICHLING (2005): Entwicklungsnachweis von *Crocothemis erythraea* und Funde von *Aeshna afflnis* im Odertal Südostbrandenburgs (Odonata: Libellulidae, Aeshnidae). Libellula 24 (1/2): 73–82.

SCHORR, M. (2004): Die Gekielte Smaragdlibelle (*Oxygastra curtisii*, DALE 1834) an der Our (Rheinland-Pfalz/Luxemburg) (Insecta: Odonata: Corduliidae) – Anmerkung zur regionalen Verbreitung. Fauna Flora Rheinland-Pfalz 10 (2): 627–643.

SCHRÖTER, A. & S. KARJALAINEN (2009): First record of the Blue-eyed Hawker/Migrant Hawker *Aeshna affinis* in Finland. Crenata 2 (1): 36–38.

SCHRÖTER, A. (2011): A mass migration of *Aeshna affinis* in southern Kyrgyzstan: attempt to provide a spatial and temporal reconstruction (Odonata: Aeshnidae). Libellula 30 (3/4): 203–232.

SCHULZE, M. & T. SY (2017): Zur Situation der Vogel- und Helm-Azurjungfer (*Coenagrion ornatum* und *mercuriale*) im Grünen Band Sachsen-Anhalts. Naturschutz im Land Sachsen-Anhalt 54 (Sonderheft): 116–122.

SCHÜTTE, C., P. SCHRIDDE & F. SUHLING (1998): Life history patterns of *Onychogomphus uncatus* (Charpentier) (Anisoptera: Gomphidae). Odonatologica 27 (1): 71–86.

SCHÜTTE, C. (1998): Überwinterung der Eier von *Gomphus flavipes* (Charpentier) und *Ophiogomphus cecilia* (Fourcroy) (Anisoptera: Gomphidae). Libellula 17 (1/2): 59–70.

SCHWAHN, J., J. LIETZ, A. DREWS & C.-J. OTTO (2012): Distribution of *Cordulegaster boltonii* (Odonata: Cordulegastridae) in Schleswig-Holstein/Germany. Lauterbornia 74: 57–61.

SCHWEIGHOFER, W., T. HOCHEBNER & G. ROTHENEDER (2010): *Lestes macrostigma* im westlichen Niederösterreich (Odonata: Lestidae). Libellula 29 (3/4): 175–182.

SEEHAUSEN, M. & M. TURIAULT (2021): Beobachtungen zum Schlupf von *Stylurus flavipes* am hessischen Oberrhein (Odonata: Gomphidae). Libellen in Hessen 14: 57–69.

SEGGEWISSE, E. (2008): Höchstleistung bei der Eiablage – Beobachtungen an der Pokaljungfer (*Erythromma lindenii*). Mercuriale 8: 42–45.

SEGGEWISSE, E. (2015A): Eiablageverhalten der Gemeinen Winterlibelle *Sympecma fusca* – Langzeituntersuchung von 2009 bis 2014. Mercuriale 15: 23–38.

SEGGEWISSE, E. (2015B): Nicht nur ein seltener Gast, sondern auch ein sehr später! Septemberbeobachtung einer Keilfleck-Mosaikjungfer (*Aeshna isoceles*). Mercuriale 15: 71–73.

SEIDENBUSCH, R. (1994a): Aberration der Flügelzeichnung bei *Calopteryx virgo virgo* L. Acta Albertina Ratisbonensia 49: 207–208.

SEIDENBUSCH, R. (1994b): Anmerkungen zur Variabilität des dunklen Flügelfleckes bei *Calopteryx splendens splendens* HARRIS. Acta Albertina Ratisbonensia 49: 209–212.

SEIDENBUSCH, R. (1994c): Variabilität der Pseudopterostigma-Ausprägung bei *Calopteryx splendens splendens* HARRIS. Acta Albertina Ratisbonensia 49: 213–214.

SEIFERT, M. (2018): Neufunde von *Sympetrum meridionale* (Sélys, 1841) (Odonata: Libellulidae) in Ostthüringen und Westthüringen, mit Gesamtdarstellung bisheriger Funde in Thüringen. Thüringer Faunistische Abhandlungen 23: 105–115.

SERFLING, C., W. ZIMMERMANN, L. BUTTSTEDT & F. FRITZLAR (2004): Helm-Azurjungfer (*Coenagrion mercuriale*) und Vogel-Azurjungfer (*Coenagrion ornatum*) in Thüringen. Landschaftspflege und Naturschutz in Thüringen 41 (1): 1–14.

ŠIGUTOVÁ, H., M. ŠIGUT & A. DOLNÝ (2015): Intensive fish ponds as ecological traps for dragonflies: an imminent threat to the endangered species *Sympetrum depressiusculum* (Odonata: Libellulidae). Journal of Insect Conservation 19 (5): 961–974.

SIVA-JOTHY, M. T. (1984): Sperm competition in the family Libellulidae (Anisoptera) with special reference to *Crocothemis erythraea* (Brulle) and *Orthetrum cancellatum* (L.). Advances in Odonatology 1 (2): 195–207.

SIVA-JOTHY, M. T. (1987): Variation in copulation duration and the resultant degree of sperm removal in *Orthetrum cancellatum* (L.) (Libellulidae: Odonata). Behavioral Ecology and Sociobiology 20 (2): 147–151.

ŚNIEGULA, S., S. M. DROBNIAK, M. J. GOLAB & F. JOHANSSON (2014): Photoperiod and variation in life history traits in core and peripheral populations in the damselfly *Lestes sponsa*. Ecological Entomology 39 (2): 137–148.

SOEFFING, K. (1988): The importance of mycobacteria for the nutrition of larvae of *Leucorrhinia rubicunda* (L.) in bog water (Anisoptera: Libellulidae). Odonatologica 17 (3): 227–233.

SOEFFING, K. (1990): Verhaltensökologie der Libelle *Leucorrhinia rubicunda* (L.) (Odonata: Libellulidae) unter besonderer Berücksichtigung nahrungsökologischer Aspekte. Dissertation. Universität Hamburg.

SOEFFING, K. & J. KAZDA (1993): Die Bedeutung der Mykobakterien im Torfmoosrasen bei der Entwicklung von Libellen in Moorgewässern. Telma 23: 261–269.

SONNENBURG, H. & C. DENSE (1998): Die Gebänderte Heidelibelle *Sympetrum pedemontanum* (Allioni, 1766) in Nordwestdeutschland – Stand der Ausbreitung und Beschreibung neuer Fortpflanzungsgewässer (Odonata, Libellulidae). Mitteilungen der Arbeitsgemeinschaft ostwestfälischer-lippischer Entomologen 14: 63–80.

SONNTAG, H. (2005): Schlupfbiologische Freilanduntersuchungen an *Sympecma paedisca*. Mercuriale 5: 2–5.

SPEIGHT, M. C. D. & J. LEGRAND (1984): *Coenagrion lunulatum* (Odonata): morphology of the female and notes on a second Irish colony. Irish Naturalists' Journal 21 (6): 237–242.

STALDER, G. (2013): Aktivitäten der Gemeinen und der Sibirischen Winterlibelle (*Sympecma fusca* und *Sympecma paedisca*) im Spätherbst und Winter in ihrem Winterhabitat 2010–2013. Mercuriale 13 (1): 11–20.

STAUFER, M. (2010): Beobachtungen zur Mortalität wandernder *Sympetrum striolatum* und *S. vulgatum* an einem Autobahnzubringer im Nordburgenland (Odonata: Libellulidae). Libellula 29 (3/4): 183–196.

STEPHAN, U. (2012): Einfluss der Untersuchungsmethode auf die Erfassung von *Cordulegaster*-Larven. Mercuriale 12 (1): 45–52.

STERNBERG, K. (1987): On reversible, temperature-dependent colour change in males of the dragonfly *Aeshna caerulea* (Ström, 1783) (Anisoptera: Aeshnidae). Odonatologica 16 (1): 57–66.

STERNBERG, K. (1989): Reversibler, temperaturabhängiger Farbwechsel bei einigen *Sympetrum*-Arten (Odonata, Libellulidae). Deutsche Entomologische Zeitschrift N.F. 36 (1–3): 103–106.

STERNBERG, K. (1995A): Influence of oviposition date and temperature upon embryonic development in *Somatochlora alpestris* and *S. arctica* (Odonata Corduliidae). Journal of Zoology 235 (1): 163–174.

STERNBERG, K. (1995B): Regulierung und Stabilisierung von Metapopulationen bei Libellen, am Beispiel von *Aeshna subarctica elisabethae* Djakonov im Schwarzwald (Anisoptera: Aeshnidae). Libellula 14 (1/2): 1–39.

STERNBERG, K. (1996): Colours, colour change, colour patterns and 'cuticular windows' as light traps – their thermoregulatoric and ecological significance in some Aeshna species (Odonata: Aeshnidae). Zoologischer Anzeiger 235 (1–2): 77–88.

STERNBERG, K. (1997): Adaptation of *Aeshna caerulea* (Ström) to the severe climate of its environment (Anisoptera: Aeshnidae). Odonatologica 26 (4): 439–449.

STERNBERG, K. (2003): *Anax ephippiger* (Schabrackenlibelle) – das Leben eines afrikanischen Nomaden in Baden-Württemberg. Mercuriale 3: 2–4.

STOKS, R., M. SANTENS, L. DE BRUYN & E. MATTHYSEN (1996): Pre-flight warming up of maturing *Aeshna mixta* Latreille (Anisoptera: Aeshnidae). Odonatologica 25 (3): 307–311.

STOKS, R. (1998): Effect of lamellae autotomy on survival and foraging success of the damselfly *Lestes sponsa* (Odonata Lestidae). Oecologia 117 (3): 443–448.

STÜBING, S. & C. GELPKE (2008): Mehrjähriges Vorkommen der Torf-Mosaikjungfer *Aeshna juncea* in einem Gartenteich. Libellen in Hessen 1: 60–61.

STÜBING, S. & H.-J. ROLAND (2010): Hinweise zum Auftreten der Südlichen Heidelibelle *Sympetrum meridionale* (Sélys 1841) in Hessen und zur ihrer Bestimmung. Libellen in Hessen 3: 58–60.

STÜBING, S. (2015): Beobachtungen der Gemeinen Winterlibelle *Sympecma fusca* im Sommerlebensraum. Libellen in Hessen 8: 67–80.

STÜBING, S. (2016): Erste Großpopulationen, allgemeine Bestandsentwicklung und Flugzeit der Gabel-Azurjungfer *Coenagrion scitulum* in Hessen. Libellen in Hessen 9: 81–91.

SUHLING, F. (1995): Temporal patterns of emergence of the riverine dragonfly *Onychogomphus uncatus*. Hydrobiologia 302 (2): 113–118.

SUHLING, F. & O. MÜLLER (1996): Die Flußjungfern Europas: Gomphidae. Die Neue Brehm-Bücherei 628. Westarp. Magdeburg.

SUHLING, F. (1996): Interspecific competition and habitat selection of the riverine dragonfly *Onychogomphus uncatus*. Freshwater Biology 35: 209–217.

SUHLING, F. & O. MÜLLER (2015): *Gomphus vulgatissimus* (Linnaeus, 1758) Gemeine Keiljungfer. In: BROCKHAUS, T.; H.-J. ROLAND; T. BENKEN; K.-J. CONZE; A. GÜNTHER; K. G. LEIPELT; M. LOHR; A. MARTENS; R. MAUERSBERGER; J. OTT; F. SUHLING; F. WEIHRAUCH & C. WILLIGALLA (Hrsg.): Atlas der Libellen Deutschlands (Odonata). Libellula Supplement. 14: 198–201.

SUHLING, F. & I. SUHLING (2018): Dämmerungsaktivität von *Boyeria irene* an der Örtze (Odonata: Aeshnidae). Libellula 37 (3/4): 193–201.

SUHONEN, J., E. SUUTARI, K. M. KAUNISTO & I. KRAMS (2013): Patch area of macrophyte *Stratioites aloides* as a critical resource for declining dragonfly *Aeshna viridis*. Journal of Insect Conservation 17: 393–398.

SUUTARI, E., M. J. RANTALA, J. SALMELA & J. SUHONEN (2004): Intraguild predation and interference competition on the endangered dragonfly *Aeshna viridis*. Oecologia 140 (1): 135–139.

SY, T. & M. SCHULZE (2005): Erstnachweis der Helm-Azurjungfer (*Coenagrion mercuriale*) in Sachsen (Odonata, Coenagrionidae). Entomologische Nachrichten und Berichte 49 (3/4): 215–219.

SY, T. (2008): Ein neuer Fundort der Scharlachlibelle *Ceriagrion tenellum* (De Villers, 1789) in Sachsen-Anhalt (Odonata, Coenagrionidae). Entomologische Nachrichten und Berichte 52: 61–64.

SZÁLLASSY, N., E. BÁRDOSI, Z. D. SZABÓ, T. SZÉP & G. DÉVAI (2003): Fluctuating asymmetry, survival and mating success in male *Libellula fulva* Müller (Anisoptera: Libellulidae). Odonatologica 32 (2): 143–151.

SZÁLLASSY, N., Z. D. SZABÓ & B. H. NAGY (2009): Survival of dragonfly *Libellula fulva* males according to their mating status: a four year study. Entomologica Romanica 14: 13–17.

TAMM, J. (1982): Beobachtungen zur Ökologie und Ethologie von *Sympetrum pedemontanum* Allioni (Insecta, Odonata) anläßlich seiner Wiederentdeckung in Hessen. Hessische Faunistische Briefe 2: 20–29.

TAMM, J. (2010): Keineswegs nur braun: Vom blauen Fleck an der Flügelbasis von *Sympecma fusca* (Odonata: Lestidae). Libellula 29 (3/4): 241–246.

TAMM, J. (2012): Effiziente Kartierung der Gestreiften Quelljungfer *Cordulegaster bidentata* (Selys, 1843) im Reifungshabitat am Beispiel des Kellerwaldes. Libellen in Hessen 5: 32–38.

TAMM, J. (2015): Zur Verbreitung und Ökologie von *Cordulegaster bidentata* in Nordhessen mit besonderer Berücksichtigung ihrer Vorkommen auf Buntsandstein (Odonata: Cordulegastridae). Libellula 34 (1/2): 27–58.

TAMM, J. (2016): Die Gestreifte Quelljungfer *Cordulegaster bidentata* im Lahn-Dill-Bergland: ihre Verbreitung und Anmerkungen zu Ökologie und Verhalten (Odonata: Cordulegastridae). Libellen in Hessen 9: 55–74.

TAMM, J. (2017): Zur Beeinträchtigung und Gefährdung von *Cordulegaster bidentata* unter Berücksichtigung von Kartierungen der Imagines in einigen deutschen Mittelgebirgen (Odonata: Cordulegastridae). Libellula 36 (1/2): 1–21.

TAMM, J. & B. DRESSLER (2020): Zur Populationsökologie und Ethologie der Imagines von *Cordulegaster bidentata* an einem Waldbach im Taunus (Odonata: Cordulegastridae). Libellula 39 (1/2): 1–25.

TAMM, J. & B. DRESSLER (2021): Nachweise des Bachwechsels bei *Cordulegaster bidentata* und weitere Beobachtungen zu Raumnutzung und Verhalten bei einer Metapopulation im Taunus (Odonata: Cordulegastridae). Libellula 40 (1/2): 19–46.

TATARKIEWICZ, D. (2013): Analysis of the emergence of the Scarce Chaser *Libellula fulva* O.F. Müller, 1764 (Odonata: Libellulidae). Aquatic Insects 34 (3–4): 173–193.

TESKE, A. (2011): Herbstlebensräume von *Sympecma paedisca* (Brauer, 1877) und *S. fusca* (Vander Linden, 1820) im Bereich Thülsfelder Talsperre (LK Cloppenburg). Drosera 2010: 149–158.

THEISCHINGER, G. (1979): *Cordulegaster heros* sp. nov. und *Cordulegaster heros pelionensis* ssp. nov., zwei neue Taxa des *Cordulegaster boltoni* (Donovan)-Komplexes aus Europa (Anisoptera: Cordulegasteridae). Odonatologica 8: 23–28.

THOMPSON, D. J. (1987): Emergence of the dragonfly *Aeshna grandis* (L.) in northern England (Anisoptera: Aeshnidae). Notulae odonatologicae 2 (9): 148–150.

TICHANEK, F. & R. TROPEK (2016): The endangered damselfly *Coenagrion ornatum* in post-mining streams: population size, habitat requirements and restoration. Journal of Insect Conservation 20 (4): 701–710.

TILLMANNS, O. (2009): *Aeshna mixta* als Beute der Larve von *Cicindela campestris* (Odonata: Aeshnidae; Coleoptera: Cicindelidae). Libellula 28 (1/2): 89–91.

TROAST, D., F. SUHLING, H. JINGUJI, G. SAHLÉN & J. WARE (2016): A Global Population Genetic Study of *Pantala flavescens*. PLOS ONE 11 (3): e0148949.

TROCKUR, B. & R. MAUERSBERGER (2002): Vergleichende ökologische Untersuchungen an *Epitheca bimaculata* im Saarland und in der Uckermark. Beiträge zur Entomologie 50 (2): 487–518.

TROCKUR, B. (2013): Zum Vorkommen der Gefleckten Smaragdlibelle *Somatochlora flavomaculata* (Vander Linden, 1825) in der Bistaue – ein gutes Beispiel für die Bedeutung der grenzüberschreitenden Zusammenarbeit der Libellenkundler und Freilandökologen (Odonata: Corduliidae). Abhandlungen der Delattinia 39: 217–226.

UTZERI, C., G. CARCHINI, E. FALCHETTI & C. BELFIORE (1984): Philopatry, homing and dispersal in *Lestes barbarus* (Fabricius) (Zygoptera: Lestidae). Odonatologica 13 (4): 573–584.

UTZERI, C., G. CARCHINI & E. FALCHETTI (1988): Aspects of demography in *Lestes barbarus* (Fabr.) and *L. virens vestalis* Ramb. (Zygoptera: Lestidae). Odonatologica 17 (2): 107–114.

UTZERI, C. & L. DELL'ANNA (1989): Wandering and territoriality in *Libellula depressa* L. (Anisoptera: Libellulidae). Advances in Odonatology 4 (1): 133–147.

VAN DAMME, K. & H. J. DUMONT (1999): A drought-resistant larva of *Pantala flavescens* (Fabricius, 1798) (Odonata: Libellulidae) in the Lençois Maranhenses, NE-Brazil. International Journal of Odonatology 2 (1): 69–76.

VIEIRA, V. & A. CORDERO-RIVERA (2015): First record of *Pantala flavescens* from the Azores (Odonata: Libellulidae). Odonatologica 44 (1/2): 1–9.

VOIGT, H., J. WOLF & J. ZINKE (2004): *Somatochlora arctica in der Dresdner Heide, Sachsen (Odonata: Corduliidae).* Libellula 23 (3/4): 131–136.

WARE, J. L., E. PILGRIM, M. L. MAY, T. W. DONNELLY & K. TENNESSEN (2017): Phylogenetic relationships of North American Gomphidae and their close relatives. Systematic Entomology 42 (2): 347–358.

WEBER, F.-R. & B. TROCKUR (2016): Wiederfund von *Ceriagrion tenellum* in Rheinland-Pfalz (Odonata Coenagrionidae). Pollichia-Kurier 32 (1): 18–21.

WEIHRAUCH, F. (2001): Entwicklung von *Onychogomphus f. forcipatus* in einem Kleingewässer (Odonata: Gomphidae). Libellula 20 (3/4): 149–154.

WEIHRAUCH, F. (2003): Emergenzstudien an *Cordulegaster b. boltonii* von einem niederbayerischen Waldbach (Odonata: Cordulegastridae). Libellula Supplement: 3–19.

WEIHRAUCH, F., A. KARLE-FENDT, J. E. KRACH, M. LOHR & R. SEIDENBUSCH (2011): *Coenagrion scitulum* in Bayern: Richtigstellung und Statusbericht (Odonata: Coenagrionidae). Libellula 30 (1/2): 33–42.

WEIHRAUCH, F. (2015A): *Orthetrum albistylum* (Selys, 1848) Östlicher Blaupfeil. In: BROCKHAUS, T.; H.-J. ROLAND; T. BENKEN; K.-J. CONZE; A. GÜNTHER; K. G. LEIPELT; M. LOHR; A. MARTENS; R. MAUERSBERGER; J. OTT; F. SUHLING; F. WEIHRAUCH & C. WILLIGALLA (Hrsg.): Atlas der Libellen Deutschlands (Odonata). Libellula Supplement. 14: 286–289.

WEIHRAUCH, F. (2015B): *Orthetrum brunneum* (Fonscolombe, 1837) Südlicher Blaupfeil. In: BROCKHAUS, T.; H.-J. ROLAND; T. BENKEN; K.-J. CONZE; A. GÜNTHER; K. G. LEIPELT; M. LOHR; A. MARTENS; R. MAUERSBERGER; J. OTT; F. SUHLING; F. WEIHRAUCH & C. WILLIGALLA (Hrsg.): Atlas der Libellen Deutschlands (Odonata). Libellula Supplement. 14: 290–293.

WENGER, O. P. (1959): Die beiden Weibchen-Formen von Boyeria irene (Odonata-Aeschnidae). Mitteilungen der Schweizerischen Entomologischen Gesellschaft 32 (2–3): 304–311.

WERZINGER, S. & J. WERZINGER (1999): *Gomphus flavipes* (Charpentier) in Bayern: 1999 erstmals am Main, weitere Funde an der Regnitz (Anisoptera: Gomphidae). Libellula 18 (3/4): 205–208.

WERZINGER, S. & J. WERZINGER (2001): Ganz schön flexibel! Zur Entwicklung von *Anax parthenope in Bayern (Odonata: Aeshnidae)*. Libellula 20 (3/4): 131–148.

WESTERMANN, E. (2016A): Vorkommen und Schutz der Kleinen Moosjungfer (*Leucorrhinia dubia*) im Oberen Hotzenwald (Hochschwarzwald). Naturschutz am südlichen Oberrhein 8 (2): 187–191.

WESTERMANN, K., S. WESTERMANN, A. HEITZ & S. HEITZ (1995): Schlüpfperiode, Schlüpfhabitat und Geschlechterverhältnis der Gemeinen Keiljungfer (*Gomphus vulgatissimus*) am südlichen Oberrhein. Naturschutz am südlichen Oberrhein (1): 41–54.

WESTERMANN, K. & S. WESTERMANN (1996): Neufunde der Gelben Keiljungfer (*Gomphus simillimus*) und der Grünen Keiljungfer (*Ophiogomphus cecilia*) am Oberrhein bei Basel. Naturschutz am südlichen Oberrhein 2: 183–186.

WESTERMANN, K. (2003A): Ausbreitungsversuche von *Lestes viridis* in den Schwarzwald – ein Beitrag zur Arealausweitung und Höhenverbreitung (Odonata: Lestidae). Libellula 22 (3/4): 87–105.

WESTERMANN, K. (2003B): Erster Bodenständigkeitsnachweis der Pokaljungfer (*Cercion lindenii*) für den höheren Schwarzwald. Naturschutz am südlichen Oberrhein (4): 87–88.

WESTERMANN, K. (2003C): Schlüpfabundanz und Schlüpfhabitat des Frühen Schilfjägers (*Brachytron pratense*) im Naturschutzgebiet „Rheinniederung Wyhl-Weisweil“. Naturschutz am südlichen Oberrhein 4: 99–112.

WESTERMANN, K. (2003D): Zur Konkurrenz zwischen der Pokaljungfer (*Cercion lindenii*) und der Hufeisen-Azurjungfer (*Coenagrion puella*) an Altrheinen bei Weisweil (Landkreis Emmendingen). Naturschutz am südlichen Oberrhein 4: 91–94.

WESTERMANN, K. (2006): Strategien frisch geschlüpfter *Lestes viridis* zur Vermeidung von Regenschäden (Odonata: Lestidae). Libellula 25: 47–60.

WESTERMANN, K. & E. WESTERMANN (2006A): Zum Status der Blauen Federlibelle (*Platycnemis pennipes*) im höheren Schwarzwald. Naturschutz am südlichen Oberrhein 4: 229–234.

WESTERMANN, K. & E. WESTERMANN (2006B): Zur Phänologie der Gebänderten Heidelibelle (*Sympetrum pedemontanum*) im NSG „Elzwiesen“ in den Jahren 2003 bis 2005. Naturschutz am südlichen Oberrhein 4: 251–257.

WESTERMANN, K. & F. WEIHRAUCH (2007): Eindeutige Indizien für eine bivoltine Entwicklung von *Anax imperator* in einigen Gewässern Süddeutschlands. Mercuriale 7: 12–17.

WESTERMANN, K. (2008): Sex ratio in a population of *Lestes viridis*: spatial and temporal variability at emergence (Odonata: Lestidae). International Journal of Odonatology 11 (1): 115–129.

WESTERMANN, K. (2009): Massenschlupf der Gebänderten Heidelibelle (*Sympetrum pedemontanum*) im NSG „Elzwiesen“, Lebensraum für eine der größten Populationen Mitteleuropas. Naturschutz am südlichen Oberrhein 5: 227–235.

WESTERMANN, K. (2011): Zweigipfelige Emergenzperiode der Kleinen Zangenlibelle (*Onychogomphus forcipatus*) im Fluss-System Elz-Leopoldskanal-Restrhein. Naturschutz am südlichen Oberrhein 6: 157–166.

WESTERMANN, K. & E. WESTERMANN (2014): Eine autochthone Population der Speer-Azurjungfer (*Coenagrion hastulatum*) in Moorgewässern des Oberen Hotzenwalds – Erste Nachweise für den südlichen Hochschwarzwald. Naturschutz am südlichen Oberrhein 7: 219–225.

WESTERMANN, K. (2014): Zur Emergenz großer Populationen des Spitzenflecks (*Libellula fulva*) und des Frühen Schilfjägers (*Brachytron pratense*) im kühlen Frühjahr 2005 an einem kleinen Quellgewässer der Rheinniederung. Naturschutz am südlichen Oberrhein 7 (2): 210–218.

WESTERMANN, K. (2015a): Bestände und Bestandsveränderungen der Schwarzen Heidelibelle (*Sympetrum danae*) an künstlichen Moorteichen im Oberen Hotzenwald (Hochschwarzwald). Naturschutz am südlichen Oberrhein 8 (1): S. 119–126.

WESTERMANN, K. (2015b): Eine Erfassungsmethode frisch geschlüpfter Schwarzer Heidelibellen (*Sympetrum danae*) an künstlichen Moorteichen im Oberen Hotzenwald (Hochschwarzwald). Naturschutz am südlichen Oberrhein 8 (1): S. 127–134.

WESTERMANN, K. (2016b): Vorkommen und Schutz der Alpen-Smaragdlibelle (*Somatochlora alpestris*) und der Arktischen Smaragdlibelle (*Somatochlora arctica*) im Oberen Hotzenwald (Südschwarzwald). Naturschutz am südlichen Oberrhein 8 (2): 166–186.

WESTERMANN, K. (2016c): Zur Phänologie der Emergenz der Kleinen Moosjungfer (*Leucorrhinia dubia*) im Hochschwarzwald. Naturschutz am südlichen Oberrhein 8 (2): 192–195.

WESTERMANN, K. (2017): Zur Drift der Larven der Kleinen Zangenlibelle (*Onychogomphus forcipatus*) im Fluss-System Elz-Dreisam-Leopoldskanal-Restrhein. Naturschutz am südlichen Oberrhein 9 (1): 141–154.

WILDERMUTH, H. (1992): Habitate und Habitatwahl der Großen Moosjungfer (*Leucorrhina pectoralis*) Charp. 1825 (Odonata, Libellulidae). Zeitschrift für Ökologie und Naturschutz 1: 3–21.

WILDERMUTH, H. (1993): Populationsbiologie von *Leucorrhinia pectoralis* (Charpentier) (Anisoptera: Libellulidae). Libellula 12 (3/4): 269–275.

WILDERMUTH, H. & E. KNAPP (1993): *Somatochlora metallica* (Vander Linden) in den Schweizer Alpen: Beobachtungen zur Emergenz und zur Habitatpräferenz. Libellula 12 (1/2): 19–38.

WILDERMUTH, H. (1997a): Phänologie und Larvenhabitate von *Somatochlora flavomaculata* (Vander Linden) in einem voralpinen Moorkomplex (Anisoptera: Corduliidae). Libellula 16 (1/2): 17–32.

WILDERMUTH, H. (1997b): Wie weit entfernt sich *Sympecma fusca* (Vander Linden) während der Reifungszeit vom Brutgewässer? (Zygoptera: Lestidae). Libellula 16 (1/2): 69–73.

WILDERMUTH, H. (1998A): Ethologische und ökologische Beobachtungen an Larven von *Cordulia aenea* (Linnaeus) (Anisoptera: Corduliidae). Libellula 17 (1/2): 1–24.

WILDERMUTH, H. (1998B): Terrestrial and aquatic mating territories in *Somatochlora flavomaculata* (Vander Linden) (Anisoptera: Corduliidae). Odonatologica 27: 225–237.

WILDERMUTH, H. (1998c): Verlängerte Flugzeiten von *Somatochlora flavomaculata* (Vander Linden) und *S. arctica* (Zetterstedt): Folge ungewöhnlicher Wetterverhältnisse? (Anisoptera: Corduliidae). Libellula 17 (1/2): 45–58.

WILDERMUTH, H. (2000a): Alternative Taktiken bei der Weibchensuche von *Boyeria irene* (Odonata: Aeshnidae). Libellula 19 (3/4): 143–155.

WILDERMUTH, H. (2000b): *Lestes barbarus* bei der Eiablage in einem subalpinen Hochmoor der Schweizer Alpen (Odonata: Lestidae). Libellula 19 (1/2): 93–96.

WILDERMUTH, H. & S. BAUER (2001): Das Wurzelgeflecht schwimmender Seggenstöcke als Mikrohabitat von Libellenlarven (Odonata). Libellula 20 (1/2): 33–45.

WILDERMUTH, H. (2003): Fortpflanzungsverhalten von *Somatochlora arctica* (Zetterstedt) (Anisoptera: Corduliidae). Odonatologica 32 (1): 61–77.

WILDERMUTH, H. (2005): Beitrag zur Larvalbiologie von *Boyeria irene (Odonata: Aeshnidae).* Libellula 24 (1/2): 1–30.

WILDERMUTH, H. & G. HORVÁTH (2005): Visual deception of a male *Libellula depressa* by the shiny surface of a parked car (Odonata: Libellulidae). International Journal of Odonatology 8: 97–105.

WILDERMUTH, H. (2006): Verhaltensgesteuerte Thermoregulation bei *Somatochlora flavomaculata* (Odonata: Corduliidae). Libellula 25: 31–46.

WILDERMUTH, H. (2007A): Anheftung der parasitischen Landmilbe Leptus sp. an *Orthetrum coerulescens* (Parasitengona: Erythraeidae; Odonata: Libellulidae). Libellula 26 (3/4): 207–212.

WILDERMUTH, H. (2007B): Polarotaktische Reaktionen von *Coenagrion puella* und *Libellula quadrimaculata* auf Erdbeerkulturen als ökologische Falle (Odonata: Coenagrionidae, Libellulidae). Libellula 26 (3/4): 143–150.

WILDERMUTH, H. (2008A): Die Falkenlibellen Europas. Corduliidae. Westarp Wissenschaften. Hohenwarsleben. Die Libellen Europas 5.

WILDERMUTH, H. (2008B): Habitat requirements of *Orthetrum coerulescens* and management of a secondary habitat in a highly man-modified landscape (Odonata: Libellulidae). International Journal of Odonatology 11 (2): 261–276.

WILDERMUTH, H. (2009): Season and temperature dependent location of mating territories in *Somatochlora flavomaculata* in a heterogeneous environment (Odonata: Corduliidae). International Journal of Odonatology 12: 181–193.

WILDERMUTH, H. (2011): Ein Betonbehälter für Gießwasser als Entwicklungshabitat von *Aeshna cyanea* und *Libellula depressa* (Odonata: Aeshnidae, Libellulidae). Libellula 30 (3/4): 145–150.

WILDERMUTH, H. (2012a): *Aeshna caerulea* in den Schweizer Alpen. Libellula Supplement 12: 77–106.

WILDERMUTH, H. (2012b): Extensiv genutztes Grünland als Reifungs-, Jagd- und Paarungshabitat von *Coenagrion puella* und *Enallagma cyathigerum* (Odonata: Coenagrionidae). Libellula 31 (3/4): 223–235.

WILDERMUTH, H. & B. SCHNEIDER (2016): Seltene Libelle mit seltener Beute: Gelbe Keiljungfer *Gomphus simillimus* erbeutet Kleines Fünffleck-Widderchen und Gemeine Sichelschrecke (Odonata: Gomphidae; Lepidoptera: Zygaenidae; Orthoptera: Phaneropteridae). Mercuriale 16: 25–31.

WILDERMUTH, H., A. BORKENSTEIN & R. JÖDICKE (2018): Verhaltensgesteuerte Thermoregulation bei *Leucorrhinia pectoralis* and *L. rubicunda* (Odonata: Libellulidae). Libellula 37 (3/4): 97–134.

WILDERMUTH, H. & A. MARTENS (2019): Die Libellen Europas. Alle Arten von den Azoren bis zum Ural im Porträt. Quelle & Meyer. Wiebelsheim.

WILDERMUTH, H. (2019): Färbungsvarianten bei den Weibchen von *Coenagrion puella* (Odonata: Coenagrionidae). Mercuriale 18/19: 17–26.

WILDERMUTH, H., A. BORKENSTEIN & R. JÖDICKE (2019): Robert's watercolour of *Sympetrum striolatum* and the ambiguity of the thermoregulatory obelisk posture (Odonata Libellulidae). Notulae odonatologicae 9 (3): 83–90.

WILLIGALLA, C. (1999): Zur Tagesaktivität von *Lestes dryas* Kirby (Zygoptera: Lestidae). Libellula 18 (3/4): 175–180.

WILLIGALLA, C. (2015): Lestes dryas (Kirby, 1890) Glänzende Binsenjungfer. In: BROCKHAUS, T.; H.-J. ROLAND; T. BENKEN; K.-J. CONZE; A. GÜNTHER; K. G. LEIPELT; M. LOHR; A. MARTENS; R. MAUERSBERGER; J. OTT; F. SUHLING; F. WEIHRAUCH & C. WILLIGALLA (Hrsg.): Atlas der Libellen Deutschlands (Odonata). Libellula Supplement. 14: 30–33.

WILLIGALLA, C., A. SCHOTTHÖFER & D. FRANK (2016): Zur Situation von *Orthetrum albistylum* in Rheinland-Pfalz (Odonata: Libellulidae). Libellula 35 (3/4): 217–221.

WINKEL, S. & M. KUPRIAN (2007): Die Helmazurjungfer (*Coenagrion mercuriale*) bei Gelnhausen (Main-Kinzig-Kreis). Mitteilungsblatt Zentrum für Regionalgeschichte 32: 60–65.

WINKLER, C., H. NEUMANN & A. DREWS (2009): Verbreitung und Ökologie von *Coenagrion armatum* am südwestlichen Arealrand in Schleswig-Holstein (Odonata: Coenagrionidae). Libellula 28 (1/2): 1–24.

WINKLER, C. (2015A): 6.17 Hauben-Azurjungfer – *Coenagrion armatum* (Charpentier, 1840). In: Arbeitskreis Libellen Schleswig-Holstein (Hrsg.): Die Libellen Schleswig-Holsteins. Natur+Text. Rangsdorf: 167–174.

WINKLER, C. (2015B): *Coenagrion armatum* (Charpentier, 1840) Hauben-Azurjungfer. In: BROCKHAUS, T.; H.-J. ROLAND; T. BENKEN; K.-J. CONZE; A. GÜNTHER; K. G. LEIPELT; M. LOHR; A. MARTENS; R. MAUERSBERGER; J. OTT; F. SUHLING; F. WEIHRAUCH & C. WILLIGALLA (Hrsg.): Atlas der Libellen Deutschlands (Odonata). Libellula Supplement. 14: 58–61.

WINTERHOLLER, M. & H. LEINSINGER (1999): *Gomphus flavipes* (Charpentier) bodenständig am Oberrhein in Hessen und Rheinland-Pfalz (Anisoptera: Gomphidae). Libellula 18 (3/4): 209–211.

WISCHHOF, S. (1997): Zur Habitatwahl und Populationsdynamik von *Leucorrhinia albifrons* Burmeister, 1839 (Odonata). Diplomarbeit. Universität Hamburg.

WITTENBERG, M., F. KASTNER & R. BUCHWALD (2015): Die Larvenentwickung von *Aeshna viridis* im NSG Westliches Hollerland, Bremen (Odonata: Aeshnidae). Libellula 34 (3/4): 127–141.

WÜNSCH, H.-W., H. GOSPODINOVA & W. HEYDRICH (2013): Beobachtungen zum Fortpflanzungsverhalten von *Sympecma fusca* (Odonata: Lestidae). Libellula 32 (3/4): 187–192.

XYLANDER, W. E. R. & M. RICHTER (2002): Erstnachweis der Pokal-Azurjungfer *Cercion lindenii* (Selys, 1840) (Odonata, Coenagrionidae) für den Freistaat Sachsen. Abhandlungen und Berichte des Naturkundemuseums Görlitz 74 (2): 273–282.

ZIMMERMANN, W. (1997): Die Arktische Smaragdlibelle (*Somatochlora arctica*) erstmalig in Thüringen nachgewiesen. Landschaftspflege und Naturschutz in Thüringen 34 (1): 24–25.

ZIMMERMANN, W. & L. BUTTSTEDT (2003): Ökologische Beobachtungen an vergesellschafteten Subpopulationen von *Coenagrion ornatum* und *Coenagrion mercuriale* in der Helme-Unstrut-Aue. Pedemontanum 4: 41.

Register

T

V

W

Z

Dr. Michael Frank

Jahrgang 1971, promovierter Diplom-Chemiker. Seit mehr als 30 Jahren gilt das Interesse den Libellen, speziell deren Verbreitung und Ökologie. Die Libellenfotografie hat dabei von Anfang an einen festen Platz eingenommen. Mit der Einführung der digitalen Fotografie gelangte auch die Bestimmungstechnik der Libellen anhand von Digitalaufnahmen mit in den Fokus. Viele der bisherigen Erkenntnisse sind in verschiedenen Publikationen wiederzufinden.

Angela Bruens

hat Biologie mit Schwerpunkt Zoologie/Limnologie in Würzburg und Kiel studiert. Ihre Diplomarbeit verfasste sie zum Thema „Libellen des Belauer Sees". Seit 1991 ist sie als Gutachterin mit Schwerpunkt Makrozoobenthos tätig. Sie ist zudem Mitglied des Arbeitskreises Libellen in der faunistisch-ökologischen Arbeitsgemeinschaft e.V. in Schleswig-Holstein.